365일, 춤추는
한국농업

박복재 · 우진경 지음

박복재 __ bjpark73@jnu.ac.kr

전남대학교 경영대학을 졸업한 뒤 같은 대학원 무역학과에서 경영학 석·박사학위를 받았다. 일본 와세다 대학 상학연구과 연구원, 미국 콜로라도 주립대학(볼더) 객원교수, 전남대 문화사회과학대학 학장을 지냈다. 현재 전남대 국제통상학전공 교수로 재직하면서 한국국제상학회 부회장, 한국통상정보학회 부회장, 한국무역학회 이사로 활동하고 있다. 저서로는 제4차 산업혁명 시대의 벤처창업 전략(공저, 2017), 비즈니스 커뮤니케이션(2016), 무역대금결제론(2015), 무역상무론(2014), 무역영어(2013), 무역학개론(공저, 2012), 도시브랜드마케팅(공저, 2011) 등이 있으며, "메가이벤트 전후 개최지역에 미치는 효과에 관한 동태적 분석"(2015), "우리나라 환경산업의 무역구조와 국제경쟁력에 관한 연구"(2013), "디지털 콘텐츠 교역의 확산이 조세수입에 미치는 영향에 관한 국가 간 비교 연구"(2012) 등의 논문을 발표하였다.

우진경 __ creative.jkwoo@krmi.kr

이화여자대학교에서 경영학(전략기획) 석사과정을 마치고 국내 도시브랜드마케팅 전문가로 활동하고 있다. 주요 연구로는 『농촌사랑운동의 발전을 위한 사회적 인식 및 평가에 관한 연구』, 『2009 Asia Pacific Cities Summit in Incheon, Korea』, 『홍성 BI Concept & Slogan 개발연구』, 『홍성도시브랜드 통합마케팅커뮤니케이션(IMC) 전략수립 및 실행방안에 관한 연구』, 『ANGVA(Asia-Pacific Natural Gas Vehicle Association) 2009 DONGHAE EXPO』, 『온실가스배출권거래운영기반구축』, 『여수미래도시비전과 발전전략』, 『GS칼텍스 사회공헌사업(문화예술공원)』, 『예산광역친환경농업단지』, 『디자인문화창조도시 콘텐츠개발』, 『한식세계화 국내홍보사업』, 『2011국민식생활캠페인』, 『2011국민식생활실태조사』, 『국가인증농식품제도홍보』 등 국내의 도시 및 농업·농촌에 관한 다양한 프로젝트를 수행하였다. 저서로는 『매력 있는 삶의 공간을 창조하는 도시브랜드마케팅(2010), (2011)』이 있다. 前 KBS PLUS 지역연구센터 선임연구원을 거쳐, 현재 한국지역경영연구소(KRMI)와 글로벌바이오폴리머연구소인 EPRC Brand Center에서 수석연구원으로 재직하고 있으며 브랜드관리사회, 한국브랜드마케팅협회의 전문위원으로 브랜드자산관리 분야에서도 활발한 활동 중에 있다.

365일, 춤추는 한국농업

인　쇄 | 2017년 8월 25일
발　행 | 2017년 8월 30일

저　자 | 박복재 · 우진경
발행인 | 정병석
발행처 | 전남대학교출판문화원

등　록 | 1981. 5. 21. 제53호
주　소 | 61186 광주광역시 북구 용봉로 77
전　화 | (062) 530-0571～2
마케팅 | 530-0573
팩　스 | (062) 530-0579
홈페이지 | http://www.cnup.co.kr
이메일 | cnup0571@hanmail.net

값 20,000원

ISBN 978-89-6849-423-9 (93320)

이 도서의 국립중앙도서관 출판시도서목록(CIP)은 서지정보유통지원시스템홈페이지(http://seoji.nl.go.kr)와
국가자료공동목록시스템(http://www.nl.go.kr/kolisnet)에서 이용하실 수 있습니다.
(CIP제어번호: 2017020854)

365일, 춤추는 한국농업

박복재 · 우진경 지음

전남대학교출판문화원

"농사는 천하의 대본이라는 말은 결단코 묵은 문자가 아닙니다. 이것은 억만년을 가고 또 가도 변할 수 없는 대진리입니다. 사람이 먹고사는 식량품을 비롯하여 의복·주옥의 자료는 말할 것도 없고, 상업·공업의 원료까지 하나도 농업생산에 기대지 않는 것이 없느니만큼 농민은 세상인류의 생명창고를 그 손에 잡고 있습니다.

우리나라가 돌연히 상공업 나라로 변하여 하루아침에 농업이 그 자취를 잃어버렸다 하더라도 이 변치 못할 생명창고의 열쇠는 의연히 지구상 어느 나라의 농민이 잡고 있을 것입니다. 그러므로 농민의 세상은 무궁무진합니다."

매헌 윤봉길 의사 『농민독본 1927』 中에

차 례

Prologue

먹거리와 삶의 터전에서 생명과 미래의 가치로

prologue

녹음이 짙어지는 계절, 산과 들과 강, 바다 온 천지가 푸름으로 가득한 요즘이지만, 언론에서 만나는 우리의 농업·농촌은 반가운 소식보다 오히려 불편한 소식이 적지 않은 것 같다. 지난해 11월에 발생해 올 4월 일단락된 고병원성 조류인플루엔자AI의 악몽이 두 달 만에 다시 전북 군산에서 발생하게 되면서 국민들뿐만 아니라 축산, 유통, 요식업계가 모두 충격에 빠져 있다. 이뿐이 아니다. 지난해 미 오리건 주에서 미승인 GMO밀이 발견됐다는 사실이 보도되면서 수입밀 50%이상을 미 오리건 주에서 수입하는 우리를 초긴장상태로 몰고 갔던 사건부터 농산물 잔류농약 검출 등 하루가 멀다 하고 계속해서 터지는 농산물 안전성에 대한 문제는 음식물 섭취의 두려움 정도를 뛰어넘어 이제 생명을 위협하는 수준에까지 이르고 있다.

지난 2004년 4월, 칠레와의 자유무역협정FTA이 발효된 것을 시작으로 이후 미국, 중국 등 농업강국을 포함해 현재까지 총 52개국과 FTA가 체결된 상태다. 잇따른 FTA 체결로 수입농수축산물 관세가 감축 또는 폐지되었고 이로 인해 무분별하게 밀려드는 값싼 수입 농수축산물들의 공습으로 인한 우리 농가들의 정신적·물질적 피해가 해를 거듭할수록 증가하고 있는 실정이다. 이에 국내 농산물 가격이 하락하면 그 차액의 일부를 정부에서 현금으로 메워주는 FTA 피해보전직불제도가 농가피해를 최소화할 수 있는 보완대책으로 마련되었지만 보상받기 위한 충족요건이 만만치 않은 것 또한 답답한 노릇이다.

이뿐인가? 날로 심각해지는 환경오염과 지구온난화현상은 또 다른 두려움의 대상이 되고 있다. 세계 평균 기온의 추이를 보면 지난 100년(1906~2005)간 전 세계 기온이 0.74도 상승했다. 1980년 이후 기온상승 정도는 지난 100년 동안의 2배 이상이라는 것이 세계 기상데이터 분석 결과다. 해마다 줄어드는 꿀의 생산량이 양봉 농가를 눈물짓게 하는데, 이는 온난화 현상으로 인해 개화기간이 짧아지고 전국적으로 개회시기가 비슷해지면서 꿀을 채취하는 기간이 단축되었기 때문이다. 뿐만 아니라 신종 3대 돌발해충이라고 불리는 꽃매미와 선녀벌레, 갈색날개매미충의 부화가 집중적으로 늘어남에 따라 과수, 원예 농가의 피해도 커지고 있다. 경기도 일대 갈색여치 주의보는 또한 이상기온현상이 가져온 피해다. 폭설, 폭우, 폭염 등 이상기온의 피해는 농작물의 출하시기와 출하량에 지장을 주기 때문에 대책마련이 시급하다. 해마다 속출하고 있는 반갑지 않은 소식들은 농민들뿐만 아니라 우리 모두의 마음을 안타깝게 한다.

그리고 이제 더 이상 소홀하게만은 생각할 수 없는 식량문제, 식량위기에 대한 경고에도 우리는 강 건너 불구경하듯 보고 있다. 아직 실감하지 못하고 있는 것이다. 냉장고에 먹을 게 이렇게나 많고 마트에 가면 넘쳐나는 것이 식료품인데, 식량위기라니 어찌 마음에

와 닿을 수 있으랴. 농림축산식품부의 자료에 의하면, 우리의 식량자급률[1]은 50.2%(2015년 기준)다. 주요 식량 가운데 유일하게 자급률이 높은 항목은 쌀, 이마저도 제외하면 나머지는 국내 식량자급률은 매우 저조한 수준이다. 때문에 매년 엄청난 양의 식량을 수입하고 있는 일본, EU, 멕시코, 이집트와 함께 세계 5대 식량 수입국이 바로 우리의 현실이다. 쉽게 말해 외국의 식량수입 없이는 먹고 살기 힘들단 얘기가 된다. 사료용 소비를 포함한 곡물자급률[2]은 23.8%다. 국내 곡물지급률은 1970년 80%에 달했지만 1980년 56%, 1990년 43.1%로 하락했고 2009년 29.6%로 떨어진 뒤 20%대에 머물고 있다. 쌀을 제외한 대부분의 곡물은 수입에 의존하고 있는 처지다. 반대로 식량수출국에 해당하는 호주는 179%, 프랑스 164%, 미국 150%의 순으로 식량자급률을 보이고 있다. 식량을 자체 해결할 수 있는 능력인 식량자급률을 높이는 것은 매우 중요한 문제다. 이는 식량위기가 닥치게 되면 곡물가격 상승수치보다 더 큰 비용을 지불하더라도 식량을 가져올 수 없는 사태가 발생할 수도 있다는 것을 의미하기 때문이다. 식량을 자체적으로 해결하기에 우리는 작물을 재배할 경작지가 턱없이 부족하고 또한 지구온난화에 의한 가뭄, 대홍수 등 빈번하게 일어나고 있는 기상이변과 사막화 현상으로 식량생산 기반은 점점 더 약화되고 있으며 과학의 발달로 노령인구가 급격히 늘어나면서 세계 인구는 꾸준히 증가[3]한다는 전망 또한 식량안보에 대한 우려를 증가시키는 요인으로 주목된다. 식량자급률을 높이기 위

1 사료용을 제외한 국내 농산물 소비량 대비 국내 생산량 비율
2 사료용을 포함한 국내 농산물 소비량 대비 국내 생산량 비율
3 국제연합인구기금에 의하면, 2013년 전 세계 인구는 72억 명에서 2050년 전 세계 인구는 96억 명으로 전망(13 June 2013 - The current world population of 7.2 billion is projected to increase by 1 billion over the next 12 years and reach 9.6 billion by 2050, UNFPA)

한 대책마련이 시급하다.

예로부터 우리 민족은 '農者天下之大本(농사는 천하의 가장 큰 근본이 되는 중요한 일)'이라 하여 농사를 무엇보다 중히 여겨왔다. 이는 농사를 업으로 삼고 있는 농부들에게만 해당되는 이야기가 아니다. 농사를 짓지 않는 이들도 마음으로나마 동참하고 고생한 농부들에게 감사한 마음을 가졌다고 하니, 우리 선조들이 농업을 얼마나 중요하게 생각했는지 새삼 실감할 수 있다. 하지만 오늘날 우리는 어떠한가? 다양한 산업들이 등장하고 하루가 다르게 빠르게 변하고 있는 사회 속에서 여유라고는 찾아볼 수 없이 삶이 바빠진 지금도 과연 농업을 존귀하게 여기고 농민들의 노고에 진심으로 감사하는 마음을 갖고 있는가? 그렇지 못하다면 그 이유는 무엇일까? 시대가 변하고 사회가 달라졌다고 해서 농업의 중요성이 덜해진 것일까?

이 시대를 살고 있는 우리들에게 농업·농촌은 과연 어떤 의미일까? 끼니때마다 밥상에 당연하게 오르는 식재료들의 공급처 정도로 '농업'을 이해하고 있고, 해마다 찾아오는 휴가철이면 지친 심신을 쉬게 할 공기 좋고 한적한 휴식처 정도로 '농촌'을 떠올리고 있을지 모를 일이다. 온전히 우리의 편의에 의해서만 말이다. 농업·농촌의 의미는 과연 이게 전부일까?

우리에게 있어서 농업과 농촌은 이렇게 간단하게 정의내릴 수 있는 대상이 아니다. 아주 오래전부터 우리들의 삶 곳곳에서 우리와 함께 호흡해왔던 또 하나의 우리 자신이었다고 한다면 그래도 조금은 그 참의미에 근접했다고 말할 수 있을지 모르겠다. 아주 생소한 정의라고 생각되는가? 내가 농사짓는 '농민'이 아니고 내 삶의 터전이 '농촌'이 아닌데, 또 하나의 '나'라고? 이에 대한 의문을 공감으로 바꿀 수 있는 기분 좋은 생각의 전환! 바로 이러한 연유에서 이 책의 취지는 시작되었다. 적어도 하루에 세 번은 꼭 돌아오는 식사 때만이라도 오랜 시간 피와 땀으로 공들여 맺은 결실을 우리에게 선물해 준 농부의 노고에 감사하는 마음을 갖는 것, 그리고 먹거리를 장바구니에 담을 때 가격의 유혹보다는 우리 땅에서 우리가 직접 키워 신선하고 신뢰할 수 있는 안전한 우리 농축수산물을 선택하겠다는 단 일초의 망설임도 없는 선택에 대한 의지를 갖는데 조금이라도 도움이 될 수 있다면 그것만으로도 이 책을 준비한 이로서 충분히 보람을 느낀다. 우리 스스로가 우리의 것을 사랑하지 않으면 세상 어느 곳에서 사랑받을 수 있겠는가? 이는 비단 애국심에 호소하는 문제가 아니다. 수입농산물이 지구 반대편에서 우리 식탁까지의 길고 긴 유통과정을 거쳐 엄청난 양의 농약에 노출되어 있다는 끔찍한 사실에도 불구하고 화려한 광고에 현혹되고 인위적으로 만들어진 형형색색의 빛깔에 속고 혀를 자극하는 맛에 또 한 번 속는 어리석은 소비자, 바로 우리들의 태도를 반성하는 시간을 갖는 일에 대한 문제이다.

언젠가부터 우리는 '농업은 생명, 농촌은 미래'라는 이 슬로건을 심심찮게 접할 수 있었다. 하지만 '농업'을 왜 '생명'이라고 하는지 '농촌'을 왜 '미래'라고 하는지에 대해서 과연 제대로 알고 있는지, 아니 한번이라도 그 의미에 대해 진지하게 생각해본 적이 있는지 스스로에게 물어야 할 것이다. 일찍이 우리 조상들은 농사는 하늘의 뜻과 땅의 기운 그리고 사람의 땀으로 만들어지는 것으로 매우 귀하게 여겼다. 모든 산업의 근간이 되는 농업은 인류의 생명줄을 이어갈 식량생산 외에도 경제, 자연·환경, 사회·문화적 측면에서 유·무형의 다양한 사회적 편익들을 창출하는 다원적 가치Multi-functionality를 지니고 있다. OECD 농업각료회의 공동선언문[4], UR 농업협정서문[5], 제3차 WTO 각료회의, FAO 창설 50주년기념 농업각료회의에서 채택된 퀘벡선언문[6], 세계식량정상회의World Food Summit에서 채택된 로마선언문Rome Declaration[7]에서 농업의 다원적 기능의 중요성을 강조한바 있다. 오래전부터 농업은 식량공급이라는 본원적 기능 이외에 환경보전, 생물다양성 유지, 토양보전, 수자원보호, 대기정화, 농촌사회유지, 국토균형발전, 전통사회와 문화보전, 국민정서의 순화라는 비시장적이고 비교역적인 다원적·공익적 기능을 수행하는 것으로 여겨져 왔다. 농업·농촌의 이러한 다원적 가치는 다른 어떤 산업에서도 찾아볼 수 없는 농업이 가지고 있는 특징이다. 그런데 이처럼 중요한 농업과 농촌의 숨은 가치를 우리는 그동안 간과하고 있었던 것은 아닐는지 한번쯤 되돌아봐야할 일이다. 이제 농업·농촌의 문제는 비단 농민들만의 문제가 아니라, 대한민국에 살고 있는 우리 모두의 문제임을 실감하고 국민 모두가 '농업은 생명, 농촌은 미래'의 참 뜻을 알고 공감대를 가져야 한다.

농업과 농촌의 가치를 지키는 일은 우리의 미래를 지키는 일이다. 이 소중한 가치를 지켜나가기 위해 우리 모두가 실천에 나서야할 때이다. 그 실천에 있어서 관계부처와 관련 산업 종사자, 농민뿐만 아니라 이 땅에 살고 있는 국민 모두 각자의 위치에서 농업과 농촌의

4 "농업활동은 식량 및 섬유를 공급하는 기본적인 역할 이외에 경관조성, 토지보전, 재생 가능한 자연자원의 지속 가능한 관리, 생물다양성 유지 등 환경편익을 제공하며, 농촌지역의 사회경제적 활력에 기여한다. 많은 OECD 국가에서 농업의 다원적 기능은 농촌지역의 경제생활에 특히 중요한 역할을 수행하고 있다." Para 10 of Communique. OCED Agriculture Minister Meeting, 1998.3.

5 "식량안보와 환경보호 등 농업의 비교역적 관심사항을 고려하여 농업개혁을 추진"

6 "농업의 다원적 기능(the multiplefunctions of agriculture)"이란 표현이 퀘벡선언문에 포함됨

7 "농업의 다기능적 특성(the multi-functional character of agriculture)"을 로마선언문에서 명문화함

가치를 지키는 일에 동참해야 한다. 이러한 움직임이 실천으로 이어지려면 우선 우리 모두 그 가치에 대해 제대로 알고 공감해야 한다. 그리고 공감을 위해서 소통은 필수다. 한 글자 한 글자 이 책을 채워나간 이유도 바로 여기에 있다. 땅을 일구는 농부에게도 그 은혜로 건강하게 살고 있는 우리들에게도 각자의 책임과 의무에 충실하면서 각자의 자리에서 최선을 다하는 것, 우리 국민 모두가 농업·농촌의 소중함을 알고 공감하는 것. 이러한 바람으로 이 책을 준비하게 되었다. 1장에서는 그 기분 좋은 변화의 시작을 위해서 우선 달라져야 할 점, 바로 농업과 농촌을 살아 있는 생명체로 바라보아야 하는 이유를 든다. 이어지는 2, 3장에서는 지금 당장은 획기적으로 보이지만 반짝하고 사라지는 성공신화보다는 다소 시간이 걸리더라도 내일을 생각하는 올바른 마음가짐으로 묵묵히 준비하고 실천해나가는 우리 농업·농촌의 진실 된 희망을 담았다. 끝으로 4장에서는 우리의 생명이자 미래인 농업·농촌의 요소요소들이 많은 사람들에게 사랑받는 존재로 영원히 기억되는 브랜드 이상의 브랜드가 될 수 있도록 계획하고 실천하고 관리하는 과정이 필요함을 다시 한 번 당부한다. 이러한 본문의 내용들이 어떤 이에게는 계획한 일에 색다른 아이디어를 더하는데 도움이 되기를 바라고 다른 어떤 이에게는 기존의 편견에서 벗어날 수 있는 계기가 되기를 바라며 그리고 또 다른 이에게는 우리 농업·농촌에 그래도 희망은 있다는 기분 좋은 메시지를 전하는데 작은 보탬이 될 수 있기를 바란다. 농업·농촌이 미소 지을 때 비로소 우리도 행복할 수 있다는 것을 나 스스로도 되뇌면서 말이다.

이제 농업·농촌은 먹거리 생산과 삶의 터전으로서의 역할이라는 전통적인 방식에서 벗어나 4차 산업혁명에 발맞추어 관광, 식품, 의료, 생명과학, 신소재, 치유 등 다양한 산업으로 빠르게 그 영역을 넓히면서 발전해 나가고 있다. 이렇게 커다란 혁신과 변화의 환경 속에서 국가발전을 위해 농업·농촌의 중요성이 새롭게 부각되고 있는 요즘, 우리 농업이 세계무대에서 경쟁력을 갖추고 우뚝 설 수 있도록 국민 모두가 한마음이 되어 힘써야 할 때다. 바로 지금 이 순간부터.

2017년 7월

'생명과 미래의 가치로 거듭나는 우리의 농업·농촌'을 꿈꾸며

저자 씀

Part 1.
브랜드마케팅 대상으로서의 농업과 농촌

Chapter 1

브랜드마케팅이란 무엇인가?

바야흐로 우리는 브랜드 시대에 살고 있다. 나 자신을 포함하여 나를 둘러싸고 있는 모든 것이 브랜드로 넘쳐나고 있다. 먹는 것에서부터 입는 것, 생활하는 공간, 내가 속한 학교, 회사, 도시, 국가까지 모든 것이 브랜드가 되는 세상이다. 이 무형의 가치들은 지금 이 순간에도 소리 없이 나와의 관계 속에서 끊임없이 브랜딩 중이다.

농업과 농촌의 가치를 함께 나누는 이 공간에 그것도 첫 번째 장부터 느닷없이 브랜드마케팅이 등장했다. '무슨 연관이 있는 것일까' 하고 조금은 의아하게 생각하고 있을지도 모르겠다. 브랜드 대상의 범주가 농업, 농촌까지 이르렀음을 설마 모르고 있었다는 사람은 아마도 드물 것이다. 그만큼 농업과 농촌도 마케팅이 필요하다는 목소리를 여기저기서 어렵지 않게 들을 수 있기 때문이다. 물론 그중 대다수는 이와 같은 맥락에서 '생산한 농산물과 가공품 그리고 농촌의 어메니티amenity 상품들을 판매하기 위해서'라고 판단이 설 것이다. 물론 틀린 얘기는 아니다. 마케팅이라는 것이 생산자가 소비자를 대상으로 자신의 상품을 판매하기 위한 전략으로 요구되는 보편화된 방법이긴 하지만 그 외에 이유가 한 가지 더 있다. 앞서 서문에서 밝힌 대로 농업과 농촌의 진정한 가치 그리고 그 소중함을 지켜야 한다는 우리 모두의 공통된 의무, 이 모든 것에 대한 공감을 불러일으키는 소통이 필요해서다. 이를 단지 농업과 농촌을 둘러싸고 있는 이슈나 트렌드 사례로 전달하기보다는 브랜드적 시각에서 공유했으면 하는 바람에서다.

단순히 마케팅 대상으로서의 '상품'이 아니라 마음에 새겨지는 '브랜드'를, 판매와 매출이 목표인 '마케팅'으로서가 아니라 더 나아가 충성도를 얻어 돈독한 관계를 지속적으로 구축해 가는 '브랜드 마케팅'의 시각으로 소통하는 것, 바로 그런 이유에서 이 책의 첫 공간은 '브랜드'와 '브랜드 마케팅'에 대한 이야기를 담았다.

■ 마음을 움직이는 그 무엇, 브랜드

인간은 언제부터 브랜드를 사용하기 시작했을까? 우리가 일상에서 쉽게 접하는 '브랜드brand'는 우리가 생각하는 것보다 꽤 오랜 역사를 가지고 있다. 브랜드는 고대 스칸디나비아어인 'brandr'에서 시작된 것으로 잘 알려져 있는데, 이는 '불에 달구어 지진다.' 즉, 낙인(烙印)을 의미하는 것이었다. 이처럼 브랜드의 유래는 자신의 가축과 이웃의 가축을 식별하기 위해 인두로 지져 표시했던 것에서 그 어원을 찾을 수 있다. 또한 고대 이집트 유적에서도 브랜드의 흔적을 엿볼 수 있는데, 당시 그곳에서 발굴된 벽돌에 새겨진 상형문자가 다름 아닌 벽돌 제조공의 이름이었다고 밝혀진바 있다. 이러한 사실로 미루어 보건데 브랜드와 인간은 상당히 긴 시간을 함께 해 왔음을 알 수 있다.

하지만 그 당시 브랜드는 지금 우리가 알고 있는 브랜드와는 사뭇 차이가 있어 보인다. 이처럼 식별을 위한 기능으로 사용되기 시작했던 초창기 브랜드는 시대의 변화를 거듭하면서 중심이 되는 기능에도 차이를 보이게 되었는데, 18세기 산업혁명을 중심으로 그 이전과 이후 그리고 지식정보사회를 일컫는 현재로 구분하여 살펴본다.

중세시대에 브랜드는 당시 유럽의 동업자조합을 일컫는 길드Guild를 중심으로 상업적인 측면에서 사용되기 시작했다. 당시 상인들은 자신들의 제품을 저급한 모방제품으로부터 구별하여 보호하고 위조품에 대한 처벌을 통해 책임소재를 분명히 하였다. 제품에 브랜드를 부착해서 자신들만의 독점적인 판매를 보장받았던 것이다. 그때까지만 하더라도 브랜드는 식별의 수단으로서 제조자 표시를 위해 사용되었던 것을 알 수 있다.

이후 18세기에 접어들어 산업혁명이 시작되면서 사회전반에 걸쳐 큰 변화를 가져왔는데, 교통수단과 통신수단의 발전은 물론이고, 산업기계들이 대거 도입되면서 대량생산과 포장기술의 발달, 혁신적으로 세분화된 유통 그리고 소비의 확대는 브랜드의 기능을 단순히 기존의 식별기능에 머무르지 않고 확장시키는데 기여했다. 이때부터 브랜드 네임이 새겨진 포장된 제품이 등장하게 되었는데, 올해로 179주년을 맞이하는 P&G[1]의 첫 번째 혁신제품인 바로 아이보리IVORY다.

---

1 영국의 양초 제조업자 윌리엄 프록터(William Procter)와 아일랜드 출신의 비누 제조업자 제임스 갬블(James Gamble)이 1837년에 설립한 회사로 P&G는 프록터 & 갬블 (Procter & Gamble)의 약자로, 회사를 세운 두 창업자의 이름에서 따왔다. 팬틴·질레트·페브리즈·오랄비·

당시 비누라고 하면 일반적으로 큰 덩어리를 작게 잘라서 판매하는 것이 일반적이었는데, 아이보리는 브랜드를 달고 포장된 상태로 판매한 최초의 제품이었다. 근대산업사회에 들어오면서 브랜드는 단순히 제품의 식별기능을 넘어 제조업자의 자산으로서 제품의 품질을 보장하고 신용을 표시하는 기능까지 수행하게 되었다.

정보화 사회가 본격적으로 시작되는 1980년에 들어서는 기업이 소유하는 가장 큰 무형자산으로서 브랜드의 가치가 높게 평가받기 시작했다. 소위 말하는 기업의 잘나가는 브랜드 하나가 소비자들의 행동에 영향을 주고 이는 곧 구매로 연결될 뿐만 아니라 꾸준히 미래 수익의 안정성을 보장하는 재산이 되었기 때문이다. 이후 기업마케팅활동은 자연스럽게 파워브랜드를 육성하는데 초점을 두는 것으로 변하게 되었다. 파워브랜드power brand는 소비자로 하여금 긍정적인 이미지를 형성하게 하고 브랜드 충성도를 갖도록 하기 때문이다. 이처럼 '나의 것'을 지키기 위한 것에서 시작된 브랜드는 20세기 후반에 접어들면서부터 기업과 그 기업에서 생산되는 제품, 서비스 등의 이미지를 만들어 내고 무형의 자산으로서 가치를 더하는 것으로 그 역할이 점차 발전하게 되었다. 더 나아가 도시와 국가까지 브랜드 대상의 범주로 관심을 받게 되면서 개성을 표현하고 삶의 가치를 향상시키는 것에 더 집중하게 되었다. 다시 말해 브랜드가 개인 소유물을 타인의 것과 식별하는 기능에 치중했던 과거와는 달리 소비자들의 심리를 움직이는 정서적인 표현에 더 집중하게 되었다는 얘기가 된다. 시대와 환경이 변하고 브랜드의 역할도 변하고 있는 것

위스퍼 등의 생활용품과 미용 및 소형 가전제품 등 300종 이상의 글로벌 브랜드 제품을 전 세계 180개국에서 44억 명의 소비자에~게 공급하며 연간 100조원에 가까운 매출을 자랑하는 세계 1위 생활용품 기업이다.

이다.

'브랜드란 무엇인가?'라는 질문에 가장 많이 등장하는 답은 다음의 정의일 것이다. 미국마케팅협회AMA(American Marketing Association)에서 설명하는 브랜드에 대한 정의를 한번 살펴보자. "브랜드란 판매자 개인 또는 단체가 제품이나 서비스를 특징짓고 이것들을 경쟁자의 제품과 서비스로부터 차별화시킬 목적으로 만들어진 이름, 용어, 기호, 심벌, 디자인 또는 이들의 조합을 일컫는다(a brand is a name, term, sign, symbol or design, or a combination of them intended to identify the goods and services of one seller or group of sellers and to differentiate them from those of other sellers.)." 자, 지금 내 주변을 둘러싸고 있는 브랜드들을 한번 훑어보자. 단지 제품에 붙어 있는 상표만을 보고 구매했었는지, 아니면 눈에 보이지는 않지만 그 브랜드가 가지고 있는 가치와 상징적인 요소, 요소들이 그 제품의 구매요인으로 작용을 했었는지 말이다. 미래학자 스탠 데이비스Stan Davis가 그의 저서 『완벽한 미래Future Perfect』에서 처음 사용했던 대량맞춤mass customizing의 시대가 대중들에게 펼쳐지면서 소비자들은 구매 선택의 폭이 넓어지게 되었고 더 이상 품질이 아닌 상징적인 요소 즉, 신뢰의 정도에 따라 구매결정이 성립된다는 사실이 브랜드의 개념을 다시 한 번 생각해 보게 만들었다. 누군가의 마음에 들어가 감동을 선사하고 그 가치를 인정받아 나아가 신뢰로서 사랑하게 되는 대상을 '브랜드'라고 말하는 시대가 된 지금, AMA에서 정의하는 위의 개념만으로 브랜드를 설명하기에는 뭔가 부족함이 있어 보인다. 브랜드는 모두에게 인정을 받아야 비로소 브랜드가 되기 때문이다. 이처럼 변화된 현상을 반영하고 있는 브랜드의 정의에 대해 좀 더 살펴보도록 하자.

"브랜드란 판매자 혹은 판매회사의 제품이나 서비스를 소비자들에게 인지시키고 다른 경쟁자들의 그것과 차별화하기 위하여 사용하는 특별한 이름이나 상징물(로고, 등록상표, 포장 디자인) 등을 의미한다. 브랜드는 고객들에게 제품을 생산한 주체를 알려 주어 유사한 제품을 판매하고자 하는 경쟁자들로부터 고객과 생산자를 보호한다."

- Managing Brand Equity, David A. Aaker

"브랜드는 단순한 제품이 아니라 핵심(essence), 의미, 방향이다."

- Strategic Brand Management, Jean-Noel Kapferer

"브랜드가 감성적인 연결로 발전되기 전까지는 당신에겐 브랜드가 아니다."

- Emotional Branding, Daryl Travis

"브랜드는 마음과 심장으로 통하는 것이다."

- Designing Brand Identity, Alina Wheeler

브랜드에 대한 정의는 이외에도 무수히 많다. 브랜드는 아주 오래 전부터 존재해 왔지만 시대가 변하면서 그 기능 또한 과거의 그것과는 확연한 차이가 있음은 분명해 보인다. 과거 브랜드는 제품 그 자체를 의미하거나 오히려 상표의 의미에 더 가까웠다고 할 수 있다. 오늘날 우리는 아침에 눈을 뜨는 그 순간부터 시작해 일상의 숨을 쉬는 매순간순간마다 넘쳐나는 브랜드더미 속에서 살고 있다. 1분1초를 다투며 쏟아져 나오는 수많은 제품들, 그 속에서 남과는 다르다는 차별화를 외치며 등장했던 '브랜드'는 더 이상 '차별화'라는 말이 무색할 정도로 진부한 느낌마저 들게 할 정도로 온통 식상한 것들뿐이다. 어쩌면 오늘날 우리가 진정한 '브랜드'라고 인정하는 브랜드의 의미는 브랜드 그 이상의 것을 기대하고 있기 때문일지도 모른다. 그래서 케빈 로버츠Kevin Roberts2는 브랜드가 이미 수명이 다했기 때문에 브랜드의 미래를 두고 러브마크lovemarks라고 말했던 것일지도 모른다.

'브랜드'이든 '브랜드 이상의 것'이든 '러브마크'이든 그 대상이 무엇이 되었든 간에 중요한 사실은 고객의 마음속에 들어가 오랫동안 자리를 잡을 수 있어야 한다는 것이다. 언제부터인가 우리는 '의미'와 '상징'처럼 육안으로는 확인할 수 없지만, 감성을 자극하고 있는 무형의 가치에 무게를 두고 무언가를 판단하고 움직이는 경향이 있는데, 이는 브랜드를 선택하는 기준에도 반영되고 있기 때문이다.

마음을 움직이는 그 무엇!
바로 이 장에서 말하려는 브랜드가 그것이다.

■ 마케팅에서 브랜드마케팅으로

브랜드 홍수 속에서 특별한 브랜드가 되기란 쉽지 않다. 관심을 끄는 것부터가 그만큼 어렵다는 얘기다. 이런 시장상황에서 모두 똑같은 방법으로 차별화를 추구하다면 이 또한 모순이라고 밖에는 말할 수 없다. 정형화된 마케팅 프로세스의 틀에 갇히거나 코앞의 트렌드를 무턱대고 쫓아간다면 특별한 브랜드는 더 이상 기대하기 어렵다. 브랜드는 나만 인정한다고 해서 또 몇몇의 소수가 인정한다고

2 미국 뉴욕에 본사를 두고 90여 개국에 7000여명의 직원을 둔 세계적인 광고회사 사치앤 사치(Worldwide of Saatchi & Saatchi)의 CEO

해서 만들어지는 것이 아니라는 것을 이쯤 되면 짐작할 수 있을 것이다. 모두가 인정하고 그들과의 관계 속에서 피어나는 것이 바로 브랜드이기 때문이다.

브랜드가 품질을 보장하고 신용을 표시하는 상표로서의 기능이 중심이었을 때, 기업은 소비자가 원하는 것needs이 무엇인지를 찾아 이를 충족시키기 위한 제품을 만들고 그 제품에 가격을 책정하여 이를 알리기 위해 계획하고 실행하는 과정(4p mix), 즉 마케팅이 필요했다. 제품을 만들고 이를 판매하기 위해 알리는 것, 당시 마케팅의 논리는 이처럼 단순명료한 것이었다. 제조력과 영업력이 경쟁력이었고 유사 제품으로 조금 뒤늦게 출시하더라도 품질이 보다 우수하고 강력한 유통채널을 보유하고 있다면 우위를 선점할 수 있었다.

하지만 촌각(寸刻)을 다투다시피 무서운 속도로 쏟아지고 있는 유사한 상품들 더미에서 더 이상 품질만을 승부로 경쟁에 살아남는다는 기존의 전통적인 마케팅 기법으로는 한계에 부딪히게 된 것이 현실이다. 제품만의 경쟁이 아니라 고객에 대한 가치제안이 얼마나 받아들여졌는지에 대한 인식의 싸움으로 판이 바뀌었으며 고객과의 지속적인 관계를 통해 브랜드 가치를 제대로 인정받을 수 있게 되었다. 이제 중요한 것은 고객들에게 '그 무엇'을 어떻게 떠오르도록 하느냐와 '그 무엇'을 어떻게 기억되도록 하느냐에 달렸다. 무엇보다 고객과의 감성적인 관계를 이어나가는 것에 꾸준히 집중해야 하는 이유도 그 때문이다. 제품 혹은 서비스와의 첫 대면에서 여전히 기능과 품질을 합리적으로 꼼꼼히 따지겠지만, 결국에 선택의 시간에 이르러 결정을 내리는 몫은 감성이 책임진다는 사실을 우리는 부인할 수 없다. 고객과의 감성적 연결고리를 유지하고 있는 브랜드만이 오랫동안 살아남을 수 있다. 제품 혹은 서비스에 내재되어 있는 가치를 타 브랜드들로부터 차별적 우위를 만들고 이를 지속적으로 유지해 나가기 위해 고객의 마음속에 '그 무엇'을 새기는 일에 일관성을 갖고 몰두(실행과 평가)하는 즉, 브랜드 가치를 모든 마케팅 활동에 적용시키는 브랜드마케팅brand marketing전략이 필요한 이유가 여기에 있다.

Chapter 2

왜 브랜드마케팅인가?

요즘은 기업, 농업 등 분야를 가리지 않고 저마다 파워브랜드 만들기에 혈안이 되어 있다. 왜 여기저기서 하나같이 파워브랜드, 파워브랜드 하는 걸까. 우리가 일상에서 접하는 모든 브랜드들은 이제 더 이상 품질로만 승부를 걸지 않는다. 품질경쟁시대가 막을 내린지 이미 오래다. 품질의 차이로 경쟁우위를 따진다는 것 자체가 무색할 정도로 기술은 하루가 다르게 눈부신 발전을 거듭하고 있고 고객은 상향평준화된 기능과 다양한 선택권 앞에 익숙해졌다. 이러한 상황은 브랜드의 이미지를 차별화시킴으로써 파워브랜드를 구축하는 브랜드마케팅 전략에 자연스레 집중하게 만들었다. 이를 통해 충성고객을 확보함으로써 치열한 가격경쟁으로부터 자유롭고 시장점유율을 높여 안정적으로 수익을 확보할 수 있는 영원불멸의 브랜드 탄생을 어느 기업할 것 없이 꿈꾸고 있기 때문이다. 영원불멸의 브랜드는 고객을 통해서만 가능하다. 다시 말해 고객만이 만들 수 있다는 얘기다. 이처럼 브랜드가 브랜드 자신을 넘어 영원불멸의 존재를 목표로 전진하고 있는 이유는 무엇일까.

첫째, 품질의 우수성을 넘어 그 이상의 가치를 제공한다. 이는 브랜드 경쟁의 시장인 고객의 마음속에서 시작된 요구사항이다. 품질은 구매를 앞둔 고객에게 선택조건의 가장 기본이 되는 요소일 뿐이다. 고객은 정보통신기술ICT(Information & Communication Technology)이 바탕이 된 기술의 눈부신 발전으로 최상의 맞춤정보수집이 가능하게 되면서 구매를 위해 지불하는 가격 그 이상의 다양한 가치를 요구하게 되었다. 선택결정에 있어서 품질은 가장 기본이 되는 요소인 만큼 최상의 품질을 따지되 이것은 선택에 있어서 절대 결정적인 요소로 작용하지는 않는다. 선택을 기다리고 있는 다양한 브랜드들은 하나같이 모두 흠잡을 데 없는 고품질로 넘쳐나기 때문이다. 이러한 경향은 품질의 우수성만으로는 소비자들의 마음을 움직이는 것 자체가 어렵다는 사실을 말해준다. 고객은 그들의 소비활동에 있어서 물건을 구입하는 것 외에도 브랜드가 가진 이미지를 활용하여 자신의 개성까지도 표현하고 있다. 소비자의 최종선택은 우수한 품질을 보증하면서 자신이 지불하는 비용이상의 가치를 얻는데 있다. 소비자의 마음속에 좋은 이미지로 강력하게 자리 잡고 있는 브랜드는 그들이 선택할 가능성이 높으며 이는 곧 매출로 직결되어 기업이익에 기여한다. 이처럼 특정 브랜드를 선호하는 경향은 그 브랜드 제품이 질적으로 우수해서라기보다는 그 브랜드가 갖는 이미지 때문이라는 것을 다양한 블라인드 테스트를 통해서 입증된바 있다. 전부 그런 것은 아니지만 간혹 강력한 브랜드의 힘에 이끌려 제품이 갖는 진가를 놓치는 경우가 있기 때문에 이러한 문제점에 대해 디브랜딩[3] 마케팅 전략이 제기되기도 했다.

'베를린 테이스팅(2004)'에서 보르도와 토스카나 최고급 와인들의 아성을 누르고 당당히 1위에 오른 140년 전통의 와인 하우스 에라주리즈Errazuriz, 美 베일러 의대 리드 몬테이그 박사의 실험(2003) 코카콜라와 펩시의 블라인드 테스트에서 참여자 55%가 펩시를 선택한 사실, 차체와 로고를 가리고 진행한 현대 소나타와 토요타 캠리의 성능비교 테스트에서 예상을 깨고 76%의 선택을 받은 소나타. 이들은 블라인드 테스트에서 모두의 예상을 깨고 승리했지만 시장에서는 상대적으로 뒤지는 결과를 보였던 브랜드들이다. 바로 브랜드가 가진 힘 때문이다. 고객의 정서와 개성을 고려한 세심한 배려가 묻어나는 특별한 서비스로 단순한 품질 이상의 가치를 제공하는 브랜드 이미지를 만들어야 할 이유가 바로 여기에 있다. 우수한 품질은 이제 기본 중에 기본이다. 고객이 만족을 느낄 수 있는 브랜드 본연의 가치를 넘어 보다 새로운 가치를 만들어 선사할 때 고객은 비로소 감동과 충성심으로 보답하기 때문이다.

둘째, 신뢰와 충성심을 바탕으로 한 돈독한 정서적 유대관계를 형성한다. 충성도는 소비자가 브랜드에 대한 신뢰와 사랑이 깊어지면 가능해 진다. 신뢰는 브랜드와 소비자 상호간의 지속적이고 성공적인 유대관계를 위한 핵심적인 요소다. 브랜드와 소비자 간 관계형성에 있어서 신뢰는 앞으로 거래의 불확실성을 가소시켜 돈독한 정서적 유대를 형성하는데 긍정적인 영향을 미치게 된다. 고객은 머리가 아닌 자신의 마음을 사로잡는 브랜드를 선택한다. 소비자들은 스스로가 좋아하고 신뢰하는 브랜드를 선택하기를 원한다. 제이코비Jacoby와 체

3 디브랜딩(de-branding): '누가(who)'가 아닌 '무엇(what)'을 부각시켜 기업이 아닌 제품이나 서비스, 메시지 자체에 집중할 수 있도록 하는 마케팅전략

스트넛Chestnut의 삼분법적 모델에서도 브랜드 충성도는 소비자의 믿음과 감정을 바탕으로 형성되는 결과라고 설명하고 있다. 이러한 충성도를 지속적으로 유지하기 위해 소비자들이 감성적 신뢰감을 형성할 수 있도록 노력하는 것이 중요하다. 브랜드와 소비자 간의 신뢰감을 쌓는 것은 브랜드가 가진 기능적인 혜택만으로 형성되는 것이 아니라 감성적 교감이 오고가야만 가능하다. 이해관계를 생각하기 이전에 소비자에게 먼저 충성과 헌신을 보여줌으로써 정서적 교감을 느낄 수 있도록 하고 이것이 브랜드에 대한 감성적 신뢰감으로 연결될 수 있도록 해야 한다. 그리고 브랜드에 대해 소비자가 기대하는 바를 제대로 이해하고 끊임없이 그 기대에 부응하도록 노력하는 자세가 매우 중요하며 이렇게 형성된 관계를 통해 소비자는 비로소 두터운 지지층 바로 충성고객이 된다. 이렇게 지속적으로 그 브랜드만을 지지하는 성향을 가진 충성고객은 어떠한 상황에서도 변치 않고 그 브랜드를 선택하는데 망설임이 없으며 그 브랜드 가치에 공감하며 정서적으로 관여함으로써 해당브랜드를 더욱 강력한 브랜드로 만드는데 기여한다. 고객이 브랜드를 구매하거나 다룰 때 브랜드와 하나라고 느낄 수 있도록 다양한 경험을 하도록 함으로써 상호간 신뢰를 형성할 수 있다. 당장은 이익이 되지 않더라도 브랜드 가치를 일관되게 꾸준히 제공하고 브랜드 가치에 기여하는 일을 지속해야 하게 되면 신뢰는 더욱 강해지고 충성심 또한 확고해진다.

이를 잘 보여주는 사례로 할리데이비슨이 재정적으로 어려움을 겪고 있을 당시, '호그[4] 랠리H.O.G rally를 통해 기업을 다시 일으킬 정도로 호그는 할리데이비슨의 마니아이자 충성고객이다. 할리데이비

4 호그(H.O.G; Harley Owner Group)

슨은 제품개발 시에 호그 멤버들의 의견을 충분히 반영하고 신제품을 출시하기 전 멤버들을 초대해 시승행사를 갖는 등 도전적이고 모험을 즐기는 '할리데이비슨 문화'를 향유하면서 상호간 돈독한 정서적 유대관계를 형성하고 있다. 세계 최대의 온라인서점 아마존닷컴의 경우에는 고객이 책을 재주문할 경우가 생기면 고객의 이전 구매이력을 보여주고 구매여부를 재차 확인하는 운영전략을 오랫동안 실행해 옴으로써 고객과의 깊은 신뢰감을 바탕으로 충성고객을 확보하고 있다.

셋째, 차별적 경쟁 우위 확보와 안정적 수익을 창출한다. 그동안 차별화는 주로 제품 자체가 가지고 있는 특징(기능, 크기, 디자인, 컬러, 가격, 성분, 유통방법 등)의 차별화만을 추구해 왔었다. 하지만 이러한 제품의 품질은 이제 더 이상 경쟁우위 요소가 아니다. 기술의 발전으로 제품의 품질이 상향평준화 되어 있는 환경 하에서 경쟁우위 확보를 위한 요소는 바로 브랜드의 차별화다. 차별화는 경쟁브랜드와 다르다는 것이다. 차별성이 부여된 브랜드의 독자적인 차별성을 계속 유지할 수 있도록 지속적인 관리가 요구된다. 이렇게 브랜드 가치가 높아진 브랜드는 단순한 경쟁관계에 영향을 받지 않고 가격경쟁에 효율적으로 대응할 수 있다. 브랜드 이상의 브랜드는 앞서 살펴본 것과 마찬가지로 이미 충성고객을 확보하고 있으며 이들은 해당 브랜드만이 가지고 있는 특성을 비롯해서 보이지 않는 브랜드 가치에 기반을 두고 있기 때문에 단순한 경쟁관계의 구도가 성립하지 않는다. 판매 중심의 경쟁이 아닌 고객과의 정서적 유대관계를 고려한 차별화된 경쟁인 가치경쟁을 추구한다. 또한 이러한 브랜드는 성공적으로 만든 좋은 브랜드 이미지를 타 상품까지 확장시킬 수 있기 때문에 이에 대해 고객이 심리적으로 친근감을 갖도록 만들고 이는 곧 기업의 안정적 수익으로 이어진다.

이렇게 모든 브랜드가 그토록 원하는 브랜드 이상의 브랜드는 어떻게 가능할까. 영원불멸의 브랜드가 갖고 있는 힘은 과연 어디서 오는 걸까. 브랜드 탄생을 고민하는 그 힘은 체계적인 브랜드관리시스템을 통해서 브랜드자산을 만들어 내고 그렇게 해서 만들어진 브랜드자산을 지속적으로 강화시켜나가는 전체적인 관리에 비로소 기인하는 것이다. 또한 살아있는 브랜드에 생명력을 불어넣는 모든 행위를 통해서 브랜드는 더욱 브랜드다워진다. 브랜드에 대한 소비자의 신뢰를 통해 브랜드의 가치를 높이고 브랜드와 고객 간 정서적 유대관계를 더욱 긴밀하게 이어주도록 돕는 것이 브랜드마케팅이다. 즉, 브랜드 마케팅은 브랜드의 차별적인 우위성을 보장하고 이익을 창출할 수 있도록 하기 때문에 그 역할의 중요성은 더욱 커지고 있다. 이는 급변하고 치열한 글로벌 경쟁무대에서 이제는 가격도 품질도 아닌, '브랜드'라는 무형의 가치로 경쟁의 기준이 바뀌게 되었고 이로 인해 브랜드를 기업의 중요한 자산으로 인식하고 관리하려는 노력이 확산되고 있기 때문으로 해석된다. 소비자들이 특정 브랜드를 선택하는 것은 단지 제품을 구입하는 것이 아니라 그 브랜드의 이미지와 경험을 함께 구입하고 있는 것이다. 따라서 소비자들에게 브랜드를 인식시키고 좋은 이미지를 상승시켜 이익을 창출해 나가는 역할을 담당하고 있는 브랜드마케팅이 이제 선택이 아닌 필수가 되고 있다.

Chapter 3

브랜드마케팅과 농업·농촌의 만남

농업과 농촌분야에도 '브랜드'의 바람이 분지 오래다. 다만 브랜드, 마케팅, 판촉, 홍보, 스토리텔링, 감성마케팅 등(최근 농업과 농촌의 판로를 개척하는 방안으로 가장 많이 거론되었던 용어들)이 무분별하게 사용되는 경향이 있는 것 같다. 그나마 다행이라고 생각되는 것은 이제는 농업분야만 전문적으로 마케팅을 교육하는 업계 분들도 제법 많아졌고 또 지자체별로 이에 대해 다양한 교육프로그램을 접할 수 있는 기회도 종종 마련되고 있으니 말이다. 농사일만으로도 벅찬데 이젠 생산 이후의 일로 고민해야하는 숙제까지 떠안게 되었으니, 할 일이 곱절로 많아진 셈이다. 명확한 목표를 세우고 이를 달성하기 위해 단계별로 꾸준한 노력을 기울인다는 것이 결코 쉬운 일은 아니다. 뒤처지지 않기 위해서, 살아남기 위해서 공부만하는 것으로 그쳐서는 어림도 없다. 알게 모르게 눈물 섞인 시행착오를 겪어야함은 두말하면 입 아프다. 어떻게 하면 (농산물이) 잘 팔릴 것인가, 어떻게 하면 (마을로) 사람들이 찾아오도록 만들 것인가, 이런 저런 고민에 지금 이 순간에도 우리 농민들의 한숨은 깊어만 간다. 1980년대까지만 하더라도 농산물 생산기술이 평준화되지 않아서 생산자간에 품질격차가 현저했다. 당시에는 '고품질' 마케팅전략 하나만 제대로 내세워도 수익을 올리는 데에 충분했었다. 하지만 생산기술의 발전으로 품질의 격차는 차츰 좁혀졌고 품질이 더 이상 마케팅의 핵심적 기능을 담당하지 못하게 되자 그동안 상품의 품질을 내세워 판매하던 마케팅은 이제 보다 강력한 브랜드를 만들고 관리하는 일로 자연스레 관심이 옮겨지게 되었다. 영원불멸의 브랜드를 만드는 일은 농업분야에서도 예외가 될 수 없다. 그동안 생산에만 집중했던 농업도 이제는 생산이후를 고민해야만 무방비로 개방된 시장에서 생존할 수 있기 때문이다. 등장하기 무섭게 사라지는 브랜드가 허다한 지금의 현실에서 강력한 힘을 갖는 브랜드가 왜 중요하고 또 왜 필요한지에 대해서 깨닫고 있는 이들이 이제는 농업분야에서도 제법 많아졌다.

재미있는 사실은 공신력 있는 텔레비전 인기 프로그램에 한 번 출연하는 것이 소비자들에게 농산물을 인지시키는데 있어서 가장 큰 효과를 볼 수 있다는 생각이 아직까지 지배적이라는 것이다. 그렇게 생각하는 사람들이 많은 데에는 웃지 못 할 이유가 있다. 매출, 수익만 놓고 본다면 두 번 다시 고민할 필요조차 없는 최고의 커뮤니케이션 방안이 되기 때문이다. 판로개척에 속앓이를 하고 있는 농촌의 어려운 사정을 생각하면 판매는 무엇보다 최우선시 되어야할 과제임이 분명하기 때문이다. 그러나 문제는 그 효과의 지속성에 있는데, 방송시기를 기준으로 판매인기는 며칠 반짝 불붙는 듯 보이지만(여건이 허락한다면 잊혀질만하면 반복해서 방송의 힘을 빌리면 될 것처럼 보인다. 그런데 이게 가당키나 한 얘기인가 말이다) 생각보다 금세 사그라지고 만다.

실제로 2012년 방영된 프로그램 가운데, 매회 우리 농산품을 각각 다르게 구성해 해당 농산품의 우수성을 소개하고 시청자들을 퀴즈에 직접 참여토록 하여 정답을 맞히면 해당 농산품을 선물로 보내주는 형식으로 진행된 프로그램이 있었다. 여느 다른 음식 프로그램이라든지 특히 건강, 생명과 연관된 프로그램의 경우도 마찬가지지만, 이 프로그램처럼 직접적으로 반응이 나타나는 프로그램은 드물었다. 대부분이 시청시간 내내 포털 사이트 상위 검색순위를 기록하다가 관련농산물 판매처들을 알아보는 것으로 이어지는 대체로 그런 분위기다. 당시 총 36회 방영기간 동안 참여농가, 퀴즈 당첨자뿐만 아니라 시청자로부터 입소문을 들은 이들(대부분이 주부층)에게까지 엄청난 관심을 받았다. 생산자가 직접 출연해 문제를 내는 형식이었기 때문에 농가는 생산품을 직접 홍보할 수 있었고 스튜디오에서는 셰프가 직접 해당 농산물을 식재료로 활용한 요리를 선보이는 시간도 마련되었는데, 방영시간동안 해당 농산물에 대한 퀴즈(대부분이 효능에 관련된 문제)를 맞힌 시청자에게는 방송에 나갔던 그 농산물이 선물되었기 때문에 참여 농가와 시청자 모두에게 일석이조의 혜택을 주는 효과를 거둘 수 있었다. 일주일에 2회 방영되는 시간에 프로그램 담당부서에는 해당 농산품과 판매처를 문의하는 전화가 쇄도하였고 농가에는 해당상품이 동이 나서 더 이상 판매할 수없는 상황이 벌어지기도 했다. 당시 저자는 그 현장에 있으면서 단편적인

그림 1-1. KBS2 맛있는 퀴즈쇼! 행운의 식탁 2012.8.7. 방송

모습이었지만 모든 생산농가가 오늘만 같다면 비록 몸은 바쁘고 힘들지만 행복한 저 미소는 떠나지 않을 텐데……. 그들이 기뻐하는 모습에 함께 기쁘다가도 어쩐지 곧 닥쳐들 허전함이 느껴져 이내 씁쓸해지는 마음이 드는 건 어쩔 수 없었다. 영원할 것만 같았던 방송의 힘은 야속하게도 금세 기억에서 잊히게 되고 농가의 시름은 또다시 반복된다. 없는 물건도 구해만 달라던 그 고객은 대체 어디로 사라졌냐는 말이다.

고객은 똑똑하고 냉정하며 1분1초를 앞 다투는 바쁜 일상을 보내고 있으며 늘 더 나은 다양한 선택사항을 요구한다. 그들은 뒤돌아보지 않는다. 그것이 지금 우리가 만나야할 고객의 특징임을 반드시 기억해야 한다. 왜 매출을 올리는 데만 연연하는 단기적 목표에 집중해서는 안 되는지에 대한 이유가 이제 어느 정도 명확해지는가. 만약 참가한 농가 가운데 평소 브랜드 개발에서부터 체계적인 관리를 꾸준히 해 오면서 지속적으로 고객과의 소통을 할 수 있는 창구를 마련해 놓은 곳이라면 또 얘기는 달라진다. 방송출연이 계기가 되어 브랜드 인지도 상승은 물론이요, 꾸준한 판매효과를 보는 데에도 필시 촉매역할을 톡톡히 할 수 있기 때문이다.

'건강'과 '안전'이 사회의 중요한 키워드로 자리 잡으면서 어느 곳을 가더라도 안전성을 보장하고 우수한 품질임을 인증하는 마크들을 내세운 먹거리를 아주 쉽게 발견할 수 있다. '기술발전으로 인해 품질이 상향평준화 되어 품질은 더 이상 비교대상이 아니다.'라는 말은 기업의 제품에만 국한된 이야기가 아니다. 농업분야에서도 다르지 않다. 기업에서도 농업분야에서도 품질 수준이 곧 경쟁력이라는 말은 이제 옛 전략이 되었다. 그런데 간혹 품질은 당연히 갖추어야할 가장 기본적인 요소라는 이 의미를 가볍게 생각해도 된다는 오해로 받아들이는 경향이 없지 않은 것 같다. 특히나 그 기본적인 요소는 생명을 다루는 농업에서 절대 소홀히 해서는 안 될 가장 기본이 되는 요소이자 한편으로는 가장 중요한 부분임을 절대 간과해서는 안 된다.

농업과 농촌에서 본격적으로 '브랜드'와 '마케팅'을 외치기 시작한 것은 언제부터일까. 아마도 WTO 출범이후 국경 없는 무한경쟁 시대가 도래하면서 완전하게 개방된 시장 앞에 무방비 상태로 생존의 위기에 놓인 우리 농업과 농촌을 살리기 위한 자구책으로 거론되기 시작하면서부터였을 것이다. 기존 기업이 밟아온 행보대로 만들기만 하면 팔리던 시대는 지났다. 드디어 농업도 생산이후를 생각해야 한다는 우려의 목소리가 높아지기 시작한 것이다.

그때부터 아무개네 집에서 수확한 쌀에 그럴듯한 이름을 만들어 붙이기 시작했고 유기농으로 안전하게 재배했다는 사실을 입증하기 위해 갖은 노력 끝에 국가에서 주는 인증마크도 받았다. 그리고 이제는 옆집 쌀보다 좀 더 눈길을 끌기 위해 포장도 예쁘게 바꾸고 재미있는 이야기도 만들어 엮었다. 전국 각지의 고객과 만나기 위해 온라인 사이트도 개설하여 주문을 받고 기다려주지 않는 고객을 위해 당일 배송도 해준다. SNS를 통해 새 상품 홍보도 하고, 크고 작은 관련행사에 참여해서 네트워크도 넓힌다. 이렇게 농산품 브랜드, 국가통합인증마크, 포장디자인 및 스토리텔링 등의 감성마케팅, 소셜미디어를 활용한 커뮤니케이션까지, 이것은 기업의 제품 이야기가 아니다. 우리 농업, 농촌의 이야기다.

아직은 해결해야할 숙제도 많이 남아있고 앞으로 갈 길도 멀지만 그래도 기분 좋은 빛이 내리쬐고 있는 농촌은 생각만 해도 절로 미소를 띠게 한다. 농업과 농촌을 사랑하는 모두의 마음이 하나가 되어 각자의 위치에서 각자의 책임에 최선을 다 한다면 영원히 사랑받을 최고의 브랜드가 농업분야에서 나오지 말라는 법이 어디 있으랴. 영원불멸의 브랜드는 생산자 혼자서는 불가능하다. 생산자는 고객에게 교감을 느낄 만한 제품과 서비스를 제공하고 고객이 그 가치를 느껴야만 가능하다. 모두가 원하는 영원불멸의 브랜드는 생산자와 고객이 하나가 되어 함께 만들어갈 때 비로소 가능한 것인데, 생산자는 브랜드를 통해 고객에게 무엇을 약속할 것이고 또 어떤 방법으로 서로간의 신뢰를 쌓도록 할 것인가를 명확하게 해야 하며 브랜드에 대한 고객의 기대와 욕구에 끊임없이 부응하는 자세를 갖도록 하는 노력이 무엇보다 필요하다. 이러한 지속적인 관계를 통해 고객은 장기적으로 신뢰와 강한 유대감을 형성하게 되며, 이렇게 만들어진 브랜드가 우리가 희망하는 바로 '그 무엇'이 되는 것이다.

이어지는 2, 3장에서는 변화하는 환경에 맞서 다방면에서 고군분투하고 있는 우리의 농업과 농촌의 모습을 담았다. 생산자는 내 생산품이 시장이 아닌 고객들의 마음속에 오래도록 자리하기 위해 꾸준히 관리하는데 있어서 항상 살아있는 생명체를 대하듯 브랜드적 시각으로 임하는 자세가 필요하다는 것을 잊지 말아야 하며, 더불어 우리들은 우리 스스로 농업과 농촌을 아끼고 사랑하는 마음과 실천들이 앞으로의 우리 미래와 삶의 터전을 더욱 풍요롭게 만드는데 얼마나 큰 영향 미치게 될 것인지에 대해서 새삼 깨닫는 계기가 되었으면 하는 바람이다.

고객 한명 한명이 우리 농산물, 우리 마을과 사랑에 빠지도록 하는 일!

'농업은 생명, 농촌은 미래'의 가치를 생산자와 소비자 모두 하나가 되어 공유하는 일!

농촌과 도시를 하나로 이어 소통할 수 있도록 하는 일!

농업과 농촌이 브랜드마케팅을 만나면 이 모든 게 가능해진다.

Part 2.

춤추는 우리 농업

Chapter 1

내일을 위한 착한 아이디어

중국발 미세먼지가 유난히 극성을 부렸던 탓에 지난해에 이어 올해도 뿌연 먼지 속에서 추운 계절을 보내야 했다. 한파보다는 먼지 때문에 고생 꽤나 했던 겨울을 그렇게 보내고 이제 겨우 따뜻한 계절을 만나나 싶더니 여름처럼 덥다는 말이 무색할 정도로 이상하게 낯선 봄이 찾아왔다. 때 이른 더위가 봄의 전령사, 꽃들의 방문을 혼란스럽게 만들었으니 말이다. 겨울에서 바로 여름으로 넘어간 것처럼 봄이 짧아진 탓에 순차적으로 개화하던 꽃들이 한꺼번에 꽃망울을 터뜨리는 일까지 벌어지면서 꿀벌이 꽃에서 먹이를 수집하는 기회도 훨씬 줄어들게 되었다. 심지어 지난해에는 3월말 윤중로에서 벚꽃을 볼 수 있었던 기이한 광경이 펼쳐졌으니 이런 일들을 그 누가 짐작이나 할 수 있었을까. 이러한 초유의 사태는 1992년 이후 처음 있는 일이라는 기상청보도에 지구온난화의 심각성을 다시 한 번 실감케 했다.

지구온난화로 인한 이상기온 현상은 비단 전국 벚꽃축제일정에만 차질을 준 것이 아니다. 국지적 집중호우, 태풍, 가뭄, 혹한, 폭설, 폭염 등의 피해는 전 세계적으로 빈번하게 발생하고 있다. 우리의 경우만 해도 이미 뚜렷한 4계절의 경계가 무너지고 있다는 것을 곳곳에서 느낄 수 있으니 말이다. 그동안 주변해역에서 잡히던 전통어종이 사라지고 남해안에는 아열대성 어류가 증가하고 있다는 소식과 수입과일로만 여겼던 키위kiwi fruit, 구아바guava, 코코넛coconut, 용과pitaya, 파파야papaya 등 열대과일의 국내생산이 점차 다양해지고 있다는 보도는 지구 온난화가 해를 거듭할수록 심각해지고 있다는 사실을 쉽게 체감할 수 있게 하는 증거들이다.

이로 인해 가장 민감한 영향을 받는 분야가 바로 농업이다. 그것은 농업이 기후의 절대적인 영향을 받고 있기 때문이다. 병해충 발생을 유발해 농작물에 피해를 주기도 하고 생산시설 및 토양침식 등으로 인해 생산을 어렵게 만들기도 한다. 뿐만 아니라 생산물의 종류가 달라지거나 재배시기 및 장소 등 모든 상황에 영향을 미친다. 지구 온난화 현상은 계속해서 지구의 온도를 올리고 있다. 기온이 상승하면 홍수와 가뭄이 빈번하게 나타나게 되고 식량수급이 불안해진다.

지구온난화처럼 최근 꾸준히 이슈가 되고 있는 우리사회의 문제들은 어떤 것들이 있을까? 이상기온현상과 같은 '환경' 문제 외에도 '식량', '건강', '안전', '에너지' 등의 문제는 인류가 당면한 공통의 과제들이다. 이러한 이슈들은 인류의 미래를 위해서 함께 대처해야 할 방안을 모색하고자 꾸준히 관심을 끌고 있는데, 여기서 주목할 점은 모두 하나같이 인간의 생명과 밀접하게 연관되어 있다는 것이다. 그리고 그 생명의 중심에는 농업이 있다. 농업이 농산물이라는 최종 생산물을 제공하는 것 외에 인류의 삶에 있어서 유무형의 무한한 사회적 편익들(자연생태계 유지, 환경보존, 전원적 자연경관 유지, 홍수조절, 수자원 보존, 전통문화계승 등)을 창출해 낸다는 사실을 우리는 익히 알고 있다. 어느 것 하나 농업을 떼어놓고는 설명할 수 없는 이유다. 아주 오랜 시간 동안 우리 삶의 든든한 버팀목이 되어준 농업과 농촌, 앞으로의 시간에도 더 나은 모습으로 함께이기를 바라는 우리의 희망을 담아서 더 늦추지 말고 바로 지금이 그 가치에 대해 좀 더 생각하고 고민하고 지켜나가기 위해 노력해야 할 시간이다.

■ 행복한 소를 위한 조건

평화로운 농촌풍경을 떠올려 보자면 푸른 들녘 이곳저곳에서 여유로이 풀을 뜯고 있는 소의 모습이 아마도 가장 먼저 연상되는 구성요소일가 아닐는지. 어느 누구 할 것 없이 우리에게 소는 당연히 풀을 먹고 사는 동물이라고 알고 있다. 도시에서 나고 자라 소를 직접 보지 못한 이들이라 할지라도 어린 시절 접했던 전래동화에서 그랬듯이 요즘 아이들 또한 마찬가지다. 동화 책 '용감한 소 클랜시[1]'에 등장하는 소 역시 풀을 뜯어먹고 있는 그 모습 그대로 아이들에게 친숙하게 다가간다. 익숙하고도 자연스러운 이 풍경이 다만 이상적인 모습에 지나지 않는다는 사실을 미처 모르고 있을 뿐이다.

1 오스트레일리아의 작가 라치 흄(Lachie Hume)의 동화, 『원제목: Clancy the Courageous Cow』

그림 2-1. 용감한 소 클랜시

몇 해 전, 풀이 아닌 곡물(대부분이 옥수수)을 사료로 먹여 사육한 가축에게 일어난 여러 가지 문제점들을 다룬 다큐멘터리가 방영되어 적지 않은 충격을 몰고 왔었던 일을 기억할 것이다. 놀라움이 채 가시기도 전에 유사한 내용의 프로그램이 이어 방영되기도 했다. 그런데 아직까지 이러한 사실이 불편한 진실로 느껴지는 이유는 그 끔찍한 일들이 계속해서 진행되고 있다는 사실에 대한 두려움 때문이 아닐까하는 생각이 든다.

소와 같은 반추동물은 먹이를 한번 삼키게 되면 이를 다시 게워 내어 씹고 다시 삼키는 과정을 반복하게 된다. 이러한 이유로 반추동물을 되새김동물이라고 부르기도 하는데, 소를 포함해서 기린, 사슴, 낙타, 양 등이 모두 여러 개의 위(反芻胃)를 가지고 있다. 반추위동물 가운데 우리가 가장 쉽게 접할 수 있는 소는 원래 초지에서 풀을 뜯어먹도록 진화된 동물이다. 우리가 알고 있는 것처럼 말이다. 하지만 안타깝게도 현실은 그렇지 못하다. 소가 풀을 먹는 동물이라는 사실조차도 까마득하게 잊은 건 아닐까하는 우려마저 든다. 고기, 우유 그리고 유제품 등의 축산식품에 대한 늘어나는 수요를 충당하기 위해서 어쩔 수 없는 선택이라고 말한다. 4~5년은 족히 키워야 성인소가 되는데 그때까지 기다리고 있을 여유가 없다는 것이 이유다. 단시간 내에 살을 찌워야만 한다. 좋은 가격에 거래할 수 있도록 우수한 등급을 받으려 애를 쓴다. 좋은 가격을 받을 수 있는 조건인 육질의 등급기준은 마블링과 지방색, 조직감, 성숙도에 따라 판정하여 매겨지는데, 근내지방을 일컫는 마블링이 등급 기준의 첫 번째 조건이다. 그래서 마블링이 그물처럼 촘촘히 박히도록 더 많은 옥수수를 소에게 사료로 먹이고 있다. 지방덕분에 한결 더 부드러워진 육질은 이를 선호하는 소비시장에서 고급육으로 거래할 수 있고 반대로 조건을 만족하지 못할 경우에는 헐값에 처분되기 때문이다. 실제 최고등급과 최저등급간의 가격은 최고 2배까지 난다고하니 축산농가에서 옥수수 사료를 마다할리 만무한 것이 현실이다. 요즘 축산농가의 이런 상황과는 다르게 소는 수천 년 동안 풀만 먹고 살아온 동물이다. 그러나 현재 대부분의 농가에서는 소에게 농후사료(주성분 옥수수)와 볏짚을 위주로 사육하고 있는 실정이다. 소에게 곡물사료를 먹이게 되면 성장속도가 빨리질 뿐만 아니라 오메가6가 지방조직을 확대시키기 때문에 살이 찌게 되고 지방으로 인해 고기의 풍미가 좋아지고(정확히는 좋아진다고 느낀다는 표현이 맞을 것이다) 육질이 부드러워지는 결과를 얻을 수 있다. 현재 한우의 육질등급기준에 따르자면 최고급 육이 되는 셈이다. 결국 우리 소비자들은 고지방육을 고가에 먹고 있다는 사실이다. 이러한 추세는 국내뿐만이 아닌 세계 곳곳에서 일어나고 있는 현상이다. 풀 대신 대량의 옥수수 사료를 먹고 있는 소, 과연 이대로 괜찮은 걸까?

위가 하나뿐인 단위동물과는 달리 반추동물은 풀을 소화시키기에 적합한 반추위라는 특수한 소화기관을 가지고 있다. 즉, 풀을 양질의 단백질로 바꾸는 능력을 가지고 있다는 말이다. 반추동물인 소의 위에는 다양한 미생물이 서식하고 있는데 소가 풀을 섭취하게 되면 섭취한 풀의 약 2/3가 미생물에 의해 셀룰로오스로 분해하여 소화할 수 있도록 하고 이렇게 분해된 물질을 체내로 흡수하게 된다. 소의 최종 생산물을 놓고 보자면, 품질 좋은 고기와 우유를 생산하기 위해서는 위에 서식하고 있는 미생물의 활동이 활발하여 반추위의 기능이 정상적이어야 가능하다. 소가 먹는 풀은 위벽을 자극하여 반추작용과 침의 분비를 촉진시키고 반추위내 미생물의 활발한 활동을 위한 쾌적한 환경을 제공하기에 적합하다. 따라서 소에게 먹이로 좋은 풀을 공급하는 것은 반추위의 정상적인 발달을 촉진하고 영양의 소화흡수와 대사 작용을 향상시켜 건강을 유지할 수 있다. 풀을 먹도록 진화한 동물에게 다른 것을 먹이지 않아야 하는 이유가 바로 여기에 있다. 소는 풀을 먹어야 건강하고 비로소 행복해진다. 이렇게 행복한 소만이 인간에게도 건강함을 줄 수 있다. 풀을 먹도록 진화된 소가 옥수수 사료만 먹게 되면 소화기능장애를 일으키게 되고 산중독에 걸리게 되는데, 이렇게 자주 탈이 나게 되기 때문에 항생물질을 사료에 첨가하고 있는 실정이다. 이렇게 비정상적으로 소화불량에 시달린 건강하지 못한 소는 가축으로 사육될 때뿐만 아니라, 이후 고기와 우유로도 우리 인간에게 그대로 전달된다. 화려하게 꽃핀 마블링을 보며 연신 감탄하고 비싼 돈을 지불하고서라도 1등급 한우만을 고집하던 우리들의 모습을 한번 진지하게 되돌아 보아야

할 때가 아닌가 싶다. 불과 30여 년 전만 해도 겨, 짚, 옥수수줄기, 고춧대, 콩깍지 등 농업 부산물과 들녘에 핀 풀로 쇠죽을 끓여서 조사료로 충당했었다. 이처럼 소규모로는 가능했던 일이지만 점차 사육두수가 늘어나 규모화 되면서 많은 부분을 수입에 의존하게 된 것이다.

소에게도 우리 인간에게도 모두 건강한 그런 환경을 만들 수는 없을까. 사실 소가 일 년 내내 섭취할 만큼의 풀이 자라는 땅이 충분하다면 아무런 문제가 되지 않을 것이다. 물론 가장 이상적인 방안은 질 좋은 국내 실정에 적합한 풀사료를 직접 재배해 소에게 공급하는 것이다. 이것이 가능하다면 축산 경영비를 줄이고 고품질 축산물을 생산해 낼 수 있다. 성인소 한 마리가 하루에 섭취하는 풀의 양이 약 60kg 정도라고 하는데 가축하는 소의 먹이를 모두 풀로 충당하기에 국내환경은 매우 열악한 것이 사실이다. 풀사료를 공급한다는 것은 초지를 조성하거나 사료작물을 재배함으로써 가능하다. 하지만 답답하게도 국내 초지 면적은 국토의 4만여 ha에 해당되는 0.4% 미만으로 OECD 국가의 평균 초지면적이 국토의 20%인 것에 비해 극히 미미한 수준이다. 이마저도 꾸준히 감소하고 있다고 하니 걱정이 앞선다. 사회적으로 안전과 건강을 우려하는 목소리가 점점 커지고 있는데, 그 이면에 수입 사료에 의존하고 있는 축산농가의 안타까운 현실은 무엇보다 우려되는 부분이다. 바이오에너지에 대한 관심은 날로 커지고 이상기온으로 인해 농후사료의 원료인 곡물을 계속해서 수입하기란 현실적으로 어려움이 따르기 때문이다. 언제까지나 국제곡류가(穀類價) 사정에 따라 좌지우지될 수만은 없는 노릇이며 안전상으로뿐만 아니라 장기적인 관점에서 보면 경제적으로도 근본적인 한계가 있는 해외 의존적 축산에서 벗어나야할 필요가 있다. 풀사료의 사정 또한 크게 다르지 않다. 많은 부분을 수입에서 충당하고 있기 때문에 국내 초지조성이 필요한 이유다. 휴경지나 저습지를 활용해서 초지를 조성하게 되면 국토의 가치를 높이고 농가의 소득향상에도 도움을 주는 효과를 얻을 수 있다. 기존의 사료곡물을 수입하던 것에서 벗어나 직접 국내에서 초지를 조성하고 사료작물을 생산해 내는 일이 오히려 당장은 경쟁력이 떨어지는 것처럼 보일지도 모른다. 하지만 이 작은 시작은 조사료를 대부분 수입에 의존하고 있는 국내 축산의 어두운 현실에서 벗어날 수 있는 길이자 안전한 축산물을 생산해 내는 최선의 방법임은 부인할 수 없다.

국내에서 4계절 방목하여 초지에서 자란 목초로만 소를 키운다는 것은 현실적으로 불가능한 일이다. 하지만 허락하는 범위에 한해서 방목을 우선으로 하되 계절에 구애받지 않고 4계절 내내 건강한 풀을 먹이로 줄 수 있는 환경을 조성하다면 '풀 먹는 소'는 더 이상 동화책에만 나오는 얘기가 아니다. 시장의 잣대에 맞추어 무작정 따라가기만 급급하기 보다 더 나은 내일을 내다보고 비록 지금은 힘들지언정 올바른 길로 묵묵히 한걸음씩 내딛고 있는 이들이 있다. 그들은 건강한 소가 행복할 수 있고 행복한 소가 건강한 먹거리를 생산해낼 수 있다는 것을 몸소 증명해보이고 있다. 목초로만 키운 그래스 페드Grass Fed와 곡물로 키운 그레인 페드Grain Fed는 엄연히 다르니 말이다. 초지면적이 상대적으로 부족한 국내실정을 감안하여 좁은 실내공간에서 신선한 풀사료를 원활하게 공급하는 시스템을 도입한 곳들이 있어 눈길을 끈다. 풀사료 재배시설이 그것이다.

식물공장과 마찬가지로 외부 환경에 영향을 받지 않고 1년 365일 신선한 풀사료 공급이 가능하다. 강원도 횡성 덕고권역은 FTA 대책 일환으로 호주, 미국 등이 운영하고 있는 풀사료 재배시설을 국내 최초로 도입한 곳이다. 덕고권역은 정암 1,2,3리 생운리를 포함한 곳으로 지난 2010년 농림축산식품부의 농촌마을종합개발사업 대상지다. 풀사료 재배시설은 165m^2 규모의 좁은 면적에서 초지 1,386,000m^{2}에서 생산된 풀의 양과 같은 양을 생산할 수 있고 날씨에 영향을 받지 않고 일 년 내내 생산이 가능하기 때문에 초지면적이 상대적으로 협소한 곳에 유용하다. 이 시설에서 풀사료는 양액으로 재배하는데, 8일정도의 시간이 지나면 풀의 총길이가 25~30cm정도로 자란다. 생산성이 우수하고 영양분 또한 풍부한 것이 특징이라고 한다.

경기도 연천군 백학면 전동리에 위치한 한 축산농가 역시 소는 풀을 먹어야 한다는 철학을 고집하고 있는 곳이다. 이곳은 소가 스트레스를 받지 않도록 쾌적한 환경을 제공하고 보리새싹과 풀만 먹고 건강하게 자란 건강한 소를 18개월이 되면 도축하여 18일간 숙성한다는 원칙을 지키고 있다. 신선한 풀을 먹고 방목하여 도축 후에 일정한 숙성기간을 거쳤기 때문에 오메가3가 풍부한 저지방의 부드럽고 육즙이 풍부한 고급육을 선보이고 있다. 풀사료 재배시설 도입은 국제 곡물가 상승에 따른 사료 가격 상승 등으로 축산경영비에 고충을 겪고 있는 농가의 어려움을 덜뿐만 아니라 건강과 안전을 우선으로 하는 진정한 품질향상에 기여할 수 있다. 전남 장흥군 대덕읍 신월리에 자리하고 있는 목장에서도 소에게 배합사료와 볏짚 대신 오로지 풀만 먹여 키우고 있는데, 이름도 그에 걸맞게 '풀로만 목장'이다. 이곳은 수입한 PNW Pacific North West 알파파와 직접 재배한 라이그라스를 함께 먹여 사육비용도 낮추고 소의 건강도 지키고 있다. '풀로만 목장' 소개 글이 인상적이다.

'사람은 사람답게... 소는 소답게' 라는 목표로 최상급의 풀만 먹여 소를 키우는 곳입니다. 풀사료 전문가 조영현·이은경이 우리나라 소 사육의 최적지 전남 장흥에서 운영하고 있으며, 소들이 하루 종일 아름다운 스위스 요들과 알프혼 소리를 들으며 넓은 운동장에서 마음껏 뛰어 놀도록 합니다. 축사 역시 활짝 열린 자동개폐식 지붕으로 햇살이 잘 들어오며 환기가 잘되어 맑은 공기가 가득합니다. 풀로만 목장에서 태어나 자라는 소들은 단 한 입의 배합사료나 볏짚을 먹지 않고 편안하고 쾌적한 환경에서 정성 가득 키워지고 있습니다.

이처럼 몇몇 농가들의 의식 있는 움직임과 더불어 각 지자체에서도 유휴농지를 활용한 풀사료 재배 농가를 적극 지원하는 등 초지조성을 위한 노력에 힘쓰고 있다. 하지만 이보다 마블링을 우선시 하는 쇠고기등급제에 대한 제도적 개선과 소비자들의 의식변화가 선행되어야 한다. 올해 여름 가축의 DNA에서 마이오스타틴myostatin[2]이란 유전자 억제를 통해 근육량이 늘어나 마치 벨지언 블루Belgian Blue[3]와 같은 수퍼돼지, 수퍼소가 소개되어 우리를 또 한 번 놀라게 했다. 전문가들은 수퍼돼지, 수퍼소의 등장에 대해 유전자 변형GMO과는 구별해서 유전자 교정 동식물로 분류하여 설명하고 있지만, 과연 안전한 먹거리로 순수하게 받아들여질지는 미지수다. 돼지와 소에 대한 생산량이 소비량에 미치지 못해 수입에 의존할 수밖에 없는 현실을 놓고 나아가 미래의 먹거리 문제에 대한 대안을 마련한다는

2 근육의 분화와 성장을 억제하는 단백질로 이를 억제하면 운동을 안 해도 근육량을 늘리는 것이 가능함

3 19세기 유전공학을 연구하던 한셋(Hanset)박사가 마이오스타틴(myostatin) 분비를 억제해 영국산 소와 벨기에산 소를 교배에 성공하여 우연히 탄생한 돌연변이 품종으로, 1950년대 정식 교배에 성공함

차원에서 주목받고 있지만 그 만큼 우려의 목소리도 크다.

행복한 삶을 사는데 있어서 가장 중요한 조건은 무엇일까. 저마다 행복에 대한 정의와 기준을 보는데 있어서 정도의 차이는 있겠지만, '행복'의 가장 기본적인 조건은 무엇보다 건강이 아닐까하는 생각이 든다. 한번 잃으면 회복이 힘들기 때문에 '건강'은 지금 건강할 때 지켜야 한다는 당부를 우리는 주위에서 종종 듣곤 한다.

동물이라고 해서 인간과 다를 것이 있겠는가. 소도 건강해야 행복할 수 있다. 그리고 행복한 소가 건강한 먹거리도 생산해 낼 수 있다. 당연한 이치다. 앞으로 그곳이 축사가 됐든 농촌 들녘이 됐든 그 어느 곳이 됐든 상관없이 풀을 뜯는 행복한 소를 계속해서 볼 수 있기를 희망해 본다.

■ 내 몸과 지구를 살리는 선택

'우리 체질에는 우리 농산물이 최고'라는 말을 어렵지 않게 들을 수 있었던 때가 있었다. 1980년대 후반 농협이 우리 농산물 애용 캠페인으로 처음 '신토불이'라는 용어를 사용했는데, 그때부터 입에서 입으로 빠르게 확산되기 시작했다. 그 시절 농산물 시장개방에 반대하며 외쳤던 구호가 농산물 수입 개방조치로 인해 세계 각지로부터 정체불명의 농산물이 우리 식탁을 위협하고 있는 요즘에 와서 새삼 화두가 되고 있는 것이다. 이는 본격적인 농산물시장개방시대에 접어든 현시점에서 우리 농업과 농촌 그리고 국민의 안전과 건강을 지키기 위해 무엇보다 절실히 필요한 개념이 되었기 때문일지도 모를 일이다. 국경이라는 개념이 무의미해진 현실에서 수입 먹거리라고 무조건 배척할 수만은 없는 일! 소비자들은 스스로 똑똑해져야 한다.

다행스러운 것은 소비를 위한 선택의 기로에서 환경의 지속가능성과 사회적 책임까지 꼼꼼히 따져 식재료를 구매하는 현명한 소비자들의 움직임이 점차 늘어나고 있다. 그 일환으로 진행되고 있는 로컬푸드운동Local Food Movement은 거추장스러울 만치 대단한 운동이 아니다. 내가 사는 곳에서 생산되는 믿을 수 있는 농산물을 소비한다는 개념으로 매일 세계 각지에서 어마어마하게 쏟아져 들어오는 식재료더미 앞에 놓인 우리 소비자들의 선택방법에 대한 지침을 의미한다고도 볼 수 있겠다. 신개념 신토불이(身土不二)운동은 이미 시작되었다.

인간이 살아가는데 가장 기본이 되는 요소이자 동시에 가장 중요한 필수요소는 다름 아닌 먹거리다. 굶주림에 힘겨웠던 시절, 먹거리는 생존을 위한 중요한 이슈였지만 이와는 대조적으로 먹거리가 풍요로운 오늘날에는 먹거리의 안전성이 중요한 이슈로 떠오르고 있다. 특히 식량자급률이 낮은 우리나라의 경우 수입농산물의 비중이

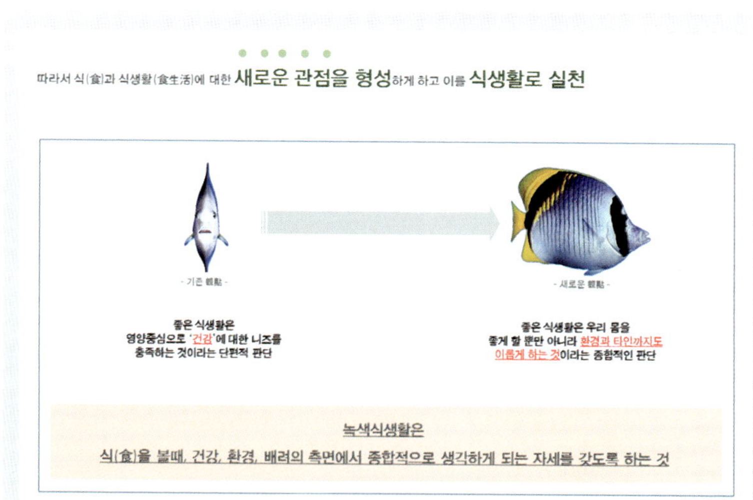

그림 2-2. 식생활캠페인워크샵 발표내용 2011.8.

높다. 그만큼 먹거리의 안전성에 빨간불을 켜는 사건들이 적지 않게 일어나고 있다. 2000년 납(Pb)이 든 냉동꽃게 유통, 2004년 쓰레기 만두사건, 2008년 멜라민 분유 파동 등 끊임없이 우리의 건강을 위협하고 있다. 그 어느 때보다 식품안전에 대한 이해와 올바른 식생활에 대한 실천이 요구되는 시점이다.

2011년 필자가 담당했던 국민식생활캠페인 프로젝트는 올바른 식생활에서부터 시작되는 개개인의 작은 실천이 개인의 건강은 물론이고 이웃, 나아가 환경을 지키는 일에 기여한다는 사실을 국민들에게 알리고 자발적인 동참을 이끌어내고자 진행했던 범국민식생활캠페인이었다. 이는 범국민캠페인으로서 남녀노소 할 것 없이 대한민국 전 국민들의 참여를 이끌어야내야 했기 때문에 캠페인을 알리고 실천할 수 있는 강력한 메시지가 무엇보다 절실했다. 하지만 캠페인의 운영주최 측의 입장과 실제 캠페인 대상자들의 입장을 모두 반영하기란 적지 않은 시간과 시행착오를 거쳐야 했기에 우여곡절이 많

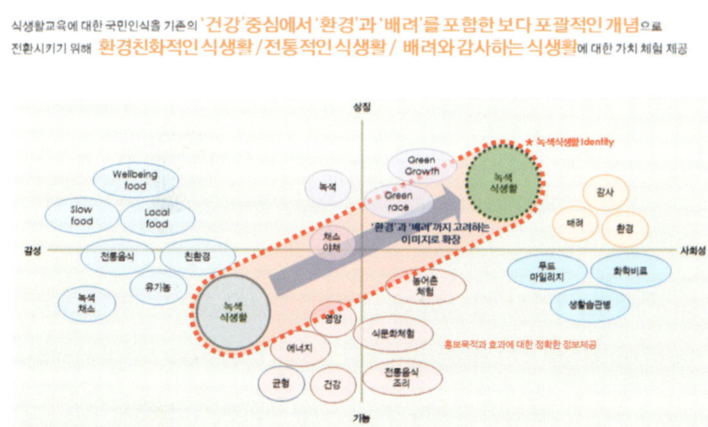

그림 2-3. 2011녹색식생활캠페인 Identity 및 Image map.

그림 2-4. 녹색식생활의 커뮤니케이션 메시지와 BI체계.

았다. '식생활'이라는 상당히 포괄적인 개념을 한마디로 표현하기란 고려해야할 사항이 한두 가지가 아니었기 때문이다. 국민식생활에서 지향하는 3가지 핵심가치 '환경', '건강', '배려' 가운데, 어느 것 하나도 우선순위에서 배제할 수 없었다. 세 가지 핵심가치를 모두 담으면서 동시에 행동으로 옮길 수 있는 강력한 실천 메시지를 만들어 내는 것이 목표였지만, 이는 사실상 불가능하기에 실천을 위한 구체적인 메시지 대신 추상적인 개념의 메시지 하나로 정하자는 쪽으로 의견이 모이는 것에 대해서는 이견의 여지가 없었다. 물론 국민식생활캠페인이라는 대전제 하에 각각의 3가지 핵심가치별로 캠페인 메시지도 만들고 그에 따른 실천지침을 마련하여 운영할 수만 있다면 캠페인 운영의 효율측면에서 가장 이상적인 안이 될 것이다. 하지만 이것은 현재의 상황에서 놓고 보자면 캠페인구조부터 바꿔야한다는 이야기가 되기 때문에 캠페인을 진행하기에도 빠듯한 1년이라는 주어진 시간동안 역부족이었다. 캠페인의 취지를 이해하고 공감 그리고 실천해야할 주인공은 운영주최가 아닌 국민이다. 그들의 이해와 공감 그리고 생활 속 실천을 유도하고 동참을 이끌어내기 위해서는 보다 구체적이고 명확한 실천적 메시지로 다가가야 한다. 계속해서 지금과 같은 형태로 운영된다면 애매모호하고 추상적인 캠페인 메시

그림 2-5. 2011녹색식생활캠페인 바른식사하세요?!]

그림 2-6. 2011녹색식생활TV공익광고

지를 이해시키는 일부터 상당히 많은 노력과 시간이 필요할 것이며 그로 인해 실질적인 실천운동을 진행하는 시간이 그만큼 허비될 수 있기 때문이다. 캠페인 메시지는 간결해야 하며 분명한 의미를 지니고 있어야 한다. 그래야만 캠페인 본래의 취지에 좀 더 가까이 다가갈 수 있다. 지난 시간 좋은 취지이자 꼭 필요한 캠페인이 본연의 뜻을 제대로 펼칠 수 있기를 바랐던 아쉬운 마음에 몇 자 늘어놓았다.

각설하고, '환경', '건강', '배려'를 고려하는 국민식생활 캠페인에서도 내가 사는 지역에서 생산되는 먹거리를 우선적으로 소비하자

(지역 농산물의 지역 소비)는 로컬푸드운동의 취지와 그 뜻을 같이 한다. 근거리에서 생산한 먹거리는 자연히 생산자와 소비자 간의 거리(푸드마일: 생산자와 소비자간 식재료의 수송거리, 계산법: 거리(km)×중량(t))를 최대한 줄여 환경적인 측면에서도 경제적인 측면에서도 모두 착한 소비에 기여하기 때문이다. 먼 거리로의 이동이 불필요하다는 사실이 가져다주는 혜택이 참 고맙다. 우선 먼 거리를 이동할 필요가 없으니 당연히 유통거리는 단축되고 그만큼 탄소배출을 절감할 수 있다. 운송비 절감은 물론 CO_2를 줄여 지구온난화 방지에 기여하니 결과적으로 지구의 건강까지 배려할 수 있다는 얘기다. 뿐만 아니라 이동거리가 멀어 문제가 되었던 보관과 배송문제에 있어서도 그동안 장거리 운송을 위해 처리해야 했던 화학물질(농약, 방부제 등)의 사용이 불필요하기 때문에 먹거리에 있어서 당연히 기본이 되어야할 안전성을 확실히 보장받는 셈이 된다. 물론 여기에 신선함은 덤이다. 소비자는 신선하고 안전한 먹거리를 보다 좋은 가격에 믿고 구입할 수 있어 좋고, 생산자 역시 좋은 가격에 지속적으로 생산할 수 있는 환경이 마련될 뿐만 아니라 합리적인 소득이 보장되니 개별농가뿐만 아니라 지역경제 활성화에도 한 몫 톡톡히 하게 된다.

이처럼 로컬푸드운동은 소비자와 생산자 모두에게 이득이다. 이러한 움직임은 비단 국내에서만 볼 수 있는 현상이 아니다. 이미 우리보다 먼저 세계 곳곳에서 로컬푸드 열풍은 시작되었다. 로컬푸드운동은 국가마다 로컬local[4]을 규정하는 범위에 차이가 있지만 중요한 것은 절대적인 거리가 기준이 되는 것이 아니라 가까울수록 로컬의

4 영국의 경우 반경 48km(런던 파머스마켓의 경우 160km)이내, 미국에서는 농업법(2008 FarmAct) 생산지에서 640km 이내로 규정, 국내의 경우에는 반경 50km이내

취지에 부합한다는 상대적인 개념으로 이해하는 것이 바람직할 것이다. 세계 각국에서 동참하고 있는 로컬푸드운동은 농민이 도시민과 직접 거래하는 직거래 장터를 운영하거나 로컬푸드로만 식자재를 사용하는 농가식당, 생산자가 계약한 소비자에게 로컬푸드를 보내주는 시스템과 로컬푸드를 학교 등의 단체급식으로 공급하는 등 지구촌 곳곳에서 다양한 형태로 진행되고 있다. 형태는 서로 다르지만 안전하고 신선한 지역 먹거리 운동이라는 본래의 취지에는 그 뜻을 같이 한다. 이처럼 전 세계적으로 로컬푸드운동이 주목 받게 된 것은 안전하고 신선한 먹거리를 생산하는 농업 본래의 기능에 잘 부합할 뿐 아니라 나아가 환경적 부담을 줄여주며 지역 경제를 활성화까지 기대한다는 것에 기반하고 있기 때문이다. 영국의 푸드마일즈food miles, 북미의 100마일 다이어트운동, 일본의 지산지소 등 세계 각지에서 다양한 형태로 진행 중인 '지역생산, 지역소비' 로컬푸드운동은 과연 어떻게 시작되었을까.

1986년 11월, 전 세계를 공포에 몰아넣는 사건이 영국에서 일어났다. 소의 뇌에서 광우병BSE(bovine spongiform encephalopathy)이 처음 발견된 것이다. 이 병은 포유동물의 뇌에 존재하는 프리온prion이라는 정상단백질이 변형된 것으로 정식명칭은 해면상뇌증(海綿狀腦症, spongy form encephalopathy; 뇌가 해면처럼 스펀지 모양으로 변하는 질병)이다. 이 병이 사람에게 감염되는지 여부를 두고 논란이 있던 중 1996년 3월 영국정부에서 광우병이 사람에게 발병하는 '변형 크로이츠펠트야곱병variant Creutzfelt-Jacob disease(vCJD)'과 관련된다고 인정함으로써 세계적인 이슈로 떠오르게 되었다. 이어 2001년 초 유럽에서 광우병, 구제역 발생으로 식품위생에 대한 위기를 겪으며 안전한 먹거리에 대한 요구가 커지게 되자 로컬푸드에 대한 논의가 본격적으로 시작되었다. 영국의 로컬푸드운동은 '푸드마일리지'라는 개념으로 실현되고 있다. 먹거리의 안전성에 대한 관심이 커지게 되면서 먹거리의 신선도를 운송거리로 설명하는 '푸드마일리지Food Mileage'라는 개념이 등장하게 된 것이다. 이는 1990년 안드레아 팩슨Andrea Paxon이라는 학자가 처음 구상한 후에 환경운동가 팀 랭Tim Lang이 먹거리와 환경문제를 연관시켜 지속가능한 미래를 설명하면서 알려지기 시작하였다. 이후 1994년에 SAFE AllianceSustainable Agriculture, Food, and Environment Alliance라는 시민단체에서 푸드마일에 관한 보고서를 발간하면서 본격적인 활동으로 이어지기 시작했다. 이 시민단체는 1999년에 서스테인Sustain[5]으로 단체명을 바꾸고 계속해서 런던푸드링크, 도시농업 그리고 어린이 먹거리 캠페인 등 다양한 먹거리 관련 프로젝트를 펼쳐나가고 있다. 로컬푸드운동은 학교급식에도 변화의 바람을 몰고 왔다. 로컬푸드운동 이전 학교급식은 고열량이지만 영양가는 낮은 정크푸드가 대부분이어서 비만어린이들이 많았다. 하지만 지역의 신선한 농산물을 사용하면서 저열량의 영양이 풍부한 건강식단으로 학교급식의 분위기도 바뀌게 되었다. 뿐만 아니라 학생들이 직접 농산물을 재배하기도 하고 이는 자연스럽게 교육에도 적용하게 되었다. 이러한 학교급식의 놀라운 변화에는 스타 쉐프 제이미 올리버Jamie Oliver의 역할이 컸는데, 그는 패스트푸드와 인스턴트식품에 길들여져 있는 아이들의 건강을 위해 아이들의 눈높이에 맞춰 건강식을 맛있게 먹도록 변화시켰으며 정부가 학교급식에 지원을 늘리고 급식식단에 정크푸드를 금지하는 등 영국학교급식의 개혁을 이루어 내는데 기여했다. 정부기관 DefraDepartment for Environment, Food

5 http://www.sustainweb.org

and Rural Affairs에서는 공공기관과 학교급식에 로컬푸드를 조달함으로써 지역 먹거리 운동을 장려하고 있다. 런던에서는 2006년 5월에 2006년부터 2015년까지 '런던을 위한 건강하고 지속가능한 식품 10개년 계획'에 대한 비전을 수립한 후, 이듬해 2007년 그에 대한 세부 실행계획을 발표하였다. 이처럼 영국의 로컬푸드운동이 다른 국가의 로컬푸드운동과 구별되는 점은 정부와 지자체 그리고 시민단체를 포함하여 다양한 주체들이 어우러져 각 지역에서 다양한 형태의 지역 먹거리 운동이 전개되고 있는 거버넌스 구조를 갖추고 있다는 것이다. 이는 영국에서 로컬푸드가 성공적으로 정착할 수 있는 중요한 요인이기도 하다.

로컬푸드의 바람은 가까운 일본에서도 예외는 아니다. 일본의 로컬푸드운동은 '지산지소'운동이다. '지산지소(地産地消)'는 '지역생산, 지역소비'의 줄임말로 '내가 사는 장소의 4리(里)[6] 4방(方) 내에서 생산된 먹거리를 먹으면 건강해진다'는 의미이다. 그 어원을 찾아보면, 일본 농림수산성이 균형적인 식생활 유지를 위해 채소 섭취를 늘리기 위한 취지로 1981년에 '지역 식생활 향상대책 사업'의 '지역생산 지역소비(地場生産 地場消費)'에서 언급되었는데, 이는 당시 농림수산정책연구소장이었던 시노하라 다카시(篠原孝)가 유기농법으로 농사를 짓고 있는 농민들 사이에서 이 말이 통용되는 것에 착안해 1987년 처음 사용하기 시작한 것으로 알려져 있다. 이후 1996년 1월에 에니와[7]에서 개최된 한 심포지엄에서 본격적으로 이 용어가 사용되기 시작하였다. 지산지소운동은 교토부의 지역식량확립운동에서 그 원형을 찾아볼 수 있다. 지역식량확립운동은 1970년대 후

6 1里는 0.392727km이므로 4里는 약 1.57km의 거리

7 홋카이도[北海道] 이시카리지청[石狩支庁]에 있는 시(市)

반부터 시작되어 지역에서 생산되는 먹거리를 우선적으로 생각하는 식생활과 식습관을 확립하고 교토부민의 식생활을 실제로 풍부하게 발전시킨다는 것에 목표를 두었다. 지역에 뿌리를 둔 합리적인 가공 유통체제를 구축함으로써 250만 교토부민이 모두 참여하는 로컬푸드운동으로 식료자급과 식료정책 확립에 이바지하였다. 이처럼 당시 지역식량확립운동은 단순히 지역 농산물을 지역에서 소비하자는 개념으로 전개되었다. 그런데 이후 1990년대 접어들어서 식량확보와 안전한 먹거리 회복을 위해 지산지소운동의 바람이 불기 시작하였다. 이후 2002년 일본 농림수산성은 「食과 農의 재생플랜」을 통해서 '소비자 제일의 푸드시스템을 확립하고 먹거리의 안전과 안심'을 확보하는 것을 기본방침으로 정하였다. 이어서 지산지소추진행동계획을 세우고 지역단위의 실천계획으로 농민과 단체 그리고 관련 산업 관계자들 간의 교류활동과 그들에 의해 지역에서 나는 농산물의 보급 활동을 적극 추진하였다. 한편 「식육추진기본계획(2004.3)」에서 학교급식은 도도부현[8]단위로 지역 농산물의 사용비율을 2010년까지 전국 평균 30%이상 달성한다는 목표아래 생산자와 소비자의 신뢰관계를 돈독히 하고 우리나라 농협에 해당하는 JA[9]가 이 운동에 참가하게 되면서 전국적으로 확대되었다. 일본농협그룹 전체의 공동목표와 향후 나아갈 방향을 결의하고, 대내외에 표명하는 일본농협인의 결집의 장으로 3년 단위로 JA전국대회[10]를 개최하고 있는데, 이는

8 도도후켄(とどうふけん): 일본의 광역 자치 단체인 도(都), 도(道), 부(府), 현(県)을 묶어 이르는 말

9 일본농협조직체계는 지역농협(JA), 현(県)연합회(經濟連, 信連), 전국연합회(全中, 全農, 共濟連)의 3단계 구조로 구성

10 일본농협을 대표하는 JA전중(全中,전국농업협동조합중앙회)이 분리된 조직을 하나로 결집시켜 공통된 인식과 행동을 이끌어 내기 위한 목적으로 개최

지산지소운동의 확산에 큰 기여를 하였다. 지산지소의 개념을 확실히 제시한 것이 바로 2000년에 개최된 22회 JA전국대회에서이다. 그로부터 3년 후 23회 JA전국대회에서 '파머스마켓헌장'을 제정하여 그 이념과 운영지침을 명백히 하였고 농산물직매장인 파머스마켓을 지산지소운동의 거점으로 지정하게 되었다. 이곳은 농가에서 직접 상품을 포장하고 가격도 책정하여 매장에 진열하는데 매일 이렇게 팔다 남은 농산물은 다시 농가가 되가져가는 구조로 운영하고 있다. 파머스마켓의 수가 점차 증가하게 되자 자연스레 농산물 산지에서 가격을 책정하는 구조가 형성되었고, 이는 기존의 유통업체가 마음대로 가격을 조정하던 시스템이 더 이상 통하지 않도록 하는데 중요한 역할을 하게 되었다. 이런 이유 때문일까. 직거래 농산물이라고 해서 무조건 싸다는 상식이 이곳에서는 통하지 않는다. 상품이 신선하고 안전하며 품질까지 우수하다면 그에 합당한 가격에 팔고 산다는 것이 생산자뿐만 아니라 소비자에게도 통하는 곳, 이곳이 바로 파머스마켓이다. 지산지소운동의 활성화에 있어 빼놓을 수 없는 또 하나의 공신은 바로 정부다. 중앙정부와 지방정부 모두 적극적인 지원은 이 운동이 전국적으로 확산되는데 큰 역할을 하였다. 2001년 일본지방정부는 이와테현(岩手県)에서부터 출발하여 사이타마현(埼玉県), 가나가와현(神奈川縣) 등 전국 곳곳에서 '지산지소추진사업기구'를 만드는 노력을 하였고, 농림수산성은 2005년 3월에 내각회의 결정으로 '식료·농업·농촌 기본계획'에 의거, 식량자급률 향상을 위해 중점적으로 해야 할 활동사항으로 지산지소의 전국적 전개를 결정하고 추진하였다. 특히, 정부차원에서 지산지소를 추진하기 위해 해마다 예산을 책정하여 지원하는 등 적극적인 자세로 지산지소운동의 전국적인 확산을 위한 노력을 아끼지 않고 있다. 이러한 노력의 결과, 전국곳곳의 생산자와 소비자 대부분이 지산지소 운동에 대해 인지하고 있을 정도로 일본에서 이 운동은 생활 속에 깊이 뿌리를 내리고 있을 정도로 성장하였다.

현재 일본의 지산지소 운동은 앞서 알아본 파머스마켓을 비롯하여 학교급식 그리고 그린투어리즘 이렇게 3가지 형태로 실현되고 있다. 해를 거듭할수록 이 3가지 실천형태 또한 발전을 거듭하고 있다. 파머스마켓의 경우 상품의 신선도, 안전성을 고려하여 당일 판매를 원칙으로 하고 있으며 우리보다도 훨씬 이전에 1인 가구 증가에 맞춰 소포장 패키징을 적용하였고 상품 포장지에 생산자인 농민의 사진과 이름, 연락처를 기재하는 방법으로 소비자와의 신뢰감을 형성하였다. 학교급식의 경우, 학교급식을 시행하는 초·중·고등학교 거의 대부분이 지역 농산물을 애용하고 있다. 학교급식에 지역농산물 활용이 활성화된 이유는 농가와 학교급식 담당자 간의 정기모임을 통해 식자재의 안정적인 공급과 품질향상에 꾸준히 신경을 쓰고 있기 때문이다. 그린투어리즘의 경우에는 지역농산물을 연계하여 다양한 지역경제 활성화 운동으로 확대되고 있는 사례로 볼 수 있다. 여행을 하는 목적이 순수 관광에서 점차 힐링의 개념으로 바뀌고 있는 관광 트렌드 또한 지산지소가 중요한 여행자원으로 주목받게 된 이유라고 볼 수 있다. 휴식을 위한 여행은 자연스럽게 농촌의 건강하고 특색 있는 먹거리에 관심을 갖도록 만들었고 지역의 다양한 문화를 체험하고 아름다운 자연경관을 만남으로써 도심에서 지친 심신을 치유하는 것으로 그린투어리즘이 활기를 띄게 되는데 영향을 미치게 되었다.

지산지소운동이 일본 내에서 안정적으로 정착됨에 따라 여러 가지 긍정적인 효과들이 나타나고 있다. 우선 지산지소는 지역에서 생산된 농산물을 지역에서 소비하는 것을 원칙으로 하고 있기 때문에 국제적으로 가장 민감한 사안인 온실가스 저감에 기여하게 될 뿐 아니라 이는 자연스럽게 지역과 국가의 식량자급률향상으로도 이어진다. 안전성 확보 및 품질 좋은 농산물이 보장되며 낮은 비용의 생산체계를 만들어 낼 수 있어서 소비자는 착한 가격에 먹거리를 구입할 수 있다는 장점이 있다. 또한 지역 내 주민들에게 크고 작은 일자리 기회도 제공하게 되므로 지역경제 활성화에도 이바지하게 되었다. 나아가 일본은 지산지소운동을 통해 온 국민이 올바른 식습관을 확립하고 농업에 대한 인식을 새롭게 할 수 있도록 꾸준한 노력을 기울이고 있다.

드넓은 땅에서 자란 미국의 농산물은 과연 어떨까. 기본적으로 대량생산, 원거리 유통으로 기계화된 생산시스템을 가진 미국의 농산물이야말로 로컬푸드운동이 절실해 보인다. 미국에서 로컬푸드운동이 본격적으로 시작된 것은 유럽의 국가들이나 일본보다 비교적 늦은 감이 있지만, 우리가 로컬푸드운동의 시작을 과거 신토불이 운동에서 찾듯이 역사적으로 보면 미국에서 로컬푸드라는 개념이 나타난 것 또한 꽤 오래전 일이다. 미국의 로컬푸드하면 떠오르는 파머스마켓의 시초는 1930년으로 거슬러 올라간다. 대공황이 시작될 무렵 농산물 판매에 어려움을 겪게 되자 생산자가 직접 시장에 내다팔면서 하나 둘 조성된 것이 그 시초가 되었다. 이후로도 직거래로 이루어지는 파머스마켓은 꾸준히 증가하게 되었고 이렇게 미국의 로컬푸드는 시작되었지만 본격적으로 모습을 갖추기 시작한 것은 2000년대 들어서부터다. 캐나다에서 처음 시작된 100마일 다이어트에 영향을 받아 미국 스키넥터디Schenectady에 거주하고 있는 셰릴 네커먼[11]이 뉴욕에서 100마일 다이어트를 실천하게 되면서 미국 로컬푸드운동은 본격적으로 시작하게 되었다. 이 운동은 자기가 사는 곳에서 100마일(161km) 이내에서 생산된 농산물만 사용한다는 의미의 운동이다. 100마일 다이어트 운동을 시작한 뉴욕시민들은 초기에 불만이 많았다고 한다. 그 이유는 기존의 식습관 때문인데, 그동안 무분별하게 개인 기호에 따라 섭취할 수 있었던 먹거리에 제약을 받으면서 나오는 불만들이 대부분이었지만, 결국엔 좀 더 신선하고 안전한 먹거리를 얻을 수 있다는 사실과 환경을 지키고 보존하는 일에 작은 보탬이 된다는 가치에 의미를 두게 되었다.

미국에는 농민시장Farmers' market을 비롯하여 체험수확U-pick, 노변판매Roadside stands, 농장점포Farm Building, 공동체지원농업Community Supported Agriculture, 등 다양한 농산물 직거래 형태가 존재하지만, 미국 로컬푸드운동의 상징은 농민시장을 의미하는 파머스 마켓Farmer's Market으로 대표된다. 파머스마켓은 생산자가 직접 농산물을 출하하여 소비자에게 판매하는 직거래장으로 비영리기구다. 농무부가 1976년에 제정한 『농산물직거래법The Farmer Customer Direct Marketing Act』에서 파머스마켓의 개설과 운영에 관한 장치를 마련하였는데, 지역상공회의소와 지역경제개발위원회가 시장개설을 지원하고 있다. 정부, 지자체는 마켓 부지를 제공하고 참여하는 농가는 수수료, 판매세, 사용 후 청소, 보험가입 등의 의무를 지게 된다. 이곳에서 농산물 팔기 위해서 생산자들은 반드시 파머스마켓협회에 검증절차를 거쳐야 한다. 또한 이곳에 참여하고 싶지만 직접 참여해 판매할 여건이 안 되는 농가들을 위해서 자원봉사자를 모집하여 지원해 주기도 한다. 파

11 셰릴 네커먼(Cheryl Nechamen)은 캐나다에서 100마일 다이어트를 처음 시작한 2명의 작가 앨리사 스미스(Alisa Smith)와 제임스 매키넌(James MacKinnon)에 의해 영향을 받아 미국 뉴욕에서 처음으로 100마일 다이어트 운동을 시작한 분자 생물학자

머스마켓에 참여하는 생산자는 농산물을 수확하여 선별 후 포장하여 시장까지 직접 운반하여 판매한다. 초기에는 각종 채소와 육류 그리고 간단한 가공품 등 농민이 생산한 농산물이 주를 이루었지만, 요즘에는 각종 먹을거리와 잡화, 지역 특색을 살린 기념품점이 들어간 하나의 쇼핑몰 형태로 진화한 모습을 갖추고 있다. 전 세계적으로 먹거리 안전성에 대한 관심이 급증하면서 미국 내 파머스마켓의 수적 규모도 이를 입증하듯 해를 거듭할수록 증가하고 있다. 미농무부 농업유통국USDA/AMS에 의하면 1970년에 350개소에 불과했지만 1994년에 들어 1,755개소로 늘어났고 2004년에는 3,706개소, 2006년에는 4,300개소, 2009년에는 5,274개소, 2010년에는 6,123개소, 2011년에는 7,175개소, 2012년에 들어서는 약 7,800여개소가 운영되고 있다고 한다. 농산물을 대량으로 생산하고 수출하는 시스템을 갖춘 미국에서 이처럼 전통적인 농민시장인 파머스마켓이 꾸준히 성장하고 있다는 점은 주목할 만하다. 파머스마켓은 현대화된 유통모델과는 거리가 멀기 때문인데, 이는 생산자와 소비자가 직접 거래하는 단순화된 유통구조가 양쪽 모두의 이익을 극대화하기 때문이다. 전통적 시장은 대형 유통체제 속에서는 불가능했던 것들을 가능케 했다. 소비자가 믿고 안심할 수 있는 먹거리를 직접 구입할 수 있게 되었고, 소농에게 판로의 기회를 터주었을 뿐만 아니라 이는 지역경제 활성화로 이어지게 되었고 또한 도농교류를 활발하게 했다.

다른 국가와 마찬가지로 미국도 학교급식에 로컬푸드를 적용하고 있다. 미국 내 학교급식은 1990년대 이후, 패스트푸드, 인스턴트식품의 발생이 먹거리와 건강을 해치고 있다고 판단하고 비만과의 전쟁을 선포하면서 학교급식부터 바로잡자는 목표아래 시작되었다. 이후 연방정부와 지자체의 지원을 받아 2002년 농업법 개정 후로 본격화

되었다. 2004년도에는 '아동영양 및 영유아·임산부 영양보충프로그램 재승인법'이 통과되면서 기존의 초중등학교에서 시행되고 있던 시범 프로그램을 확대하여, 연방정부와 주정부, 그리고 비영리단체 등 연계해 FTS[Farm to School] 학교급식 프로그램을 운영하게 되었다. 학교급식 프로그램에서는 농가로부터 직접 농산물을 구매하거나 협동조합 또는 파머스마켓을 통해서 공급받아 학생들에게 안전한 먹거리를 제공하고 있다. 학교급식 프로그램 외에도 FTC[farm-to-college], 공공급식[farm-to-cafeteria], 병원급식 등으로 확산되어 활발히 운영 중에 있다. 2009년 버럭 오바마 대통령 집권 후, 연방정부차원에서 먹는 음식의 출처를 제대로 알자는 취지의 'Know your farmer, Know your food'라는 구호를 내건 종합적인 로컬푸드정책을 수립하고 적극적으로 시행해 오고 있다.

농업 선진국들 사이에서 불고 있는 로컬푸드의 바람은 국내도 예외는 아니다. 잊을만하면 한 번씩 논란을 일으키는 먹거리에 관련된 안전사고들, 어제오늘의 일이 아니다. 시장개방으로 값싼 수입농산물이 무분별하게 밀려들게 되면서 겪는 각종 위험들은 지구촌 공통의 숙원이 되어버렸다. 국내 역시 미국산 소고기 광우병 파문확산, GMO농산물 수입논란, 중국발 멜라민 파동, 빈번하게 일어나는 각종 식품의 유해물질 검출사건 그리고 이를 통한 생활 질병 증가 등을 겪게 되면서 먹거리 안전에 대한 우려와 관심이 높아지게 되었고 로컬푸드는 그 대안으로 관심을 받게 되었다. 이처럼 해외 로컬푸드운동의 다양한 실천사례와 더불어 국내에도 내 고장 농산물을 애용하자는 움직임이 일게 되었다.

우리의 로컬푸드운동은 어떻게 시작되었을까. 지금으로부터 20여년 전 강원도 원주에서 열린 새벽시장에서 그 시작을 찾아볼 수 있다. 이는 당시 원주시농업경영인회에서 개최한 직거래 장터였다. 1994년 5월 1일 첫 개장을 해서 지금까지 운영해 오고 있다. 2013년에는 26만 명이 이곳을 찾았고, 90억 원의 매출을 달성했다. 로컬푸드의 시초는 원주지만 본격적으로 로컬푸드를 정책으로 도입한 곳은 전북 완주군이다. 완주군은 어떻게 로컬푸드운동을 가장 먼저 시작할 수 있었을까. 완주군의 로컬푸드운동은 2008년부터 시작된 '완주군 농업농촌발전 약속 프로젝트'[12]에서 출발한다. 당시 위기에 빠진 지역농업을 완주군이 중심이 되어 다시 활성화시켜보자는 취지에서 시작한 프로젝트 개념이었다. 이후 2010년 10월 '완주 로컬푸드 육성 지원조례'를 제정하고 농촌활력과 내에 '로컬푸드 팀'이라는 전담팀을 두고 운영해 오고 있다. 이곳에서부터 시작된 국내 로컬푸드운동은 해외사례에서와 마찬가지로 다양한 형태로 운영되고 있는데, 직거래 장터, 제철꾸러미사업, 생활협동조합, 농민장터, 지역급식 등이 주를 이루고 있다. 이 가운데 제철꾸러미사업은 제철에 나는 농산물을 몇 가지 품목으로 구성하여 회원제로 모집한 회원들에게 주단위로 신선한 농산물을 직송하는 방식으로 운영된다. 말하자면 앞에서 살펴본 유럽과 미국에서 활성화되고 있는 CSA Community Supported Agriculture의 한국판인 셈이다.

제철꾸러미사업은 소규모 농가들이 모여 조합을 구성하고 소비자를 회원제로 모집하는데 사전에 회비를 지불하는 방식으로 양측의 계약을 통해 제철농산물을 주단위로 배송한다. 그리고 회원이 직접 주문하는 방식이 아닌 농가에서 발송품목을 주도적으로 결정하여

12 생산과 유통, 경영회생, 활력증진, 복지혁신 등 5개 분야 12개 혁신시책으로 구성하여 연간 100억씩, 2008~2013년까지 총 5년간 총 500억을 투입한 완주군의 지속발전 가능한 농업환경조성 프로젝트

꾸러미를 꾸린다는 2가지 사항이 기존 농산물 직거래와 구별되는 점이라 할 수 있다. 회원들에게 배송되는 농산물 꾸러미는 무농약 이상의 친환경 재배를 원칙으로 하고 있으며 그 구성품목과 생산자에 대한 정보를 미리 온라인 싸이트에 공지하여 회원들과의 신뢰를 쌓아가고 있다. 또한 회원들은 농산물이 재배되고 있는 농가를 직접 방문하기도 하는데 이러한 교류를 통해 자연스럽게 농업에 대한 이해와 생산자와 소비자의 관계에 있어서 새로운 변화를 만들어가고 있다.

제철꾸러미사업은 기존의 마트나 친환경매장, 친환경 온라인 사이트에서 구입하는 것보다 신선하고 비교적 좋은 가격에 구입할 수 있을 뿐만 아니라 무엇보다 믿고 구입할 수 있다는 이유로 이용하는 소비자들이 늘어나고 있다. 올해로 10년째 제철꾸러미사업을 운영해 오고 있는 전북 장수 귀농 부부의 '백화골 푸른밥상'[13]부터 전북 완주군 '건강밥상꾸러미'[14], 2009년 전국여성농민회총연합 주도로 시작된 텃밭 꾸러미공동체 '언니네 텃밭'[15], 충북 오창농협의 '자연이랑'[16], 국내 민간 최초의 친환경 유기농 업체인 흙살림에서 만든 '흙살림꾸러미'[17], '지리산꾸러미'[18] 등이 점차 이용이 확산되고 있다.

---

13 2006년부터 제철 꾸러미 가족회원제를 운영해 오고 있으며, 우프(WWOOF; Wiling Workers on Organic Farms)농가로 선정돼 농장에서 일손을 도와주면 무료로 숙식을 제공하고 있음, 홈페이지 naturefarm.tistory.com

14 완주군 2개 읍, 11개 면의 개별 생산농가와 마을의 대표자가 출자해 2010년 5월에 설립한 영농조합법인으로 그해 10월부터 꾸러미사업 시작, 격주꾸러미(월 2회)와 매주꾸러미(월 4회)로 선택하여 이용가능, 홈페이지 www.hilocalfood.com

15 강원도 횡성을 시작으로 전남 순천·나주, 전북 김제·고창, 경북 상주·안동, 경남 함안·고성 등 총 16곳에서 운영되고 있으며, 모든 회원들의 텃밭 방문을 의무화(소비자교육, 농촌체험) 해 생산자와 소비자 간의 교류와 소통을 주도하고 있음, 홈페이지 www.sistersgarden.org

16 '2014 농산물 직거래 콘테스트'에서 제철 꾸러미 사업 분야 최우수조직 선정, 홈페이지 www.62life.com

17 홈페이지 shop.heuksalim.com

제철꾸러미사업은 소규모 농가에서 다양한 품종의 농산물을 생산하고 이를 회원을 대상으로 공급하므로 신선한 제철 농산물꾸러미를 공급받는 회원들 역시 농산물의 신선도, 안전성을 보장받기 때문에 농가의 경제도 살리고 소비자는 건강도 챙기는 양측 서로에게 이득인 셈이다.

로컬푸드직매장의 경우, 2012년 4월 용진농협 로컬푸드 직매장[19] 개장이 로컬푸드 직매장의 전국적인 확산에 불을 지피는 계기가 되었다. 용진농협을 시작으로 지난해 '로컬푸드의 육성과 지원에 관한 조례'를 제정한 지자체가 22곳에 달했다. 뿐만 아니라 농림축산식품부에서도 로컬푸드 상설직매장을 적극적으로 더 늘려 나가겠다고 밝혔다. 용진농협 로컬푸드 직매장은 참여농가에서 직접 작목반을 구성하여 생산과 출하를 책임지고 자율적으로 판매가격을 결정하고 농협에서는 매장운영을 책임진다. 이곳 직매장의 모든 농산물은 수확한 당일 판매가 이루어지기 때문에 기존의 다른 매장들과는 신선도에서 월등히 뛰어난 경쟁력을 갖추고 있다. 뿐만 아니라 가격 경쟁력 또한 뒤지지 않는데, '생산자-산지수집상-도매시장-중도매인-협력사-매장-소비자'로 연결되었던 기존의 복잡했던 유통경로가 '생산자-매장-소비자'로 대폭 줄어들었으니 이는 당연한 결과라고 볼 수 있다. 산지에서 생산되는 모든 농산물 외에도 이곳에서 만든 가공품도 그 재료의 산지가 완주군이면 참여가 가능하다. 입점하는 상품들은 농민이 직접 포장을 하고 그 포장에 직접 책정한 가격을 바코드

18 지리산 백무동과 뱀사골 사이에 위치하고 있으며 2010년 9월에 지역 커뮤니티 비즈니스 시범사업자로 선정되어 2011년 20가족으로 시작해 2013년 250 회원으로 운영. 홈페이지 www.jiggu.kr

19 전북 완주군 용진면에 위치한 국내 로컬푸드 직매장 1번지, 260m^2 규모로 설립자본금 5억원(완주군, 용진농협 각각 50% 부담)

에 인쇄해서 매장 내에 진열하게 되고 판매된 상품은 수수료(농산물 10%, 가공식품 12%, 축산물 15%)를 제외한 금액으로 매주 정산을 통해 농민에게 입금해주는 방식으로 운영된다. 말 그대로 농민이 주체가 되어 스스로 운영하고 농협은 보조역할을 하는 시스템이라고 볼 수 있다. 활발한 활동 덕에 개장 10개월 만에 매출 60억 원의 기록을 세우고 참여한 농가들의 소득은 이전에 비해 3배까지 증가하는 성과를 거두게 되었다.

이를 통해 농림축산식품부에서 개최한 '2013 직거래 콘서트'에서 대상을 수상하는 영예를 안게 되면서 명실 공히 '로컬푸드 1번지'로 자리매김하게 되었다. 용진농협 로컬푸드 직매장이 성공사례로 전국에 알려지게 되면서 이곳을 찾는 방문객 수가 하루 평균 천명을 넘고 있다고 한다. 이곳 직매장과 더불어 주목을 받고 있는 곳은 완주군 모악산 근처에 위치하고 있는 완주로컬푸드협동조합 해피스테이션이다. 이곳은 400여 농가가 참여하고 있고 직판장뿐만 아니라 온라인으로도 택배서비스를 실시하고 있으며 농산물 재배 체험농장 그리고 로컬푸드직매장 위에 위치한 현지 농산물을 식재료로 활용해 식사를 제공하는 농가레스토랑이 2층에 자리하고 있다. 이와 더불어 지역에서 생산된 친환경농산물을 식재료로 사용하고 있는 학교급식사업 또한 확대되고 있는데, 광역 자치단체뿐만 아니라 대다수의 기초자치단체에서도 활발하게 추진 중에 있다.

국내에서 학교급식이 시작된 것은 1950년대 해외원조기관에서 지원한 밀로 만든 빵을 초등학교에 무상 급식하면서였는데, 여성의 사회참여가 본격적으로 시작된 1990년대에 들어서면서 학교급식은 확대실시 되었다. 이후 2003년부터 전국 초·중·고등학교 전면급식이 실시되었다. 최근 들어 로컬푸드가 관심을 받으면서 지역의 친환경

농산물들을 식자재로 조달하는 환경이 조성되고 있는데, 이는 친환경농산물의 판로 확대에도 큰 몫을 하고 있다. 로컬푸드와 연계한 학교급식에서는 순수급식과 더불어 전통음식을 만든다거나 소규모 텃밭을 가꾸는 등 체험활동을 함께하고 있는데, 이를 통해 교육의 장으로서도 의미를 갖는다. 어린 시절에 이러한 식생활 체험교육은 생산자에게 감사하는 마음을 갖게 될 뿐만 아니라 환경을 소중히 지킬 수 있는 방법을 자연스럽게 터득하게 되고 건강한 생활을 위해서 어떤 먹거리를 섭취해야하는지에 대한 스스로의 판단력을 기르는 데에 도움을 준다. 뿐만 아니라 내 고장과 지역농업에 대한 애착까지 키울 수 있다. '당신이 먹는 음식이 곧 당신이다You are what you eat'[20]라는 말이 있듯이 이처럼 식습관이 형성되는 중요한 시기에 무엇을 어떻게 먹을 것인가에 대한 올바른 사고를 형성하고 사회의 일원으로서 성장하는데 중요한 작용을 하게 된다.

병든 지구, 위협받고 있는 도시민들의 건강 그리고 순환과 공생의 지역공동체에 대한 고민에서 시작된 로컬푸드운동은 어느새 너나할 것 없는 우리 모두의 의무 아닌 의무가 되었다. 언제부터인가 '지역먹거리주의자'를 의미하는 신조어 로커보어Locavore[21]가 우리에게 익숙하게 되었고 세계 곳곳에서 로컬푸드의 가치를 외치며 다양한 활동들에 동참하게 되면서 로컬푸드운동은 급격히 확산되고 있다. 생산자에게 공정한 대가를 지급하고 얻은 먹거리로 맛은 물론이고 깨끗하며 영양과 품질까지 고루 갖추고 있으며 탄소저감을 실현하고

20 먹는 음식을 보면 그 사람을 알 수 있다는 의미로 19세기 독일 철학자 포이에르바흐(Ludwig Feuerbach,1804~1872)의 말

21 지역을 뜻하는 로컬(Local)과 먹을거리를 뜻하는 보어(Vore)의 합성어, 자기가 사는 지역에서 가까운 거리에서 생산하는 로컬푸드(Local Food)를 즐기는 사람들을 가리키는 말

농가소득과 지역경제활성화에 기여한다. 농산물의 이동거리는 줄이고 생산자와 소비자의 신뢰구축을 통해 상호간의 관계는 확대하는 것, 이것이 로컬푸드운동의 핵심이다. 그동안 우리의 식탁을 점령했던 출처불명의 먹거리가 안전과 신뢰를 보장하는 '얼굴 있는 먹거리'로 바뀌는 그날까지 로컬푸드운동의 정신을 잃지 않도록 하는 우리의 노력은 멈추지 말아야 할 것이다. 우리가 사는 지구와 농촌을 지키는 파수꾼인 농민 그리고 이와 더불어 사는 우리들의 건강까지 이 모든 것을 지켜내는 일, 로컬푸드운동이 중요한 이유다. 이를 위해서는 각 지역이 처한 상황을 충분히 고려하여 이에 적합한 로컬푸드운동의 유형을 정하는 것과 이를 뒷받침할 수 있는 정책적 방안을 마련하는 것이 반드시 필요하다.

■ 콘크리트 위에 꽃피는 생명

유럽연합[EU]의 자료에 따르면, 현재 세계인구의 절반 이상인 54%가 도시에 밀집해 거주하고 있으며 2050년이 되면 그 비중이 66%로 증가할 것으로 내다보고 있다.[22] 국내의 경우 상황은 더욱 심각하다. 국내 총 인구 51,153,000여명 가운데 91.79%에 해당하는 47,297,509명이 도시에 거주하고 있는 것으로 조사되었는데, 이는 지난 2014년(47,048,116명) 91.66%에 비해 오히려 0.13%(249,393명) 증가한 것[23]이다. 1960년대에 채 40%도 안 되던 도시인구비율이 2005년에 90%를 넘어서서 2013년 92%에 육박하는 최대치를 기록하고 있는 것이다. 도시의 면적[24]은 전체[25]의 16.58%에 불과한데 여기에 인구의

22 그린경제, [EU] 세계 인구 절반이상 도시에 밀집 거주, (2014.07.14.) 부분 발췌

23 국토교통부의 '2015 도시계획현황 통계조사결과' 참고

92%가 오밀조밀 모여 있다는 얘기다. 최근 붐이 일었던 귀농, 귀촌의 바람은 그새 멈추어버린 건지 더 많은 사람들이 도시로 몰려들고 있다.

세계인구의 절반 이상이 도시에 살고 있는 시대에 우리의 생명을 책임지고 있는 '농업'을 더 이상 공간적으로 '농촌'이라는 곳에서만 한정지어 이야기할 수 없게 되었다. 이는 도시 스스로 자급자족하지 않는 이상 존속이 어렵다는 말과도 문맥을 같이한다. 다행히도 도시가 자생하기 위한 방안모색차원에서인지 혹은 일상에 지친 도시인들의 농촌에 대한 동경 때문인지 도시농업의 바람이 조용히 일고 있는 것은 사실이다. '도시'라는 환경에 맞는 농업이 다양한 형태로 실현되고 있는 것이다. '도시' 그리고 '농업', 이제 이 두 단어가 함께 등장하는 것이 절대로 어울릴 수 없는 조합이라고 생각한다거나 생소하다고 여기는 이는 없으리라. '도시농업', '도시농부' 더 이상 낯설고 신기한 단어가 아니다.

이제 도시에 살고 있는 우리들은 먹거리에 대한 새로운 생각을 갖기 시작했고 이에 도시라는 척박한 땅에서 하나둘 생명을 싹틔우는 일을 함께 하기 시작하면서 우리의 도시는 녹색공간으로 조금씩 바뀌어 가고 있다. 도시농업은 도시에 없었던 새로운 것을 가지고 온 것이 아니라 한동안 떠나 있었던 농업이 다시 도시와 만난 것임을 우리는 안다. 조선시대에 한양에서 양잠을 하던 곳이 서울 잠실동과 잠원동이었다는 사실, 마장축산물시장이 들어서기 전 조선시대 왕실과 관청에서 말을 기르던 살곶이 목장이 있던 데서 유래한 마장동은 미나리, 무, 배추밭이 즐비한 농촌마을로 한양도성 내 채소를 공급하

24 17,593km^2
25 106,106km^2

는 지역이었다는 사실, 조선조 초기부터 왕이 직접 농사를 짓던 친경지(親耕地)였던 적전(籍田)[26]이 있었기 때문에 '전농리'라 한데서 유래하여 지금의 전농동이 되었다는 등 전해져 내려오고 있는 이 모든 사실들이 도시는 농업과 함께 해 왔다는 것을 말해주고 있는 것이 아니고 무엇이겠는가. 산업화가 시작되면서 도시는 팽창에 팽창을 거듭하게 되었고 빼곡히 들어선 고층빌딩, 공장, 자동차는 각종 환경오염을 유발하게 되면서 흙에서 점점 멀어지게 되고 급기야 도시는 회색빛으로 물들게 되었다. 무언가 굉장히 빠르게 돌아가고 편리한 삶을 완벽하게 보장하고 있는 것처럼 보이지만 도시 속에서 도시민들의 실상은 도시와 함께 시름시름 앓고 있는지도 모른다. 도시, 그리고 이곳에 살고 있는 사람들 모두 건강하고 행복한 삶을 영위하기 위해서라도 도시에서 생명을 키우는 일, '도시농업'은 반드시 필요하다.

도시농업은 특정지역에서 일시적으로 생겨난 현상이 아닌 세계적인 현상이다. 해외의 경우 일찍부터 다양한 형태로 존재해 왔는데, 이는 오래전부터 도시농업이 제도화되어 왔기 때문에 가능한 일이다. 일찍이 영국, 독일, 일본, 미국, 프랑스, 러시아, 쿠바 등의 국가에서는 도시에 소규모 농업생산 공간을 조성하여 시민들이 농업을 가까이하는 생활을 중요하게 여겼으며, 도시농업을 통해 건강, 안전, 휴식, 교육의 장으로도 기능할 수 있도록 장려하고 있다.

클라인가르텐Kleingärten[27]으로 대표되는 독일 도시농업의 역사는 긴 시간을 거슬러 올라간다. 클라인가르텐은 19세기 독일의 산업화

26 임금이 몸소 농민을 두고 농사를 짓던 논밭(출처: 국립국어원, 국어사전)

27 작은 정원, 작은 농장, 텃밭 딸린 별장이라는 뜻으로 분구원 혹은 슈레버가르텐(Schrebergarten)이라고도 함

초기에 만들어진 제도로써 정부나 공공단체가 도시 내의 유휴지나 공한지를 정원이 없는 소시민과 빈곤가정에게 임대해 준 것에서 시작되었다. 산업화가 빠르게 진행되었던 19세기 중엽부터는 기술문명을 통해 자연환경은 훼손되어갔고 도시로 많은 사람들이 몰려들면서 생활의 질은 오히려 악화되었다. 도시에서 사라져가는 자연을 그리워하는 사람들이 점차 많아지기 시작했고 이를 해소하기 위해 임대정원이라는 소정원의 개념이 생겨나게 되었다. 당시 아리프지히Leipzig에 살던 의학박사 슈레버Daniel Schreber[28]는 아파서 병원을 찾아오는 자신의 환자 모두에게 햇볕을 쬐고 맑은 공기를 마시며 흙에서 푸른 채소를 가꾸는 것을 강조하는 독특한 치료법으로 처방을 내렸다고 한다. 그는 산업화로 오염된 도시환경이 사람들을 병들게 한다고 생각했다. 독일에서 클라인가르텐을 보통 슈레베가르텐Schrebergarten이라고 부르는 것도 그가 세상을 떠난 후, 박사의 이름을 따서 지은 것에서 유래한 것이다. 그의 정신을 기리는 뜻에서 조성된 장소에 정원을 꾸미고 농사일을 체험할 수 있는 농장을 만들었는데, 이것이 가족정원이 되었고 이러한 소규모 형태의 정원이 점차적으로 독일 전역에 조성되기 시작했다. 1864년에 처음 슈레버조합이 조직되기 시작해서 점차 전역으로 확대되기 시작했다. 이후 20세기에 들어 그 용도가 바뀌었다. 나치정부 하에서는 정부의 적극적인 개입으로 국민체력증진을 위한 장이 되었다. 또한 전쟁 시에 이곳은 군수물자조달 용도로 사용되기도 했는데 전쟁이 끝나자 방치되기에 이르렀다. 이러한 상황에 이르게 되자 클라인가르텐을 다시 부활시켜보자는 움직임이 일게 되었는데, 이를 시작으로 1916년 연방정부에서 '클라

28 Daniel Gottlob Moritz Schreber(1808-1861)

인가르텐의 보호와 촉진에 관한 2가지 법률'을 제정하고 국가차원에서 적극적으로 복원사업을 전개하였다. 복원사업은 세계적십자연맹이 주체가 되어 시작되었는데, 이후 독일정부로 이관되어 클라인가르텐법(1983년)을 제정하게 되면서 활성화의 계기를 마련하게 되었다. 이렇게 시작된 클라인가르텐 복원사업의 가장 큰 특징은 국민들의 여가와 휴식공간의 용도로 식자재를 재배하고 그들이 쉴 수 있는 공간이 되도록 조경시설을 갖춘 공간으로 변모하기 시작한 점을 들 수 있다. 도심 속 휴식공간으로 국민들의 사랑을 받았던 클라인가르텐은 환경문제가 심각해지면서 점점 생태계가 파괴되는 것을 고려하여 생태공원의 개념으로 바꾸어 변화시켰다. 공원 내에 자전거 길을 조성하고 곳곳에 나무를 심는 등 도시민들과 자연이 함께 공존할 수 있는 공간으로 가꾸어가면서 녹지의 중요성을 알렸다.

이처럼 클라인가르텐은 처음 시작된 때부터 현재까지 많은 변화를 거듭해 왔지만 기본적인 내용을 살펴보면 다음과 같다. 거주지의 주택과는 떨어진 곳에 위치하여 주택 내 정원과는 구별된다는 점, 토지를 구획하여 여러 개의 필지로 나누고 이들의 집합이 하나의 클라인가르텐을 이루고 있다는 점, 거의 모든 필지는 저가로 임대해 도시민 누구나 이용할 수 있는 임대정원이라는 점, 클라인가르텐에서 재배하는 작목은 과채류로 가족이 직접 재배한다는 점 등이다. '독일인들은 클라인가르텐 1구획이 병원침상 1개를 줄일 수 있다고 믿는다.'라는 말이 있을 정도로 그들은 클라인가르텐의 가치를 높이 평가하고 있다. 독일의 시민들은 클라인가르텐을 통해서 도시생활에 지친 몸과 마음을 달래며 진정한 휴식을 얻고 있다. 이처럼 시민들의 휴식공간으로서 뿐만 아니라 그들이 가족과 함께 채소와 과일을 재배하면서 자녀들에게 자연과 먹거리에 대한 소중한 가치를 일깨워주는 교육의 장으로서의 역할도 하고 있기 때문에 오랜 시간 독일 시민들의 사랑을 받고 있다.

러시아의 도시농업은 다차Dacha로 대표된다. 다차는 텃밭이 딸린 작은 통나무집으로 도시 외곽에 위치하고 있는 주말농장형태의 작은 목조가옥을 말한다. 금요일이 되면 러시아 국민들은 주말까지 휴식도 취하고 농작물도 재배하면서 이곳에 머문다. 다차가 없는 러시아 국민들의 삶은 상상할 수 없을 정도다.

다차는 '나누어 주다'라는 의미를 갖고 있다. 이는 러시아 황제 표토르 대제Peter The Great(1672-1725)가 영지를 귀족에게 하사하던 데서 시작된 것으로 전해진다. 제정시대인 1720년대부터 내려오는 러시아의 전통문화 가운데 하나로 처음 시작되던 때에는 귀족들만의 전유물이었지만, 1917년 러시아 혁명이 일어나면서 귀족들이 몰락하게 되었고 다차는 더 이상 귀족들만의 전유물이 되지 못했다. 1900년대 이후로 들어서면서 이전과는 상이하게 국민들 70% 이상이 소유하고 있을 만큼 대중적으로 꾸준한 사랑을 받게 되었다. 스탈린의 사회주의체제하에서는 농업 집단화로 농작물 생산량이 급격히 감소하게 되자 인민들에게 도시 근교의 텃밭을 나눠 주었는데, 이 텃밭에는 오두막이 딸려있었다. 이들은 평일에는 도시에서 일하고 주말이 되면 다차에서 채소를 재배했다. 이렇게 재배한 농작물은 식재료로 사용하는 것을 포함해 개인의 재량에 따라 처분할 수 있었다. 다차의 텃밭은 $120m^2$, 오두막은 $25m^2$를 초과할 수 없도록 엄격하게 규제했으며 토지의 용도 또한 변경할 수 없도록 했다. 다차는 단독으로 운영되지 않고 여러 채가 모여 커뮤니티 형태를 이룬다는 것이 특징이다. 구소련 시절에는 오직 특권층만이 누릴 수 있는 별장이었으나, 페레스트로이카perestroika[29] 이후 토지소유권이 인정되면서 대부분의 도시인들이 다차를 소유하게 되었고 이후 경제적 위기와 식료위기를 극복하는데 중요한 역할을 했다. 이곳에서 수확한 농산물은 이웃과 함께 나누어 먹기도 하고 내다 팔기도 한다. 다차에 관한 보고내용 가운데 아주 흥미로운 결과가 있는데, 다차를 다녀온 주말 이후 월요일에는 그 어떤 범죄도 없다는 것. 자연 속에서의 생활과 가족과 이웃 간의 사랑 그리고 소박한 생활이 가져다준 효과라고 해석되고 있는데, 이러한 다차에서의 생활이 러시아 국민들의 생활전반에 긍정적인 영향을 미치고 있다는 것은 확실한 것 같다. 러시아 국민들에게 다차는 마음의 고향이자 각박한 도시생활을 떠나 여유롭고 건강한 전원의 삶을 의미하며 가족과 이웃 간의 따뜻한 정을 다지는 소중한 문화라고 할 수 있다.

영국의 도시농업 역사는 얼랏먼트Allotment으로 대표된다. 색슨족이 산림지대를 개간하여 식량생산을 위해 경작하던 공유지는 1066년 노르만정복 이후 공유지에 대한 사용권을 왕정과 수도원, 교회에게 빼앗기고 이들에게 사유화시키는 사유화 법령이 본격화되면서 빈민들이 생겨나기 시작했다. 16세기 말 엘리자베스 1세 당시 이들의 빈곤문제를 해결하기 위해 소작인의 거처 옆에 붙은 땅을 할당해주기 시작한 것이 얼랏먼트의 배경이 되었다. 1887년 소규모 농지를 원하는 사람들이나 빈민구제를 위해 식량자급을 위한 얼랏먼트와 농가정원보상법Allotment and Cottage Gardens Compensation for Crops Act이 제정되었다. 이후 1907년 지방행정구와 자치구의회 등에 얼롯먼트 보급에 대한 책임을 부과하고 기존 법규들을 통합하여 1908년 도시농업의 근거법인 소규모 농지와 얼랏먼트 법Small Holdings and Allotment Act

29 1985년 4월에 선언된 소련의 사회주의 개혁 이데올로기로 소련의 정치·경제·사회·외교 분야에서의 스탈린주의의 병폐로부터 시작

을 제정, 1922년에 얼랏먼트 법Allotment Act[30]으로 수정하였고 1950년에 제정된 얼랏먼트에 관한 법률을 종합하여 공포하였다. 얼랏먼트의 시작은 빈민들의 굶주림을 해결하기 위해서였고 1, 2차 세계대전을 겪을 당시에는 식량부족상태를 해결하는 식량자급의 기능을 하였다. 전쟁이 끝나고 식량생산에 대한 요구가 줄어들면서 얼랏먼트 역시 감소하게 되었다. 이렇게 꾸준한 감소추세를 이어가다가 2000년대 들어서면서 건강한 먹거리에 대한 국민적 관심이 증가하게 되자 이로 인해 안전한 농산물을 찾게 되었고 여가활동에 대한 수요가 급증하면서 직접 농사를 짓는 취미도 증가하게 되었다. 이로써 얼랏먼트에 대한 인기는 다시 증가하게 되었다. 2008년도에는 임대받기 위한 대기자 수만 100,000명이었다고 하니 그 인기가 어느 정도인지 실감케 한다.

그 인기에 힘입어 이듬해에는 방송에서 임시적 얼랏먼트 형태인 랜드쉐어Landshare[31]라는 온오프라인과 미디어가 결합된 캠페인성 프로그램을 방영했다. 이 캠페인은 온라인에서 직접 경작을 희망하는 사람과 토지소유권을 가진 사람 사이를 연결해 주는데, 서로 합의가 이루어지면 계약을 통해 지원자가 농사를 시작하게 되는 시스템이다. 영국은 이를 통해 도시 내에 도시농업의 활성화를 도모할 수 있었다. 유럽의 다른 국가들에서 도시농업이 확산되는 이유와 마찬가지로 영국의 경우도 무분별하게 팽창하고 있는 도시와 농경지 축소로 인한 식량문제 때문에 시작됐다. 하지만 도시의 유휴지를 저렴한 비용으로 이용할 수 있도록 함으로써 이제는 식량생산뿐만 아니라

30 수정된 얼랏먼트 법에서는 법으로 정한 얼랏먼트를 팔거나 용도를 변경할 시 국무장관의 승인을 받도록 규정함

31 웹사이트 www.landshare.org

여가활동의 공간을 제공하는 개념이 되면서 건전한 여가생활정착이라는 효과까지 보고 있다.

일본의 도시농업은 시민농원으로 대표된다. 시민농원은 영국의 얼랏먼트에서 기인한 것인데, 도시 내 유휴지를 활용하고 도농교류를 촉진하자는 취지하에 시작된 것이다. 1924년 민간단체에 의해 시민농원이 시작되었고 그로부터 2년 후부터 공공단체가 이를 운영하게 되었다. 시민농원이 영국의 얼랏먼트를 모델로 시작된 만큼 일본의 여건에 적합할 수 있도록 노력을 아끼지 않았다. 정부는 『생산녹지법(1974)』을 통해서 농지보전을 위한 법적 근거를 마련하고 1989년에는 도시민들이 비영리 목적으로 소규모 농지를 임대하여 안정적으로 농지를 이용할 수 있도록 하는 법률을 마련하였다. 지자체와 농협, 관련분야 전문가를 구성원으로 하여 출범한 '시민농원연구회(1989)'는 일본의 시민농원에 대한 연구와 이와 관련서적을 출판하는 등 다양한 대내외적 활동을 활발하게 추진하였다. 이후 1990년에는 그동안 농지만 허락되었던 시민농원 내에 휴식시설을 포함할 수 있도록 법적 근거를 마련하는 『시민농원정비촉진법』을 제정하였다.

일본은 시민농원의 60% 이상이 도시에 위치하고 있다고 하는데, 이러한 사실만 보더라도 일본 국민들의 도시농업에 대한 열정이 어느 정도인지 짐작할 수 있다. 공한지를 이용해 조성한 시민농원은 녹지를 확보하게 됨으로써 생태농업공원을 마련할 수 있게 되었고 이를 통해 어린이를 위한 체험농원으로도 역할을 확대하고 있다. 장소선정에도 제한을 두지 않고 있는데 지하철 옥상에도 빌딩의 지하에도 어디든 시민농원의 무대가 된다. 회원제로 운영하고 있는 도쿄의 아그리스 세이조Agris Seojo 옥상텃밭이 그 대표적인 예라고 할 수 있다. 일본은 전 세계가 공통으로 안고 있는 기후변화에 따른 환경

문제에 대처하고 식량안보와 안전한 먹거리를 확보하는데 있어서 시민농원을 통해 그 해결책을 마련하고자 노력하고 있다. 일본 도시농업의 큰 역할을 해내고 있는 시민농원은 이러한 역할 외에도 지역의 관광 상품으로도 한 몫 충분히 해내고 있다. 일본은 도시의 미래를 책임지고 갈 산업이 도시농업임을 직시하고 이에 대해 일본 정부와 지자체가 직접 나서서 법과 제도를 마련하여 도시농업을 추진하는데 노력을 아끼지 않고 있다. 이러한 노력의 결과 1993년 1,039곳이었던 시민농원은 점차 늘어 2005년 3,001곳, 153,727개 구획, 총면적 1,027ha, 2014년 기준 1,402ha로 10년 전보다 40% 증가한 규모로 성장했다.[32]

캐나다 도시농업은 1970년대 후반 밴쿠버에서 그 시작을 찾아볼 수 있다. 캐나다는 최초 도시농업 기관인 도시농부City Farmer를 1978년에 설립하고 그때부터 일반 시민들을 대상으로 도시농업에 대한 교육을 실시했다. 1980년대에 접어들면서 캐나다의 여러 도시들에서는 도시를 아름답고 쾌적하게 만들기 위해 도시농업을 장려하기 시작했다. 밴쿠버가 대도시임에도 불구하고 꾸준히 살기 좋은 도시로 평가 받을 수 있는 것은 도시전체가 도시농업에 사랑과 관심을 쏟고 있기 때문이다. 무엇보다 시당국의 노력이 가장 큰 영향을 미쳤다. 도시농업이 일반화되어 있는 밴쿠버에서 시가 가장 역점을 두고 있는 사업은 커뮤니티가든Community Garden이라고 불리는 공공텃밭조성사업이다. 커뮤니티가든은 주택가와는 멀지 않는 공터나 학교 운동장 등을 활용하여 조성하였는데, 시는 인근 주민들에게 기존의 화단에 꽃 대신 과일나무와 채소를 심을 것을 적극 권장했고 직접

32 일본 농림수산성 조사자료

씨앗과 묘목을 공급하는 등 지원을 아끼지 않았다.

세계 다른 도시들과 마찬가지로 밴쿠버에서도 건강에 대한 관심이 증가하였는데 이러한 현상은 자연스럽게 안전하고 믿을 수 있는 먹거리에 대한 중요성을 인식하고 실천하는 방안으로 이어지게 되었다. 커뮤니티가든은 연회비 15달러를 입회비로 내고 회원가입을 하면 약 100평방미터의 텃밭을 분양받아 경작할 수 있게 된다. 시는 커뮤니티가든을 통해서 안전한 농산물을 직접 재배하는 방법을 교육하고 이렇게 생산된 농산물은 직접 소비하거나 지역공동체 활동 프로그램을 활용해 이웃들(특히 빈곤층)과 함께 나누기도 한다. 밴쿠버는 시민들의 적극적인 참여와 시의 노력이 하나가 되어 커뮤니티가든을 통해 어느 정도의 먹거리를 자급자족하는 성과를 얻을 수 있었다. 밴쿠버에는 커뮤니티가든 외에도 학습, 연구, 공동체의 기능을 위해 콜롬비아대학에서 운영하는 UBC University of British Columbia 농장, 밴쿠버 동쪽에 위치해 유기질 퇴비로 농산물을 재배하여 지속가능한 발전방향을 추구하는 후레쉬 루츠 Fresh Roots, 도시농업자영체인 시티팜보이 City Farm Boy가 있다. 후레쉬 루츠 같은 경우에는 그곳에서 생산한 농산물을 2009년부터 꾸러미 형태로 소비자에게 주기적으로 배달해 주고 있는데, 소비자에게 공급할 때 탄소배출을 줄이기 위해 자전거 트레일러로 배달한다는 점이 주목을 끌고 있다. 이처럼 밴쿠버는 도시농업을 통해 도시 내 식량생산 공간을 늘리며 기후변화에 대응하고 있다.

유기농업으로 잘 알려진 쿠바의 도시농업은 식량위기에 큰 영향을 받으면서 시작되었다. 쿠바를 식량위기로 치닫게 한 데에는 여러 가지 요인이 있다. 먼저 1962년 쿠바가 공산화되자 미국은 경제봉쇄를 단행했고 이는 쿠바를 억압하게 되었다. 1989년 베를린 방벽이 무너지고 사회주의권이 붕괴되자 구소련 및 동유럽 국가의 원조는 삭감되고 쿠바의 국제분업노선은 한계에 부딪쳐 쿠바경제는 심각한 상황에 놓이게 되었다. 농업 자체도 무너지게 되었고 곧 식량위기에 처하게 되었다. 이에 정부는 심각한 식량문제를 해결하기 위해 도시 곳곳의 빈터, 아스팔트, 공장, 버려진 땅 등의 공한지를 경작할 수 있도록 희망하는 단체에게 제공하는 등 식량생산을 장려하기 위해 적극 지원하였다. 어디서든 경작 가능한 오가노포니코Organoponico가 그 대표적인 예라고 할 수 있다. 이는 컨테이너 합판에 유기물질을 채워 작물을 재배하는 것으로 경작할 토지가 부족한 경우에 집약적 형태로 유기농법을 실행하는 방법이다. 쿠바 도시농업의 또 다른 형태는 집약텃밭Huerto intensivo이다. 오가노포니코와는 달리 토지에 직접 작물을 재배하는 방법으로 운영된다. 이밖에도 소규모 형태의 텃밭과 안뜰에서 채소를 재배하는 파티오Patio, 자급농장Autoconsumos 등이 있다.

세계도시농업의 수도로 알려진 쿠바의 수도 아바나는 시 면적의 절반정도가 경작지로 이용되고 있을 정도로 도시농업이 성행하고 있다. 이곳에서 경작할 경우 1996년의 시 조례를 정하여 어떠한 화학비료나 농약도 허용하지 않고 반드시 유기농법을 지켜야 한다. 아바나에서 소비되는 농산물의 80% 이상이 전부 도시텃밭에서 충당하고 있다. 시민들이 직접 재배한 농작물을 판매하는 농민시장과 소매점이 활성화되고 있다. 쿠바는 경제위기 이후에 농업의 중요성을 실감하고 이에 대한 연구와 교육에 힘쓰기 시작했다. 쿠바는 식재료 대부분을 해외에 의존하고 있었기 때문에 쿠바의 도시농업은 미국의 경제봉쇄와 사회주의권이 붕괴되자 심각한 식량위기 상황에 놓이게 되었고 이에 탈산업을 선택하고 국가차원에서 강제적으로 시작된 것으로 다른 나라의 그것과는 구별된다. 정부는 유기물만 투입해 수확량을 높이는 유기농업을 정착시켰고 이렇게 안정된 시스템으로 인해 쿠바 전역의 농지에서는 품질 좋은 유기농 먹거리를 생산해 낼 수 있다.

이 외에도 지구촌 곳곳에서는 다양한 방법으로 도시농업이 진행중이다. 농업의 가치를 알리고 도시의 실업문제를 해결하는데 큰 도움을 주고 있는 프랑스의 소규모 농업 직거래 단체 AMAP Association pour le maintien d'une agriculture paysanne, 공동체 중심의 공동체텃밭 경작을 특징으로 저소득층과 소수집단 지원에 가치를 두고 있는 미국의 그린섬 프로그램 Green Thumb Program 등 목적도 운영방법도 다양하다.

우리보다 오랜 역사를 가지고 있는 해외의 도시농업사례를 보면서 몇 가지 공통된 사항을 발견할 수 있다. 도시농업 관련 법적근거를 통해 정부와 유관단체의 적극적인 협조로 조직적인 차원에서 운영되고 있다는 것이 가장 먼저 눈에 들어온다. 일부 관심 있는 시민들의 자율적인 참여로 진행되고 있는 우리의 모습과는 사뭇 대조를 이룬다. 그리고 그들의 도시농업은 연구와 교육이 병행되어 있어 사회적인 공감대를 가질 수 있는데, 바로 이점도 눈여겨 봐야한다. 더불어 소외계층과 경제적으로 어려운 이들에게 더 많은 기회와 혜택이 주어진다는 점도 주목할 사항이다. 이는 도시농업을 통해 식료품비를 절감할 수 있도록 하고 보다 안전하고 건강한 먹거리를 확보하도록 도움을 준다는 데에 큰 의미가 있다. 끝으로 시민들이 지속적으로 참여하도록 제도적 뒷받침이 가능하다는 점 또한 도시농업이 발전할 수 있는 요인으로 작용하고 있다.

유엔개발계획 UNDP 보고서에 따르면, 전 세계 도시농부 인구는 세계인구의 11%정도로 약 8억 명에 이른다고 한다(2013년 기준). 앞서 살펴본 도시농업 사례에서 알 수 있듯이 도시농업이 녹지 확보를 통해 환경을 보호하고 안전한 먹거리를 제공하며 공동체 활성화에 기여하는 긍정적인 효과가 하나 둘 알려지기 시작하면서 도시농업에 대한 관심이 국내에서도 차츰 증가하고 있다. 그래도 아직까지 국내에서는 이에 대한 인식은 미흡한 초기단계다. 하지만 국내에서도 차츰 농사는 누구에게나 소중한 먹거리를 생산하는 가치 있는 일로 인식하기 시작하는 분위기가 조성되고 있다. 국내에서도 도시농업 관련 법률이 제정되고 본격적으로 도시농업이 시작되기 전에 도시농업의 시초라고 할 수 있는 것은 1990년대 초로 거슬러 올라간다. 농촌지도소에서 주말농장을 가꾸기 시작했는데 이것이 전국적으로 퍼지게 되면서 국내 도시농업도 시작되었다고 보고 있다. 이후 귀농붐이 일면서 예비 귀농인들의 실습을 위해 도시에서 농사를 짓는 일이 많아졌고 이와 더불어 주 5일제 확산과 건강에 대한 관심이 증가하게 되면서 내가 먹는 채소는 스스로 재배한다는 의식이 도시민들 사이에 자리 잡게 되었고 이로 인해 자연스럽게 주말농장과 텃밭이 유행하게 되었다. 이후 각 지자체를 중심으로 해서 도시농업 조례를 제정하고 관련된 각종 정책을 펼치게 되면서 국내에도 도시농업이 진전을 보이기 시작하게 되었다. 2011년 11월 22일 『도시농업의 육성 및 지원에 관한 법률(법률 제 11096호)』을 제정한 이후, 2012년 5월 23일부터 시행해 오고 있다. 국내 전국 시도 등 15개 광역지방치단체에 도시텃밭 면적은 2012년 기준 558ha에서 2016년 기준 1,000ha로 약 2배 가까이 증가했고 텃밭을 일구는 도시민의 수는 159만9천명에 이르는 것으로 4년 전 76만9천명에 비해 약 2배 증가한 것으로 나타났다.[33] 국내 도시농업은 텃밭의 위치 및 운영형태에 따라 주택활용형 도시농업, 농장형·공공목적형 주말텃밭인 근린생활권 도시농업, 빌딩의 내·외부 텃밭인 도심형 도시농업, 농장형·공원형 도시농업, 학교교육형 도시농업 등 다섯 가지 유형으로 나누고 있다.[34]

최근 들어 도시농업은 보다 다양한 방법으로 운영되고 있다. 우리의 일상과 밀접하게 연관되어 마치 생활자체가 도시농업이 되고 있는 것뿐만 아니라 상상을 초월한 아이디어들이 현실에서 실현되는 일도 있다. 물고기 배설물을 식물의 비료로 활용하고 작물들에 의해 정화된 물이 다시 물고기들이 생존하기 위한 깨끗한 물로 꾸준히 공급되는 자연 순환 기법, 아쿠아포닉스aquaponics라고 하는 순환식 수경재배 온실로 지속가능한 도시형 농원을 실현하고 있는 배 위에서 농사를 짓는 선상농장 사이언스 바지Science Barge, 기후와 무관하게 언제든지 채소를 재배할 수 있는 남극 세종기지 식물공장, 자연과 인간의 공생을 실현한 일본 오사카의 NEXT21 프로젝트, 도시열섬 현상을 완화하고자 각국에서 진행하고 있는 옥상 위 정원 그린루프Green Roof 사업, 매장에서 직접 재배한 채소로 운영하는 도심 속 카페, 도심 한복판 옥상의 양봉장까지 모두가 미래식량 고갈에 대비한 지속가능한 도시농업의 예들이다. 그리고 작은 텃밭에서 이루어지는 마이크로 농업Micro Farming의 확산은 우리의 일상생활에서 농업을 경험하게 함으로써 농업에 대한 가치를 높이고 있다.

도시농업은 단순히 농촌이 아닌 도시에서 벼농사를 짓는 것이 아니다. 대기순화, 토양보전, 경관보전, 정서교육, 생물다양성 보전 등의 농업의 다원적 가치를 도시에서 실현하여 도시와 농업의 지속가능한 발전을 만들어냄으로써 농사가 주는 새로운 의미를 전한다.

33 농림축산식품부 자료
34 『도시농업의 육성 및 지원에 관한 법률』(2013.3.23. 개정), 제8조 (도시농업의 유형)

농업은 우리에게 생명 그이상의 가치를 준다. 가장 먼저 먹거리를 스스로 생산하게 되면서 안전한 먹거리 확보가 가능하고 품질 좋은 채소와 과일을 섭취하게 되면서 기존의 나쁜 식습관을 개선하고 건강도 챙기게 된다. 그리고 도시농업활동을 통해 자연스럽게 자연의 소중함과 먹기리의 중요성을 깨닫게 되는데 이는 성인은 물론이고 성장기 어린이들에게 올바른 정서함양과 가치관 형성에 영향을 미치게 된다. 함께 일구는 농사활동을 통해 이웃과 나누고 서로를 배려하는 공동체 생활의 중요성을 체험하게 되고 더불어 도시의 실업문제를 해결하는데 도움을 준다. 끝으로 도시농업을 생활화함으로써 환경을 유지하고 보존하는 일에 기여하게 된다. 이것이 바로 도시에 살고 있는 우리가 농사짓는 일을 기꺼이 해야 하는 이유다. 잘 산다는 것, 행복하다는 것의 기준은 과거에 비해 확연히 달라졌다. 생태환경이 변화하고 세계인구는 점점 늘어만 가고 한정된 자원과 식량은 앞으로 우리의 미래를 희망적인 모습으로만 말하고 있지는 않다. 지금 가장 중요한 것은 무엇보다 지속가능성이다.

유치원에 간 아이는 교실수업보다 옥상텃밭에 찾아온 꿀벌을 만나는 자연교실 수업을 훨씬 더 재미있어 하고 출근한 아빠는 회사옥상에 있는 직원들과 함께 만든 작은 팜에서 재배한 갖가지 과일과 채소로 맛있는 점심식사를 하고 저녁 찬거리를 고민하던 엄마는 아파트 베란다에서 잘 자란 상추와, 깻잎, 풋고추를 따서 가족을 위한 저녁식사준비를 한다. 매년 그렇듯이 올 김장철에도 우리 동네 텃밭에서 잘 자란 배추로 이웃들이 다 같이 모여 김장을 하는 이곳은, 지금 우리가 살고 있는 행복한 도시다.

■ 지속가능한 농생명자원

지구상에서 가장 오래된 생명체는 무엇일까? 지금으로부터 4억년 전 최초로 출현한 것으로 추정하는 곤충이 바로 그 주인공이다. 전 세계 구석구석 어느 한곳 끈질긴 생명력을 가진 그들의 흔적이 닿지 않은 곳이 없다. 300만년 정도에 불과한 역사를 가진 인류에 비할 때 참 오랜 역사를 지니고 있다. 이토록 긴 역사를 가지고 있기에 가장 오랜 시간 인간과 함께 해 온 것 또한 다름 아닌 곤충이다. 인간의 가장 가까운 곳에 있으면서도 다른 한편으로는 사람의 발길이 닿지 않은 곳에까지 존재하고 있는 곤충은 주로 혐오스러운 불청객 대접을 받아온 것이 사실이지만 최근 들어 고마운 존재로 그 가치를 재조명하게 되면서 이들을 보는 시각이 달라지고 있다.

인간이 농사를 짓기 시작하면서 곤충은 식량을 앗아가는 '해충'이라는 악의 존재로 끊임없이 인간과 대립해 오기도 했지만 농작물의 즙을 빨아먹어 농사에 해를 입히는 진딧물을 잡아먹는 무당벌레 또한 곤충이기 때문에 농사에 꼭 필요한 고마운 존재로 곤충이 주목받고 있기도 하다. 어떻게 보면 해충보다는 익충으로서 인간과 상부상조해온 것이 곤충이라고 할 수 있겠다. 지금으로부터 약 4300여 년 전부터 우리 민족과 함께 해온 양잠은 한때 세계 4위의 잠업국가로 두각을 나타내게 해준 효자산업이기도 했다. 또한 생명산업의 주요한 자원으로 활용가치가 기대되는 미래자원이기도 하다. 이러한 사실에도 불구하고 그동안 우리는 '곤충'하면 '득'보다는 '해'를 먼저 떠올리는 게 다반사였다. 흔히들 곤충하면 혐오스럽고 깨끗하지 못하다는 인식 때문이다. 하지만 최근 선진국을 중심으로 곤충에 각종 연구와 산업을 집중시키고 있는 움직임이 일고 있다.

최근 곤충이 인간의 초미의 관심사로 떠오르게 된 이유는 무엇일까? 인류의 탄생과 맞물려 곤충과 함께 해온 시간동안 이미 인류는 오래전부터 곤충의 무궁무진한 가치를 인정해 왔다. 지금에 와서 다시 그 가치가 거론되기 시작한 이유는 아마도 인류가 당면한 과제에 해답을 쥐고 있는 열쇠가 '곤충'이라고 믿고 또 기대하고 있기 때문이다. 최근 들어 실제로 곤충은 농업에서부터 식품, 의약, 환경 분야 그리고 생명공학에 이르기까지 중요한 미래자원으로 그 가치를 평가받기 시작했다. 지구는 점점 더 뜨거워지고 있고 화석연료는 동이 나고 있으며 생명연장에 꼭 필요한 물과 식량자원은 기하급수적으로 불어나고 있는 지구촌 인구를 충당하기엔 역부족으로만 보이고 에이즈, 신종플루 등의 각종 치명적인 바이러스의 위협은 여전히 인류가 해결해야할 공통의 과제로 남아 있다.

미국의 경제 잡지 포브스에 따르면 미국 뉴올리언스에서 열린 2014식품공학연구소IFT(Institute of Food Technologies)[35]회의에서 과학자들이 곤충을 유력한 미래의 식품으로 꼽은 사실을 보도[36]하는가 하면 이미 유엔식량농업기구FAO에서는 미래의 식량 대안으로 곤충[37]을 주목한 바 있다. 미국 등 해외 몇몇 국가들의 대학과 연구소에서는 곤충을 식품으로 가공하는 과정에 대한 연구가 활발히 진행되고 있다. 동남아를 여행하다보면 어렵지 않게 접할 수 있는 것이 바로 곤충 요리다. 동남아처럼 일부지역에서만 곤충을 식용하고 있을까?

35 Institute of Food Technologists(IFT) Since its founding in 1939, IFT has been committed to advancing the science of food, both today and tomorrow. Our non-profit scientific society—more than 18,000 members from more than 100 countries

36 "According to panel discussions held at the 2014 Institute of Food Technologies (IFT) meeting late last month in New Orleans, insects are the food of the future.", 『The Next New Miracle Superfood: Insects, Scientists Say』 (2014.7.11.), forbes

37 FAO report: Edible insects: Future prospects for food and feed security

인간이 곤충을 식용해온 식충성(食蟲性)에 대한 기록은 꽤 오래전부터 존재해 왔다. 인간은 고대부터 곤충을 식용으로 먹고 또 약용으로 이용해 왔는데 이에 대한 기록은 동서양을 막론하고 다양한 기록물들을 통해 확인되고 있다.

기원전 700년경의 부조(浮彫)에 고대 아시리아 센나케리브왕 Sennacherib[38]의 하인이 꼬챙이에 메뚜기를 꿰어 옮기는 모습이 새겨져 있는가 하면 구약성서에서는 먹을 수 있는 곤충과 그렇지 않은 곤충을 권고하고 있으며 코란에도 메뚜기를 먹은 내용이 확인되고 있다. 로마시대에도 다양한 곤충을 요리에 이용한 기록이 있다. 이렇듯 곤충은 과거 인류의 단백질 공급원으로서 영양적 가치를 인정받아 중요한 역할을 해왔다. 이후 농경사회에 접어들게 되면서 가축사육이 늘어나게 되었고 자연스레 그동안 단백질 공급원이었던 곤충을 축산물이 대신하게 되었다. 이와는 달리 농사짓기 힘든 아프리카에서는 과거 단백질 공급을 위해 곤충을 섭취했던 때와 마찬가지로 현재도 곤충은 하나의 중요한 식량으로서 역할을 하고 있다. 국제연합식량농업기구FAO에 따르면, 세계 곳곳에서 약 2천여 종의 곤충을 식용하고 있다고 한다. 우리나라를 포함해서 중국, 동남아시아 국가들, 일본에서도 개미, 메뚜기 등을 오래전부터 식용해 왔으며 특히 중국과 동남아에서는 곤충을 이용한 요리도 다양하다. 각종 곤충 꼬치, 풍뎅이 쿠키, 귀뚜라미 빵, 메뚜기 튀김, 밀웜 파스타, 메뚜기 에너지바 등등

이렇게 오래전부터 인류가 곤충을 먹기 시작했다고 하더라도 그동안 먹을 것이 풍족해지면서 멀리했던 건 사실이다. 하지만 이제

38 아시리아의 왕(재위 B.C. 705~681). 사르곤 2세의 아들. 바빌론을 점령하고 시리아, 팔레스타인, 에람을 원정. 니네베의 쿠윤지크에 궁전을 건설

곤충은 기하급수적으로 늘어만 가는 인구와 부족한 식량자원 앞에 고단백 저지방의 무기질이 풍부한 최고의 미래식량대안으로 주목받고 있다. 곤충을 섭취해 온 인간의 오랜 역사는 현재 해결해야할 과제인 기아문제와 곧 우리에게 닥칠 식량문제를 해결할 중요한 자원이 될 것으로 기대를 모으고 있다. 기존의 식량은 상당한 규모의 농경지와 목초지를 필요로 하며 자연훼손을 유발하지만 상대적으로 곤충은 이러한 우려가 없다. 이렇듯 곤충은 영양가가 높고 비교적 확보하기도 어렵지 않아 유엔에서도 미래식량으로 지정했다. 이처럼 곤충은 지속가능성이 보장된 고영양식으로 미래의 주요 식량자원으로 평가받고 있다.

이렇듯 곤충이 미래식량자원으로 뿐만 아니라 고부가가치를 지닌 미래성장산업으로 그 가치를 주목받게 되면서 세계 각국에서는 곤충산업을 국가전략산업으로 선언하고 경쟁적으로 곤충에 대한 활발한 연구에 박차를 가하고 있다. 곤충에 대한 인식이 이렇게 바뀌게 되자 이를 중심으로 한 산업의 시장규모도 커지게 되었다. 2007년 11조원이었던 세계 곤충산업의 시장규모는 오는 2020년에 38조원으로 성장할 것으로 내다보고 있다. 선진국들을 중심으로 국가적 차원에서의 정책적 지원이 활발하게 이루어졌으며 식용곤충 뿐만 아니라 의약용, 애완용, 환경, 정서에 이르기까지 폭넓게 다양한 분야에서 연구개발사업을 진행 중에 있다.

이에 비해 국내 곤충산업은 활용할 수 있는 범위에 있어서 매우 한정적인 것이 사실이다. '동의보감'에는 곤충을 약재로 쓴다고 하여 활용 가능한 목록이 나와 있는 것만 봐도 우리도 과거부터 곤충을 활용해 왔음을 알 수 있다. 그동안은 곤충을 화분매개의 역할과 천적, 약용, 식품 등으로 활용하는 농식품 분야가 대부분이었다. 하지만 곤충은 앞으로 융복합분야로의 산업화가 절실히 필요하다는 주장이 커지게 되면서 이를 위한 노력에 박차를 가하게 되었다. 우선 정부는 2010년 '곤충산업의 육성 및 지원에 관한 법률'을 공표하고 이어 다음해인 2011년 『곤충산업육성5개년종합계획』[39]을 발표함으로써 융복합분야의 산업화에 대한 본격적인 준비를 했다. 이어 농림축산식품부의 『곤충산업실태조사보고서(2012)』의 자료에 따르면, 2012년 말 기준으로 국내 곤충생산 농가는 232곳, 유통업체는 72곳에 이르는 것으로 나타났는데, 이제 국내 곤충산업도 본격적으로 시작되었다는 것을 알 수 있다. 국립농업과학원의 발표 자료에 따르면, 국내 곤충산업의 시장규모는 2009년 1570억원, 2015년 2980억원에서 오는 2020년에는 약 7000억원으로 성장할 것으로 전망했다. 시장에 대한 이렇게 곤충사업에 대한 기대치가 상승하고 있는 이유는 그동안 국내에서 곤충산업이라고 하면 양잠, 양봉에만 국한되어 있었지만 최근 들어 농식품부분 외에도 애완사업, 생명공학, 의약사업, 환경사업 등 다양한 분야로 확장되어 그 가치가 기대되고 있기 때문이다. 바야흐로 우리를 포함해 전 세계가 곤충이라는 자원에 집중하는 시대가 도래한 것이다.

곤충사업을 전망하는 안팎의 사회적 분위기와 정부와 지자체의 적극적인 지원까지 있을 정도까지 되다보니 곤충사업에 뛰어들고 있는 이들도 이전에 비해 훨씬 많아지고 있다. 초기에는 단순히 곤충을 판매하는 일에 그쳤지만 차츰 이를 활용한 체험학습, 정서교육, 체류활동 등 6차 산업으로 그 범위를 확대함으로써 농가소득 향상에

39 농림축산식품부는 2011년 1월 11일 곤충을 새로운 미래 농산업으로 육성하기 위해 곤충조사, 유용 곤충 발굴, R&D 및 곤충농가육성지원 등을 내용으로 한 '제1차 곤충산업육성 5개년 종합계획'을 발표함

기여하고 있다.

천적곤충을 활용한 기술개발로 친환경농산물시장의 수요에 부응하는가 하면 애완동물시장이 급증하면서 더불어 사료용 곤충시장이 급부상하면서 프리미엄 기능성 사료로 부가가치를 높이기도 한다. 최근 들어 세계적으로 환경문제가 이슈로 떠오르게 되면서 환경정화에 기여하는 곤충에 이목이 집중되고 있다. 등애등에Black Soldier Fl 애벌레는 음식물 쓰레기를 처리하는 데 활용하고 있는 곤충이다. 이 곤충은 특히 단백질이 풍부해 가축사료로 활용하기도 한다. 소의 배설물을 먹고 분해하여 토양을 정화하는 능력을 가진 애기뿔소똥구리는 축분 분해에 효과적이다. 또한 곤충이 애완시장으로 진출하게 되면서 곤충은 교육과 애완용으로 각광을 받게 되었고 수요가 늘어나게 되면서 이를 전문적으로 취급하기 위한 농장이 늘어나게 되었다. 뿐만 아니라 곤충이 식·약용으로 그 가치를 평가받기 시작하면서 약용곤충사육만을 전문적으로 하는 농장을 운영하는 곳도 생기고 있다. 이는 곤충산업을 두고 신성장동력으로 평가하는 이유이기도 하다. 일찍이 우리 선조들은 곤충을 약재로 써왔는데, 동의보감만 보더라도 100여종에 가까운 약용곤충을 제시하고 있다. 프랑스를 포함한 유럽에서도 곤충을 활용해 신약개발연구에 몰두하고 있다. 우리를 비롯해 아시아, 아프리카 등 세계 각지에서도 오래전부터 곤충을 약재로 사용해 오고 있다.

뿐만 아니라 최근에는 스트레스로부터 벗어나고 정서적 안정을 찾기 위한 힐링이 중요한 이슈로 떠오르게 되면서 곤충을 활용해 정서적 치유를 하는 곤충사업도 점차 확대되고 있는 추세를 보이고 있다. 지역의 초중고와 연계해서 곤충을 활용한 심리치료교실을 운영한다거나 박물관, 체험학습, 축제 프로그램 등을 통해 심리적으로 마음에 안정을 찾고 우울증을 치유하는 긍정적인 영향을 미칠 수 있도록 하고 있다.

지구상에 존재하는 모든 동물 가운데 가장 많은 종이 곤충이다. 곤충은 3억 5천만 년이라는 긴 시간을 인간과 함께 했다. 100만종이 넘어 수적으로 우세하고 번식 또한 빠른 강인한 생명력을 자랑하고 있는 것이 바로 곤충이라는 생명체다. 이제 곤충의 이러한 특징을 활용한 곤충산업에 세계가 집중하고 있다. 미래대체식량으로서 뿐만 아니라 농업, 환경, 과학 등 산업전반과 연계해 산업곤충으로 활용되고 있다. 비단실을 뽑아내는 것이 누에의 전부인 줄만 알았던 시절이 있었다. 과거 우리 선조들이 그랬던 것과는 다르게 이제 누에에서 인공고막과 같은 상상을 초월하는 첨단소재까지 만들어내고 있다. 이처럼 오늘날 곤충은 우리가 그동안 알고 있었던 그리고 익숙하게 불러왔던 벌레가 아니다. 특히 우리 민족에게 있어서 곤충은 그동안 양잠과 양봉으로 인식이 강했던 것이 사실이다. 하지만 곤충을 활용한 산업은 다른 어떤 자원보다도 시간적 공간적 그리고 비용투자측면에서도 효과적이며 환경에 해를 끼치지 않는 친환경적인 미래전략사업으로서 주목을 받게 되자 곤충을 보는 시각도 이전과는 크게 달라졌다. 해외 선진국들의 곤충산업은 이미 각 분야에서 자원화와 상품화가 실현되었다. 이에 비해 국내의 곤충산업은 아직 걸음마 단계다. 하지만 미래자원으로서 곤충의 가치에 모두가 공감하고 이에 정부의 각종 지원책과 전문분야 인력양성, 관련 농가와 기업 육성을 통해 고부가가치 산업으로서 곤충산업의 가치를 제대로 실현시키고자 노력하고 있다. 머지않아 우리도 농업분야에서 곤충산업이 두각을 나타내게 될 뿐만 아니라 미래전략산업으로서 제대로 자리매김하게 될 날이 올 것이다.

■ 지구를 생각하는 에코 패키징

누구나 화려한 패키징에 시선을 사로잡혀 제품을 구입했던 기억이 한번쯤은 있을 것이다. 오늘날 기술의 발전으로 인해 제품의 품질이 어느 정도 평준화되면서 기능적인 면을 잣대로 해서 제품을 선택하기보다는 개성 있는 포장디자인에 마음을 빼겨서 선택하는 일이 많아진 것이다. 이것만 놓고 보더라도 포장은 단순하게 물건을 담는 용도로만 쓰이는 시대는 지났다는 것을 알 수 있다. 이제 포장은 물건을 담아 보호하는 기능에서 한발 더 나아가 물건의 가치에 영향을 주는 역할을 하고 있다.

저으면서 동시에 우려낼 수 있도록 제작한 스틱모양의 티백tea bag, 포장과 배송의 의무가 끝나면 폐기되는 것이 아니라 옷걸이로 활용할 수 있도록 디자인 된 티셔츠 패키징, 해마다 유명 아티스트를 만나 화려한 옷으로 갈아입는 생수회사의 한정판 유리병 패키징, 칼이 필요 없는 박스 포장, 따듯한 물만 부으면 원두커피가 만들어지는 특수포

그림 2-7. 밀라노엑스포에 전시된 플랜트 보틀

장, 친환경 페트용기 '플랜트 보틀plantbottle'로 새 단장한 친환경 음료수병, 넘쳐나는 포장쓰레기를 줄이기 위해 최소한의 포장을 지향하는 핸드메이드 화장품회사의 보자기knot-wrap패키징에 이르기까지…….

반짝이는 아이디어 패키징에서부터 첨단 패키징 그리고 환경을 생각하는 패키징까지! 패키징 분야는 이처럼 변화의 변화를 거듭하고 있다. 특이하고 화려한 패키징 상품들 가운데 유독 눈길이 가는 것은 환경문제에 앞장선 패키징 디자인 '플랜트 보틀'이다. 사탕수수의 당분을 짜고 남은 찌꺼기를 의미하는 식물성 원료인 버가세bagasse를 원료로 만든 100% 식물성 페트병이다. 세계 최대 콜라 제조사인 이 기업은 환경보호와 지속가능성장 차원에서 식물성 페트병을 생산하였으며 이번 밀라노 세계박람회World Expo - Milan 2015에서 선보이게 되었다. 2009년부터 시작된 '플랜트보틀 프로젝트plant bottle project'는 2020년까지 모든 용기를 100% 식물성 페트병으로 대체하는 것이 목표라고 밝혔다.

패키징은 생산되는 순간부터 판매까지 한 상품의 전 과정에 영향을 미친다. 패키징은 소비자가 구매하는 순간 그들의 감성에 소구하는 유일한 수단이자 제품을 사용하는 순간까지 그들의 오감을 자극하는 수단으로써 브랜드를 표현하는 또 하나의 구성요소가 된다. 이는 제품을 판매하는데 있어서 기업들이 패키징이라는 과정에 집중하고 있는 이유가 되기도 한다. 초기산업사회에서 패키징이라는 개념은 단순히 상품을 안전하게 보호하고 상품의 기능에 대해 설명하는 수준에 그쳤다. 하지만 요즘 패키징의 개념은 확실히 과거보다 복잡해졌다. 과거 패키징이 갖고 있던 기본적인 기능 외에도 상품의 브랜드 가치를 높이기 위한 다양한 기능을 갖추어야 하기 때문이다.

다시 말해 경쟁력 있는 제품이 되기 위한 또 하나의 조건이 된 셈이다. 상품의 가치를 높이기 위한 패키징 기술이 발전의 발전을 거듭하고 있다. 사물인터넷IoT과 O_2OOnline to Offline의 등장이 이를 가속화시키고 있는데, 모두 정보통신혁명과 기술의 눈부신 발전이 가져온 결과다.

소비자들이 제품을 선택하는데 있어 선택의 폭이 넓어지게 되었고 이전보다 훨씬 까다로워진 그들의 니즈를 충족시키기란 만만치 않기에 패키징은 이런 소비자들의 선택을 받기위한 중요한 역할을 하게 되었다. 최근 감성디자인이 가미된 패키징이 인기를 끌게 된 것도 이런 이유에서다. 분명한 사실은 패키징이 진화하고 있다는 것이다.

영국의 시장조사업체인 스미더스 피라SMITHERS PIRA의 조사결과에 따르면 세계 패키징 산업의 시장규모는 2015년 기준으로 950조원이다. 국내의 경우, 40조원 정도의 시장규모로 앞으로도 꾸준히 성장할 것으로 내다보고 있다. 패키징 산업의 규모가 이처럼 막대하다 보니 문제가 되는 것은 이로 인해 발생하는 폐기물처리부분이다. 버리는 포장재들이 모두 재활용이 가능하거나 자연분해가 가능한 것은 아니기 때문이다. 점차 늘어나는 1인 가구, 일회용품, 배달음식, 배송서비스문화, 과대포장 등으로 인해 생겨난 어마어마한 쓰레기양은 날로 심각한 환경문제를 야기하고 있다. 쓰레기의 상당부분을 차지하는 것은 바로 포장쓰레기다. 해마다 전체 쓰레기양의 35%에 해당하는 600여만 톤을 훌쩍 넘는 어마어마한 규모의 포장 쓰레기가 배출되고 있으며 더욱 염려스러운 것은 그 수치가 해를 거듭할수록 증가하고 있다는 사실이다. 이에 국가, 기업, 관련단체가 나서서 포장쓰레기를 줄이기 위한 노력을 하고 있다. 이러한 사회적 문제로 말미암아 패키징은 본래 갖고 있는 상품을 보호하는 기능에서 한 단계 더 나아가 소비자의 감성을 자극하는 아이디어 상품으로 그리고 첨단 기술력이 가미된 기능성 패키징 그리고 이제는 환경을 생각하는 착한 패키징으로 거듭나고 있다.

막대한 양의 포장쓰레기! 줄일 수 있는 대안마련이 시급하다. 가장 먼저 포장재 자체 사용량을 줄이는 방법이 있을 것이다. 우선 불필요한 과대포장이나 선물포장의 낭비를 줄이는 작은 실천이 이에 해당한다. 뜯겨져 버려지는 대신 재사용가능한 포장재가 속속들이 등장하고 있다. 영국 핸드메이드 화장품 브랜드인 한 회사는 2013년 기후변화혁명캠페인Climate Revolution Campaign에 동참하면서 선보인 포장패키징이 이슈가 된 적이 있다. 이 회사는 유명 패션 디자이너와 함께 오가닉 코튼으로 제작한 클라이밋 낫-랩Climate knot-wrap을 전 세계 매장에서 한정으로 선보이며, 판매 수익금 전액은 캠페인 후원을 위한 기금으로 전달하였다.

포장쓰레기하면 빼놓을 수 없는 것이 바로 택배포장이다. 2013년 기준 한 해 세계 택배 총량을 비용으로 환산한 추정수치가 무려 12조 원이나 된다고 하니 충격적이지 않을 수 없다. 이런 문제를 해결하기 위해 핀란드의 한 산업디자인 그룹은 환경도 보호하고 비용도 절감하는 재활용 택배포장 시스템 리팩repack을 선보였다. 이 시스템은 상품 주문 시 먼저 리팩을 선택하고 보증금을 지불하는 것으로 시작된다. 리팩으로 포장된 택배를 받은 후, 리팩 포장지를 다시 접어 우표 없이 발송하면 이미 지불한 보증금은 온라인으로 환불받게 되고 발송한 리팩은 다른 이에 의해 재사용되는 구조다. 독일에서도 지난 2014년 9월에 포장재가 없는 마켓이 오픈해 눈길을 끌었다. 일반적인 슈퍼마켓과 가장 큰 차이점은 포장재가 없다는 점이다. 이곳에서는 용기를 재사용하고 원하는 상품을 원하는 양만큼 구입할 수 있도록 용기는 직접 가지고 와야 한다. 국내에서도 비닐사용을 줄이기 위해 쇼핑백을 가지고 오도록 하고 있지만 각 상품들은 플라스틱, 비닐, 종이, 스티로폼 등 각종 포장재에 포장되어 있다는 것에서 차이가 있다. 다양한 곡물에서부터 채소, 과일, 파스타류, 과자류, 오일 등 각종 식재료를 고객이 가져간 용기에 필요한 만큼 담아 무게를 측정하고 이에 따라 비용을 지불하도록 운영하고 있다. 이처럼 포장 쓰레기를 줄일 수 있는 방법에는 포장재 자체 사용을 줄이는 것과 재사용하는 방법, 친환경 소각 및 매립하는 방법이 있다. 이외에도 패키징 원료를 친환경 소재를 활용하여 만든 친환경 패키징을 사용하는 방법이 있다. 이처럼 패키징의 기능적인 측면이 강조되면서 신개념의 친환경 용기들도 등장하고 있다. 스웨덴의 디자인 스튜디오 투마로우 머신Tomorrow Machine은 설탕과 해초 같은 패키징 원료들을 이용해서 지속가능한 패키징을 실현하겠다는 목표를 두고 있는 곳이다. 이들은 분해성 소재를 활용하여 일정기간이 지나면 분해가 가능한 원리의 패키징을 만들어 선보였다. 설탕을 원료로 만든 올리브 패키징은 물에 닿으면 녹아 없어지는 원리를 이용했고 과일껍질처럼 벗길 수 있는 밀랍으로 만든 패키징은 건조한 내용물에 적합하도록 디자인했다. 이처럼 천연 재료를 사용하여 먹을 수 있는 식용 포장재를 이용해 환경부담을 최소화 하고자 노력하고 있다.

이들은 포장 폐기물 문제가 날로 심각해지면서 패키징 산업에서도 친환경 바람이 불기 시작하면서 생긴 현상들인데, 이제는 포장재의 원료 자체를 환경에 피해를 주지 않는 친환경 원료로 사용하여 일정기간이 지나면 분해되어 자연의 일부가 되도록 만든 포장재도 실제 적용되고 있다. 이처럼 패키징산업 분야에서도 '환경'이라는 전 지구적 관심사를 외면할 수 없는 현실에 놓여 있다. 이제 기업은 소비자의 선택을 받기위해 그동안 치중했던 패키징 디자인의 감성적 코드에서 한발 더 나아가 환경을 생각하는 'Eco'와 'Green'에 집중할 수밖에 없는 상황에 놓이게 되었다.

산업전반에 걸쳐 친환경 바람이 불고 있는데, 농식품분야라고 해서 예외가 될 수는 없다. 농업 생산물뿐만 아니라 농자재에 이르기까지 환경을 가장 우선시 생각해야하는 자세는 이제 선택이 아닌 의무가 되었다. 광범위한 포장의 세계에서 농식품분야로 좁혀 들어가 보면, 가장 먼저 식품포장재가 떠오른다. 식품포장은 내용물을 변질시킬 가능성이 있는 외부의 위험요소로부터 내용물을 보호하고 내용물이 갖는 고유의 성질을 유지하도록 하는 역할을 한다. 수렵과 채집이 주를 이루었던 오래전 원시시대만 하더라도 나뭇잎이나 조개껍데기, 동물의 내장과 가죽을 이용해서 식량을 저장하고 운반하였다는 기록이 있는데, 여기에서 우리는 인류의 식품포장의 역사를 확인할 수 있다. 근대적 식품포장의 개념이 등장하게 된 것은 나폴레옹 시대로 보고 있다. 그 당시 전쟁(나폴레옹전쟁 1792~1815)으로 인해 식량을 장기 보존할 수 있는 방법이 필요했는데, 열을 가해 음식을 밀봉하는 원리를 개발한 한 제과업자의 아이디어로 음식을 보관하게 되었다. 이후 세계 1차 대전 당시 운반이 용이하고 장기 보존이 가능한 식량보관법이 필요하게 되었고, 이때 등장한 것이 바로 통조림이었다. 요즘 식품포장의 대부부분을 차지하고 있는 플라스틱 포장재는 1930년대 등장하기 시작했다. 이처럼 최초의 식품포장은 그 내용물을 보호하는 것이 일차적 목적이었지만 점차 시간이 지나 내용물을 보호하는 기능뿐만 아니라 상품의 가치를 향상시키기 위한 기능들을 고려해야만 하는 지금에 이르러서는 포장의 기능이 좀 더 복잡해지게 되었다.

최근 들어 패키징은 디자인뿐만 아니라 기술적으로도 진화하여 상품의 가치를 향상시키고 우리의 생활을 보다 편리하게 해주고 있다. 우리는 상품을 만나기 전에 패키징을 통해서 먼저 그 상품을 인지하기 때문에 패키징의 역할은 그만큼 중요해졌고 이는 기업 마케팅의 중요한 수단이 된다. 특히 최근 들어 안전성과 환경문제가 심각하게 거론되고 있는 만큼 식품포장재에 있어서도 중요하게 다루고 있는 부분이기도 하다. 가장 안전해야할 유아용 젖병, 식품용 용기, 음료 캔에서도 인체에 유해한 환경호르몬이 검출된 사건이 발생하면서 포장재의 위생성과 안전문제에 대해 경각심을 불러일으키는 계기가 되기도 했다. 포장재에 있는 유해한 성분이 식품으로 이행되면서 생긴 문제인 만큼 무엇보다 인체와 자연에 무해한 안전한 원료로 만든 포장재가 필요한 시점이다. 이러한 안전성 문제뿐만 아니라 식품포장폐기물 처리도 간단한 문제가 아니다. 식품포장재로 사용하는 플라스틱의 경우, 폐플라스틱 1kg 소각 시 이산화탄소 2.8kg 발생한다고 하는데, 이는 지구의 온도를 높이고 홍수, 태풍 등의 자연재해에 큰 영향을 미친다. 환경에 치명적인 영향을 주는 플라스틱 식품포장재는 애초부터 사용하지 않는 것이 가장 좋은 해결방법이지만 그렇지 못할 경우라면 친환경 포장재로 대체하는 것이 대안이 될 수 있다. 최근 식품포장재의 경우 인체와 환경에 둘 다 무해한 친환경 원료로 만든 포장재가 하나둘 모습을 보이고 있다.

우리는 농업혁명과 산업혁명, 정보화혁명을 거쳐 제4세대 기술혁명인 바이오혁명을 겪고 있다. 이러한 바이오테크시대로 접어들면서 농업분야에서부터 신소재, 보건의료분야에 이르기까지 바이오 비즈니스가 적용범위를 넓혀가고 있다. 친환경 포장재인 바이오플라스틱 또한 이러한 기술적 노력에 의한 결과물이라고 볼 수 있다. 지구온난화문제를 비롯해 유가상승, 원유고갈문제에 대한 대안으로 주목을 받고 있는 바이오플라스틱은 기존의 석유계 플라스틱에 비해 물성이 약하다는 한계를 갖고 있지만 현재 기존의 생분해성고분자의 한계를 넘는 바이오매스기반의 플라스틱에 대한 연구가 활발하게 진행되고 있고 그 필요성 또한 증가하고 있는 실정이다.

바이오플라스틱에는 천연에서 만들어진 고분자agricultural, 미생물을 이용하여 제조된 고분자microbial, 슈가를 이용하여 발효과정을 거친 고분자biotechnology, 바이오매스기반 단량체와 석유기반 단량체를 서로 중합한 고분자petrochemical byproduct 등 크게 4가지로 구분된다. 바이오플라스틱의 세계시장은 2008년 20만 톤(7.93억 달러)에서 2018년에는 195만 톤(51.2억 달러)규모로 급격한 수요확대가 예상되고 있다. 세계적으로 상용화되어 시장을 형성하고 있는 바이오플라스틱은 대부분 전분계 수지starch-based resins, PLA, PHAs 등이며 바이오플라스틱의 시장은 환경규제가 강한 미국, 유럽, 일본을 중심으로 형성되어 빠르게 성장하고 있다. 머지않아 우리의 일상에도 점차 플라스틱을 대체할 친환경 바이오플라스틱이 자리할 것으로 예상된다.

바이오혁명이 낳은 친환경 포장재를 우리 농식품분야에 적용하게 되면 무엇보다 인체에 무해하다는 안전성면에서 신뢰를 보장받을 수 있고 또한 원료사용과 폐기물이 줄기 때문에 자연스럽게 이산화탄소 배출량이 감소하여 환경문제에도 도움이 되는 일석이조의 효과를 얻을 수 있다.

Chapter 2

감성을 파는 농식품 시장

미래 산업의 발달 메커니즘은 '필요'가 아닌 '욕망'에 의한 소비시장이 주도할 것이다. '필요의 시장'은 늘 포화상태지만 '욕망의 시장'은 항상 열려 있기 때문에 이는 곧 무한 감성의 시장이고 마음의 산업이다. 이는 2013년 '기술, 바람에 담다'를 주제로 개최된 테크플러스[tech+] 포럼[40]에서 제기된 주장이다. 이미 사회전반에 걸쳐 '욕망'이 소비시장을 이끌고 있다. 앞으로 다가올 사회는 감성이 지배하는 사회가 될 것이라는 이와 같은 미래상은 이미 오래전부터 꾸준히 제시되어 왔다. 지금까지 인류는 수렵사회에서 농경사회, 산업사회 그리고 정보사회의 단계를 거치며 지속적으로 발전을 거듭해 왔고 이제

40 2009년부터 매년 지식경제부와 한국산업기술진흥원(KIAT)이 주관하는 지식 콘서트로 국내외 기술(technology), 경제(economy), 문화(culture), 인문학(human) 등 다양한 분야의 연사들이 융합과 상상력 등을 주제로 강연, 공연, 콘서트, 전시 등이 함께 어우러지는 독특한 형식의 행사

감성사회로 발을 들여 놓은 상태다. 감성사회는 이미 미래가 아닌 현실이다. 미래학자 토플러의 저서 『부의 미래Revolutionary Wealth』에서만 보더라도 '다가올 미래의 부(富)는 손으로 만질 수 있는 화폐가 아니라 인간의 욕망을 채워주고, 갖고 싶은 욕구를 해소시켜 주는 그 무엇'이라고 했다.

제품의 본질적인 품질과 성능만으로 경쟁한다는 건 옛말이 된지 오래다. 경쟁선상에 발을 들여놓은 모든 공급자들의 기술수준은 이미 상향평준화되었는데 기술력만으로 경쟁우위에 서겠다는 전략이 시장에서 통할 리 만무하다. 물질적 풍요로움은 소비패턴을 이성적 소비에서 감성적 소비로 바꾸어 놓았기 때문에 감동을 요구하는 시장에서 소위말해 먹히는 무언가를 찾아야만 하는 상황에 놓이게 된 것이다. 최근 다양한 커뮤니케이션 방안들이 제시되고 있지만 구매에 가장 영향력 있는 매체는 여전히 광고 특히 TV광고라고 할 수 있는데, 이러한 경향은 광고 속에서도 역력히 드러나고 있다. 분야를 가릴 것 없이 대부분의 광고는 이를 접하는 소비자들의 감성에 호소하는 스토리로 가득 채운다. 제품의 쓰임새나, 성능에 대한 이야기는 그 어디에도 찾아볼 수 없다. 그저 애잔함을 전하거나 때로는 그리움에 사무치게 만들기도 하고 즐거움을 전달하기도 하면서 잠재 고객들의 욕망을 자극하고 있다. 감성시대에 제품의 기능은 더 이상 소비자들의 선택을 이끌어낼 수 있는 핵심요소가 아닌 고려해야할 기본적인 사항에 지나지 않으며 감성에 호소해 욕망과 만날 때 비로소 구매로 이어질 수 있다. '설득'이 아닌 '감동'이 소비자들을 구매로 이끌고 있기 때문이다.

국민총생산GNP 1만 1천 달러가 넘는 국가의 소비트렌드가 꿈과 감성을 중시한다고 하여 '드림 소사이어티Dream Society'라고 정의한 미래학자 롤프 옌센Rolph Jensen은 "21세기는 꿈과 이야기와 감성에 의해 지배될 것이며 사람들이 상품 자체가 아니라 상품에 담겨 있는 비물질적인 문화나 감성 등의 스토리를 찾을 것이다."라고 언급한 바 있다. 소비선택의 주요 관점이 기능과 양적 요인이 아닌 감성과 질적 요인이 무엇보다 중요한 역할을 하고 있다는 것은 분명한 사실이다. 이는 대니얼 핑크Daniel Pink의 저서 '새로운 미래가 온다A Whole New Mind'에서도 찾아 볼 수 있다. "기능만으로는 안 된다. '디자인'으로 승부하라.", "단순한 주장만으로는 안 된다. '스토리'를 겸비해야 한다.", "집중만으로는 안 된다. '조화'를 이루어야 한다.", "논리만으로는 안 된다. '공감'이 필요하다.", "진지한 것만으로는 안 된다. '유희'도 필요하다.", "물질의 축적만으로는 부족하다. '의미'를 찾아야 한다." 이러한 사회의 전반적인 분위기는 브랜드화 해야 할 모든 것들에 있어서 소비자의 감성에 호소하는 전략에 초점을 맞추도록 하고 있다. 미국의 색채학자 루이스 체스킨L.Cheskin 역시도 "우리들 행위의 대개 90%는 감정에 의해서 유발되고, 10%가 이성에 의해 유발된다."고 언급한바 있다. 바야흐로 감성소비시대에 도래한 것이다. 무엇이든 넘쳐나는 사회에서 우리는 물건 자체가 갖는 기능적인 면을 보고 더 이상 선택을 고민하지는 않는다. 새롭거나 아름답거나 혹은 흥미로운 것들을 통해 내 삶의 가치를 이끌어낼 수 있는 무언가를 찾아 선택하고 소비한다. 소비를 움직이는 공감요소에 변화가 온 것이다.

농업분야라고 예외일 수 없다. 겉으로는 모두 엇비슷해 보이는 농산물들. 우리 소비자들은 어떤 상품을 선택할까? 스마트하고 실속 있는 소비자들의 선택을 받기는 생각보다 녹록치 않다. 앞서 살펴본 제품들과 마찬가지로 농산물의 품질 또한 상향평준화 되고 있어 농산물의 본질적인 요소로만 경쟁하기에는 분명 한계가 있다. 이에 농가들도 차별화할 수 있는 모든 요인들을 활용하여 생산물의 가치를 높이기 위한 이미지를 만들어가고 있다. 내 농장에서 생산한 농산물이 제일 좋은 상품이라고 말하는 것만으로는 더 이상 경쟁력을 갖출 수 없다는 얘기다. 시장은 이미 좋은 상품들로 넘쳐나는 포화상태이기 때문이다. 농산물 역시 좋은 상품을 넘어 소비자에게 감동을 선사하는 상품이 되어야만 선택을 받을 수 있다. 그것만이 치열하고 냉랭한 시장에서 생존할 수 있으며 나만의 경쟁력을 갖출 수 있는 유일한 방법이다. 모든 상품이 그렇겠지만 '정직'과 '신뢰'라는 두 가지 가치는 특히 먹을거리를 담당하고 있는 농업분야에서 생산되는 모든 상품에 있어서 무엇보다 우선시 되어야 할 것들이다. 이러한 가치가 소비자들에게 '진심을 다하는 감동'으로 전달된다면 똑똑한 소비자들의 선택에 좀 더 가까이 접근할 수 있지 않을까? 가장 중요한 '안전'과 '품질'은 항시 우선순위로 염두에 두면서 농업에도 예외일 수 없는 감성에 호소할 수 있는 방안을 찾아야 한다.

소비자의 니즈needs를 넘어 그들의 욕망을 자극하는 원츠wants를 고려해야한다. 소비자의 일상생활의 다양한 문제들을 고려하여 생활 속에서 생겨나는 요구들을 반영해야 한다. 제품과의 만남에서 그들의 감성에 유대감 혹은 공감을 갖도록 한다면 긍정적 태도를 이끌어 낼 수 있기 때문이다. 감정적으로 유대감이 높은 브랜드에 친근감 이상의 충성심이 형성되며 지속적인 관계가 유지될 수 있다. 감정적 유대감 형성에 있어서 디자인적 요소와 스토리텔링은 중요한 도구이며 감성소비시장에서 경쟁력을 갖추기 위한 필수 요소가 되었다. 유의할 점이 있다면 제품을 포장하는 순간에만 필요한 것이 아니라는 점이다. 생산하는 순간부터 소비에 이르기까지 전 분야에 걸쳐 감성에 호소할 수 있는 요소요소를 고려해야한다. 건강하고 안전한 먹거리를 중시하는 소비자들에게 정직과 신뢰가 바탕이 된 생산 환경을 부각시킬 수 있고 정감어린 농가의 문화로 향수를 자극할 수 있다면 브랜드의 가치는 배가 될 것이다. 안전하고 우수한 품질의 농산물 가운데 소비자의 선택을 받는 상품은 그 가운데에서 좀 더 안전하고 좀 더 우수한 품질의 상품이 아니다. 그들에게 먼저 말을 걸고 한 발짝 다가가 관계를 맺고 결국엔 끈끈한 사랑의 감정을 싹 틔워 고객이 지속적으로 충성하도록 만드는 상품, 브랜드가 된 바로 그 상품만이 소비자의 선택을 받게 된다.

■ 눈으로 맛보는 色다른 먹거리

인간의 행동에 있어서 시각이 미치는 영향은 어느 정도일까. R.F. Wilson이 "인간이 얻은 지식의 84%는 눈을 통한 것이다"라고 시각적 이미지가 미치는 영향이 얼마나 중요한지를 강조한 바 있다. 시각은 눈을 통해 인지하는 감각들을 말한다. 사람의 오감 가운데 감정을 자극하는 가장 영향력 있는 감각은 단연 '시각'이다. 제품을 선택하는 의사결정에 도움을 주는 것 또한 시각(87%)이 나머지 청각(7%), 촉각(3%), 후각(2%), 미각(1%)에 비해 절대적인 영향력을 가지는 것으로 알려져 있다. 시각에 가운데서도 가장 큰 역할을 담당하는 것은 바로 '색(color)'이다. 때문에 이미 모든 분야에서 '컬러'라는 요소를 적극 활용한 마케팅 활동이 펼쳐지고 있는 것은 낯선 상황이 아니다.

트렌드 분석가이자 컬러 컨설턴트로 활동하고 있는 미국의 캐시 라만쿠사Kathy Lamancusa는 "소비자들이 상품에 대해서 갖는 첫인상의 60% 정도는 컬러가 결정한다(Researchers have shown that up to 60% of a consumer's first impression of a product comes from its color).”고 언급한 바 있다. 소비자들은 더 이상 우수한 품질을 따지지 않는다. 느낌이 좋은 것에 손을 뻗는다. 그들이 구매하는 것은 단지 제품일까. 그들은 제품을 사는 것이 아니라 그 제품을 통해 자신의 이미지를 표현하는 것이다. 그리고 그 스마트한 소비자들의 마음을 사로잡는 것 중심에는 바로 ‘색color’이 있다. 이미 시장은 ‘색’을 활용한 브랜드마케팅 경쟁이 한창이다. 색이 가지고 있는 고유한 상징적 특징을 통해 브랜드의 이미지를 만들고 소비자들과 친밀감을 형성코자 소통한다. 컬러는 제품에 특별한 가치를 부여하고 브랜드 정체성을 형성시키는데 도움을 주며 이를 통해 소비자는 자아를 표현하기도 한다. 이성적 호소보다 감성적 호소가 중요시되고 있는 지금의 소비문화가 계속되는 한 소비재 전 분야에 걸쳐 확산되고 있는 컬러 열풍은 꾸준히 지속될 것이다.

색은 사람의 마음을 움직이는 힘을 가지고 있어서 때로는 언어보다도 훨씬 효과적인 의사소통의 수단으로서의 역할을 하기도 한다. 웰빙 붐을 타고 선풍적인 인기를 얻었던 ‘컬러 푸드color food’, 색채의 전달을 통해 정서를 치유하는 ‘컬러 테라피color therapy’등과 같이 우리는 이미 컬러와 연관된 이러한 마케팅 용어들에 익숙하다. 그 자체만으로도 감성을 자극하기에 충분한 것! 바로 컬러가 가진 매력이다. 컬러를 마케팅에 활용한 컬러마케팅의 시작은 어디서 찾아볼 수 있을까. 1920년으로 거슬러 올라간다. 만년필하면 떠오르는 브랜드, 파커PARKER. 당시 만년필 컬러는 블랙계열 아니면 브라운계열이 전부였다. 이도 그럴 것이 만년필은 남성의 전유물로 당연하게 생각했는데, 여성들의 지위가 향상되면서 그녀들을 타깃으로 한 레드계열의 만년필을 최초로 생산한 것이다. 처음에는 시애틀과 뉴욕, 시카고에서 시험판매로 시작해 대량판매로 들어갔다. 이는 여성들의 립스틱컬러를 이미지화 한 것인데 이 레드계열 만년필이 대박을 터트린 것이다. 이후로 블랙이 지배했던 만년필 시장에 컬러 만년필이 속속 등장하기 시작했다. 브랜드 가운데 이름만으로 특정한 컬러가 연상되는 브랜드가 있는데 대표적인 예가 레드를 연상시키는 코카콜라, 활기가 넘치는 옐로 컬러를 연상시키는 맥도날드, 초록색을 연상시키는 스타벅스 ....

이처럼 의사결정에 지대한 영향을 미치는 '색'이 시각을 자극하여 관심을 끌고 나아가 소비자들의 욕구를 충족시키는 단계를 넘어 건강까지 가져다준다면 어떨까. 이 경우 아마도 소비자의 선택은 훨씬 쉬워진다. 우리 생활 전반에 영향을 주고 있는 컬러 돌풍은 비단 농업분야라고 해서 예외가 될 수 없다. 다만 타 소비재와 달리 먹거리에 있어서 컬러열풍은 '건강', '웰빙', '로하스', '힐링'과 깊은 관련이 있다. '보기 좋은 떡이 먹기도 좋다'라는 말이 그대로 통하는 대목이다. 농산물 제품디자인에 '색'이 가진 매력을 적극 활용하기도 하지만 농산물 그 자체의 자연그대로의 '색'에 대한 관심이 훨씬 크다. 갖가지 색의 자연먹거리에서 질병예방, 체력증진, 노화방지, 면역력 강화, 기억력 증진, 해독 등의 효능이 부각되면서 '먹거리 컬러열풍'은 곧 '컬러 푸드color food'가 되었다. 컬러 푸드를 대표하는 색깔로 흔히 검정, 흰색, 빨강, 주황, 노랑, 보라색, 녹색 등 7가지를 꼽는다. 식재료의 고유색에는 색깔 별로 각기 다른 영양소가 포함되어 있는 것으로 알려져 있는데, 다양한 생리작용으로 우리 몸 건강을 균형있게 유지시키므로 고르게 섭취하는 것이 좋다. 이러한 컬러 푸드의 색과 영양소를 결정하는 하는 것은 '피토케미컬phytochemical(식물을 뜻하는 파이토phyto와 케미컬chemical의 합성어)'이라는 성분으로 식물의 잎과 뿌리에서 만들어지는 모든 화학물질을 말한다. 이 성분은 식물 속에 들어 있는 화학물질로 식물 자체에서는 경쟁 식물의 생장을 방해하거나, 각종 미생물·해충 등으로부터 자신의 몸을 보호하는 역할 등을 하며 이 성분이 채소와 과일에서 색을 만드는 역할을 한다. 유독 짙은 컬러의 채소와 과일에 많이 함유되어 있다.

일반적으로 안토시아닌이 함유된 블랙 푸드, 라이코펜 안토시아닌이 함유된 레드 푸드, 엽록소가 풍부한 그린 푸드, 카로티노이드가 함유된 옐로 푸드, 플라보노이드 계열의 안토크산틴 성분이 함유된 화이트 푸드 등이 일반적으로 알려진 피토케미컬의 대표적인 예라고 할 수 있다. 검은콩, 흑미 등으로 대표되는 블랙 푸드는 항산화 효과에 탁월하며 면역력을 증가시키고 노화방지에 도움을 준다. 토마토, 당근, 딸기로 대표되는 레드 푸드는 면역력을 증가시키고 혈관을 튼튼하게 해준다. 녹차, 시금치, 케일로 대표되는 그린푸드는 손

그림 2-8. 마트에 진열된 레드 푸드, 토마토.

상된 세포를 재생시키고 해독작용과 항콜레스트롤 작용을 한다. 귤, 망고로 대표되는 옐로 푸드는 항암효과와 피부건강유지에 도움을 준다. 마늘, 연근, 무로 대표되는 화이트 푸드는 면역력을 키워 바이러스에 대한 저항력을 높이는 효과가 있다. 컬러 푸드의 이러한 효능은 '다이어트'와 '미용' 그리고 '건강'이라는 트렌드와 맞물리게 되면서 기존의 고유 색깔에만 머물지 않고 품종개발이나 자연 숙성 과정을 거쳐 색에 변화를 주는 방법으로 확대되는 경향을 보이고 있다. 소비자들 역시도 이왕이면 보기에 좋은 것을 선호하고 있기 때문에 '색채'가 농산물의 부가가치를 높이는 중요한 요소가 되고 있는 것이다. 하지만 똑똑한 소비자는 단순히 '색'에만 반응하는 것이 아니다. '맛'도 '영양'도 '색'과 함께 고려하고 있기에 컬러 푸드를 활용한 브랜드마케팅에서 절대 놓치지 말아야 할 부분임을 명심해야겠다. 독특한 빛깔의 붉은 감자와 자주색 감자는 기존감자에 비해 붉은색을 나타내는 안토시아닌 함량이 높아 항산화 기능이 월등하

그림 2-9. 마트에 진열된 컬러 푸드

고 특히 전립선암 억제 효능이 탁월하다는 것이 알려지면서 그 수요는 점점 늘고 있다.

속빨간사과[41]부터, 분홍·노랑·청색 느타리버섯, 레인보우당근, 노란수박, 삼색방울토마토에 이르기까지 고정관념을 깨는 우리 농산물의 화려한 컬러변신은 소비자들에게 맛으로 보다는 시각적으로 먼저 신선한 충격을 주고 있다. 이러한 컬러 푸드는 기존 농산물에 비해 월등히 뛰어난 기능성 성분으로 또 한 번의 감동을 선사함으로써 소비자들의 마음을 사로잡고 있다. 이처럼 상품이 아닌 이미지를 사고파는 시대에 '컬러'는 이미지를 대변하는 수단이 되고 있는 것이다. 사람의 심리를 움직이는 컬러! 이를 활용한 마케팅은 앞으로도 지속될 것이다. 국내뿐만 아니라 해외시장도 기능적 경쟁의 시대는 끝났다. 감성적 경쟁시대에 '컬러'는 고부가가치를 창출할 수 있는 중요한 브랜드마케팅의 요소가 된다. 이제 우리 농산물과 우리의 농업에도 제대로 '컬러'를 물들여 보는 건 어떨까.

■ 이야기를 사고파는 시장

내가 그의 이름을 불러 주기 전에는
그는 다만
하나의 몸짓에 지나지 않았다.
내가 그의 이름을 불러 주었을 때
그는 나에게로 와서
꽃이 되었다.

41 스위스에서 육종한 '레드러브'라고 불리는 사과품종으로 안토시아닌 성분(과육 1g당 0.329mg으로 일반 사과에 비해 4배)이 우수한 기능성 사과

김춘수 시인의 시 '꽃'의 일부분이다. 무언가에 의미를 부여할 때 비로소 그것은 특별한 존재가 된다는 의미를 담고 있다. 비슷비슷한 수많은 제품들 가운데 내가 특별한 의미를 부여하는 순간 그것은 나에게 있어서만큼은 진정한 브랜드가 되는 것처럼 말이다. 스토리텔링이 가진 힘은 이미 많은 학자들과 전문가들에 의해 알려진 바 있다. 캘리포니아대 존 닐John D. Niles 교수는 '인간은 이야기하려는 본능이 있고, 이야기를 통해 사회를 이해한다.'라고 하고 이러한 인간을 호모나란스Homo Narrans라고 말했다. 소설가 폴 오스터Paul Benjamin Auster 역시 스토리의 기능을 강조한 바 있는데, '스토리를 만들고 전달하는 것은 우리가 세상을 이해하고 삶에 의미를 부여하는 유일한 방법이다."라고 했다. 롤프 옌센Rolf Jensen의 저서 드림 소사이어티Dream Society에는 이러한 스토리가 상품구매 시 어떠한 영향을 미치는지에 대해서 설명하고 있다. 감성적이고 비물질적인 요소 즉 스토리와 같은 요소는 소비자가 상품을 선택하고 구매하는 행위에 영향을 준다고 말하고 있다.

우리가 흥미롭고 공감 가는 이야기가 깃든 물건에 값을 지불하기 시작한 것은 생각했던 것보다 훨씬 오래전 일이다. 그래서 최근 들어 스토리텔링이 마케팅의 한 기법으로 사용되고 있는 현상은 새삼스러울 일도 아니다. 고대 유물이나 고가의 명품처럼 희귀하고 값어치 있는 대상에는 항상 탄탄한 스토리가 그 브랜드의 가치를 뒷받침해 주고 있다. 사람들은 그 대상이 지닌 객관적인 사실보다는 '누가 어디서 어떻게'라고 대상을 설명하는 배경이 되는 이야기를 더 중요하게 여긴다. 스토리는 그 대상을 좀 더 특별하고 신비하게 만드는 힘을 지니고 있어 결국엔 대상의 가치를 높이는 역할을 한다. 스토리가 가진 이러한 영향력 때문에 요즘 소비시장에서는 스토리텔링이 적용되지 않는 제품을 찾아보기가 오히려 어려울 정도다. 제품에 얽힌 특별한 이야기를 소비자에게 들려줌으로써 구매활동을 앞둔 소비자의 마음에다가 브랜드에 대한 관심과 애정을 형성하도록 하는 감성지향적인 커뮤니케이션방법이 바로 스토리텔링 마케팅이라고 할 수 있다. 스토리는 소비자가 브랜드를 친숙하게 느낄 수 있도록 하고 마음에 새기도록 하는 커뮤니케이션 방안이기 때문에 생산자는 이를 적극 활용한다. 초창기에는 브랜드를 알리기 위해 흥미위주로 진행했던 것이 대부분이었지만, 차츰 브랜드 철학을 강조하고 일관된 이미지를 심어주기 위해서 단순히 흥미를 추구하기 보다는 지속적으로 브랜드 가치를 창출할 수 있는 스토리텔링에 힘을 싣고 있는 이유도 그 때문이다. 이러한 스토리텔링도 처음부터 마케팅 기법으로 사용된 것은 아니다. 우리는 하나의 제품을 접할 때 그에 얽힌 스토리도 자연스럽게 함께 접하게 되는데 이러한 현상이 언젠가부터 아주 당연한 것이 되었다. 하지만 우리에게 익숙한 이 스토리텔링은 본래 인문학 문학용어에서 유래한 것으로 이제는 다양한 분야에서 주요키워드로 떠오르고 있다.

이야기를 싫어하는 사람이 있을까. 누구나 이야기 듣는 걸 좋아하고 재미있는 이야기에는 호감을 갖기 마련이다. 이야기는 사람의 감수성을 자극하는 효과적인 수단이다. 우리는 태어나면서부터 죽을 때까지 온통 이야기에 둘러싸여 살아간다. 이야기는 생각하는 관점을 바꿔주기도 하고 더 오래 기억할 수 있도록 도와주며 때로는 완전히 다른 의미를 부여해 새로움을 주기도 한다. '이야기하기'를 의미하는 스토리텔링storytelling[42]은 과거 문학에만 국한되어 사용되었지

42 스토리(Story)'와 '텔링(Telling)'의 합성어로, 스토리(story)는 줄거리가 있는 이야기를 의미하고, 텔링(telling)은 매체의 특성에 맞는 표현 방법을 말한다.

만 사회전반에 걸쳐 사용되기 시작하면서 중요한 키워드로 역할을 해나가고 있다. 우리가 일상생활에서 늘 주고받는 '이야기'는 우리의 감성을 자극해 마음을 움직이게도 하고 몸을 움직여 행동하도록 만드는 마력을 갖고 있다. 그래서 같은 상품이라고 할지라도 어떤 이야기를 부여하느냐에 따라 상품의 가치는 완전히 달라지기도 한다. 특별한 존재, 브랜드로 거듭나게 하는 것은 다름 아닌 '이야기'가 가진 힘이다. 이야기는 소비를 이끄는 힘의 원천이 된다. 이러한 이유로 많은 기업들이 그들의 브랜드를 알리고 가치를 높이는 브랜드마케팅전략으로 이야기의 힘을 활용하고 있다. 알리고 싶은 요소들을 직접적으로 강조하기보다는 그 안에 담긴 의미나 감성적인 이야기로 소비자들에게 다가가고 있는 것이다.

물건을 만들기만 하면 무조건 팔리던 시대가 있었다. 순전히 수요가 공급을 초과하던 산업혁명기 때의 얘기다. 공급이 절대적으로 딸리던 그 시기에는 생산만 하면 소비할 사람은 얼마든지 항시 대기상태였다. 하지만 비슷비슷한 물건이 넘쳐나는 지금은 어림도 없는 얘기라는 것을 우리는 잘 알고 있다. 하루가 다르게 발전하고 있는 첨단기술로 좋아지는 기능과 세련된 디자인, 고품격 서비스, 만족스러운 품질까지 시장에 나온 모든 제품들은 하나같이 우열을 가리기조차 쉽지 않다. 차별화라는 무기가 절실하게 필요하게 된 것이다. 이는 물건을 생산하는 기업에게도 이를 구매하는 소비자에게도 공통된 확인사항이다. 점점 더 가열되고 있는 브랜드 홍수 속에서 살아남기 위해 차별화를 외치는 이들의 선택은 자사의 브랜드를 들어줄 고객들에게 이야기를 통해 친근하게 접근하는 것이다. 언제부터인가 소비자들은 단순히 제품만 구입하는 것이 아니라 그 브랜드가 뿜어내는 이미지를 구입하기 시작했다. 브랜드 이미지를 통해 자신의 삶의 일부분을 표현해 내기도 한다. 그 제품에 깃든 이야기, 그 이야기에서 전하는 가치를 소비자 스스로가 판단하기 시작한 것이다. 이야기는 우리들의 관심을 끌고 공감과 몰입을 통해 신뢰를 불러일으킨다.

방대한 정보와 메시지들이 넘쳐나는 시대에 우리는 살고 있다. 그래서 조금 더 자극적이고 조금 더 강력한 메시지가 필요하다고들 말한다. 하지만 이젠 이정도로도 충분치 않다. 상대를 설득하고 소통할 수 있는 이야기가 필요하다. 믿음을 전할 수 있는 진정성 있는 이야기는 사람의 마음을 움직일 수 있는 힘을 갖고 있다. 공감을 불러일으키고 믿음이 갈 때 비로소 행동으로 실천할 구실을 마련하기 때문이다. 일방적인 이야기가 아닌 공감을 불러일으키는 상호작용적인 이야기라면 진정성의 강도는 더욱 커질 것이고 그 이야기가 갖는 힘은 오래도록 지속될 수 있다.

스토리텔링의 효과를 제대로 본 대표적인 사례로 에비앙Evian을 빼놓을 수 없다. 프랑스혁명이 일어난 1789년, 신장결석을 앓고 있던 한 프랑스 귀족이 에비앙이라는 알프스 작은 마을에 요양을 왔다. 그 귀족은 오래전부터 이 마을의 지하수가 몸에 좋다는 이야기를 전해 듣고 꾸준히 마시게 되었는데, 그 결과 병을 완쾌하게 되었다. 이를 계기로 에비앙 마을 지하수에 대한 연구가 진행되었는데, 놀랍게도 해발 4,800m에 위치한 알프스 산맥의 심장부에서 끌어올린 만년설이 15년간 빙하 최적층을 일정한 속도로 통과하며 자연 여과되어 내려오면서 그 물 안에 불순물들이 깨끗이 정화되었기 때문에 특히나 미네랄 성분이 풍부하게 함유하고 있다는 사실이 알려지게 되었다. 이에 1879년 프랑스 정부는 에비앙 생수를 공식 판매하도록 허가하고 세계 최초로 물을 상품으로 출시하게 되었다. 이러한 이야기를 통해서 에비앙은 그냥 물이 아닌, '몸에 좋은 물', '신비로운 약수'의 이미지를 구축하는데 성공했다. 젊음을 회복할 수 있다는 메시지를 스토리텔링을 통해서 지속적이고 일관적으로 전달하고 있으면서도 철저한 관리 또한 브랜드 이미지를 유지하는데 있어서 한 몫을 하고 있다. 물의 순수함을 그대로 보존하기 위해 에비앙은 취수원 근처에는 농가뿐만 아니라 공장도 들어서지 못하게 철저하게 보호하고 있으며 일일 200회 이상의 자체 검사뿐만 아니라 검역기관이 검사를 수시로 실시하여 수질의 안전성을 유지하고 있다.

가로수길을 걷다보면 보기만 해도 군침 도는 초코아이스크림을 든 사람들을 쉽게 만날 수 있다. 그 주인공은 바로 벨기에 브뤼셀에서 만든 80년 전통의 세계적인 명품 초컬릿 고디바GODIVA다. 유독 이 초컬릿이 인기를 끄는 이유 역시 스토리를 빼놓고 이야기할 수 없다. 고디바의 이야기는 11세기 중세 영국에서 출발한다. 1057년 영국 중서부에 위치한 워릭셔주 코번트리Coventry 지방의 영주였던 레오프릭Leofric 3세는 당시 전쟁으로 소요된 피해를 메울 목적으로 주민들에게 가혹한 세금을 거둬들였는데, 고액의 세금과 폭정을 일삼아 그곳 주민들은 궁핍한 생활을 이어가고 있었다. 이를 안타깝게 여긴 영주의 부인 고디바는 세금을 줄여줄 것을 남편에게 부탁하였지만 이는 받아들여지지 않았다. 영주는 부인이 다시는 이런 말을 꺼내지 못하도록 '말을 타고 알몸으로 마을 한 바퀴를 돌면 그 청을 들어주겠다.'고 약속한다. 이에 고디바 부인은 영주의 제안을 받아들였고 실제로 알몸을 한 채 마을을 돌았다. 이러한 사실이 마을 사람들에게 미리 알려졌고 고디바 부인의 마음에 감동한 마을 사람들은 그녀가 마을을 지나는 동안 모두 문을 닫고 밖을 내다보지 않았고 약속대로 영주는 세금을 내렸다고한다. 이러한 고디바 부인의 숭고

한 정신과 고귀한 품성은 사람들에 의해 전설로 전해지게 되었다. 또한 훗날 '고다이버즘Godivism'이라는 말이 상식이나 관행을 깨는 정치 행동을 의미하는 말이 되는데 영향을 주었다. 실제 영국 잉글랜드 코벤트리 대성당 앞에는 말을 탄 고디바 부인의 동상을 볼 수 있다. 그리고 이곳에는 해마다 그녀를 기리기 위한 고디바 축제도 열린다.

고디바 부인의 이러한 전설적인 이야기 속에서 전해지는 고귀하며 세련된 이미지를 벨기에 브뤼셀의 쇼콜라티에chocolatier 장인이었던 조셉 드랍스Joseph Draps가 고디바 초컬릿 브랜드 이미지에 그대로 적용하였다. 조셉은 전설적 이야기를 그대로 살려 부인의 이름을 딴 고디바를 브랜드 네임으로, 말을 타고 있는 고디바 부인의 모습을 심벌로 각각 사용했다. 1956년이 되던 해 브뤼셀 그랜드 플레이스에 첫 매장을 열고 이어 해외에도 파리 생토노레 거리를 시작으로 뉴욕, 도쿄, 홍콩 등에 약 650여개의 해외 매장을 운영하면서 고디바의 브랜드 가치를 높이고 있다. 올해로 91주년을 맞은 고디바는 탄탄한 브랜드 스토리를 배경으로 최고의 품질을 자랑하는 원료와 쇼콜라티에의 섬세한 기술이 힘을 더해 고디바의 맛과 명성을 지켜오고 있기에 세계인들의 사랑을 한 몸에 받는 명품 초콜릿 브랜드로 자리매김하고 있다.

우리 농업분야는 어떨까. 브랜드가 소비자와 소통하는 가장 이상적인 방법으로 스토리텔링이 적합하다면 농업도 이를 적극 활용해야한다.

'청정자연에서……', '철저한 유기농 재배를 통한……', '정성을 한가득 담아……' '최고의 맛을 자랑하는 ……'

하나같이 똑같은 미사어구로 도배되어 있다는 생각이 든다. 틀린

그림 2-10. 가공식품의 스토리텔링 사례 - 양배추이야기

말 하나 없는 사실이라 하더라도 이런 천편일률적인 수식 어구는 소비자의 관심조차 끌기 어렵다. 너나 할 것 없이 우리 농산물이 최고라고 홍보하지만 야속하게도 정작 소비자의 눈에는 모두 비슷비슷한 농산물일 뿐이다. 지금까지의 제품광고가 성능과 기술 중심의 내용이 주를 이루었던 것과 마찬가지로 농산물 역시 맛과 효능, 생산기술과 같은 기본적이고 어찌 보면 공통된 사항들만 내세우는데 있어서 이제는 한계를 느끼게 되었다. 이미 과열될 데로 과열된 시장에서 농산물의 생산지, 품질, 생산과정, 가격만으로는 특별한 상품으로 선택받을 수 없다.

경쟁 상품과의 차별화는 이제 소비자들의 관심을 이끌어 낼 수 있느냐와 그것을 좋아하게 만드는 데에 달려 있다. 그 과정에서 가장 효과적인 수단이 바로 '이야기'를 활용하여 브랜드 이미지를 구축하는 것이다. 소비자들이 동경하는 꿈, 이야기를 상품의 개발부터, 유통, 광고 등 모든 과정에 접목시키는 것이다. 상품자체의 기능이나 품질을 강조하기 보다는 그것에 담긴 의미와 가치를 제공함으로써 소비자와 브랜드의 소통을 유도할 수 있다. 그들이 흥미를 느끼는 이야기를 통해 접근하면 훨씬 더 쉽게 다가갈 수 있다. 생산품의 우수성을 입증할 수 있는 각종 인증서와 수치상의 자료들도 물론 중요하다. 하지만 이보다 품질 좋은 상품을 생산하기 위해 불철주야 애쓰는 농부의 땀방울에 얽힌 이야기나 이렇게 지극정성으로 탄생한 농산물에 꾸준한 사랑을 보내고 있는 충성스런 단골들의 이야기에 사람들은 더 관심을 갖는다. 다만 이러한 이야기들은 일회적인 이야기에 그쳐서는 안 되며 연관된 이야기들이 꼬리에 꼬리를 물고 지속적으로 일관된 이미지를 구축해야 한다. 이는 곧 생산자가 소비자들에게 진정으로 하고 싶은 이야기이자 소비자들 또한 생산자에게 듣고 싶은 이야기가 될 것이다. 이렇게 해서 브랜드는 좀 더 단단해지게 된다.

하늘의 뜻인 농사는 해마다 불가항력으로 들이닥치는 자연재해라는 난관 앞에서는 속수무책으로 당할 수밖에 없는 존재가 된다. 1991년 일본의 아이모리현 또한 그러했다. 연이어 찾아온 불청객 태풍 탓에 일본 최대사과산지로 이름난 이곳을 쑥대밭으로 만들어 버렸고 이곳 농민들을 망연자실하게 했다. 여느 때처럼 사과수확을 해야 할 시기가 됐지만 태풍이 휩쓸고 지나가 날벼락을 맞은 이곳 상황은 암울하기만 했다. 이처럼 절망적인 상황에서도 희망을 본 이가 있었으니 한 사람의 발상의 전환이 가져온 힘은 예상보다 대단했다. 모진 비바람에도 나무에 붙어 있는 사과를 평년 가격의 10배에 준하는 몸값을 자랑하는 '태풍사과'로 둔갑시켰으니 말이다. 품질도 맛도 과거에 비해 확연히 떨어지지만, 다른 여느 때에는 없었던 '절대로 떨어지지 않는 사과'라는 값진 이야기를 가지고 있기 때문이다. 입시나 입사를 앞두고 있는 이들을 위한 선물로 사람들은 태풍사과가 들려주는 이야기에 열광하며 이 특별한 사과를 선택하는 것이다. 그들은 '사과'를 산 것이 아니라, 그 사과에 깃든 '가치'에 그들의 바람과 염원을 담아 기꺼이 지갑을 연 것이다. 창의적인 아이디어에서 시작된 이야기가 가져다 준 힘이 얼마나 대단한지를 보여주는 예라고 할 수 있다.

이렇게 재미있는 이야기는 강력한 생명력을 갖고 오래도록 지속된다. 농부가 자신의 이야기를 진솔하게 소비자에게 들려줌으로써 농산물만 판매하는 것이 아니라 이야기를 통해서 소비자에게 감성도 전달하게 된다. 농사일을 하면서 겪었던 크고 작은 사건사고들, 수확의 결실을 맺기까지의 모든 에피소드는 재미있는 이야깃거리가 된다. 성공적인 스토리텔링을 위해서는 소비자의 관심을 끌 수 있도록 스토리 자체를 독특하고 재미있게 구성해야한다. 농업과 관련된 상품들의 스토리텔링이 비교적 소비자의 관심을 받지 못하고 있는 이유는 대부분 전통적인 소재에 집중되어 있기 때문이다.

소비자들의 라이프 사이클이 어떤지, 그들의 관심사가 무엇인지를 한번 고민해본다면 너무나도 자명한 결과라고 할 수 있다. 우리 농산물을 먹고 농촌으로 아이들 체험활동이며 휴가를 보내기 위해 방문할 그들은 바쁜 일상생활에 치여 여유가 없고 늘 피곤하다. 그래서 그들은 사랑하는 가족에게만은 좋은 것을 먹이고 싶고, 빡빡한 일상에서 벗어나 한적하고 오염되지 않은 낙원에서 몸도 마음도 위로받고 싶어 한다. 사랑, 낭만, 그리움, 어린 시절의 추억은 공통된 키워드다. '역사적 사실', '전통', '전설' 등 무형자원과 '재배지 특

그림 2-11. 이야기가 있는 농산물 택배서비스

성', '품질' 등은 모두 좋은 소재거리지만 과연 소비자들의 입장에서 한번만이라도 고민해 본다면 딱딱하고 재미없는 이야기는 멀리하고 싶을 것이다. 하지만 역사와 전통에 기반을 둔 재미있는 스토리전개라면 얘기가 다르다. 같은 소재를 활용하더라도 그들의 생각, 그들의 관심사, 그들의 삶과 연계된 감성과 향수를 자극하는 무언가와 연결고리를 찾아 엮는다면 완전히 다른 스토리로 탈바꿈해 곧 관심의 대상이 된다. 스토리에는 전달하고자 하는 명확한 메시지가 있어야 하고 단편적인 이야기 전개를 지양하고 일관성 있게 연속성을 갖춘 스토리 전개가 필요하다. 이를 통해 생산자와 소비자 간의 공감대를 형성할 수 있고 브랜드가 갖고 있는 철학을 제대로 전달할 수 있다.

안전하고 품질 좋은 상품을 원하는 소비자와 신뢰를 형성할 수 있는 최상의 방법은 생산과정에서 빚어지는 정직하고 성실한 생산자의 메시지를 진정성 있게 담아내는 것이다. 이 상품은 이를 공유한 고객들에게 있어서만큼은 흔하디흔한 상품들 가운데 하나가 아닌 이미 특별한 관계를 맺은 브랜드로 자리하게 된다. 고객이 사랑하는 브랜드가 된다는 것은 이처럼 애정 어린 노력이 뒷받침되어야만 비로소 가능한 일이다. 스토리가 있는 상품이 히트상품이 되고 끊임없이 스토리를 만들어내는 기업이 살아남는 시대가 되었다. 농업도 마찬가지다. 하지만 농업에 이야기를 더하는 일 못지않게 경쟁력 있는 농축수산물을 생산해 내는 일이 무엇보다 중요함을 절대 잊어서는 안 된다. 상품시장에서 품질이 가장 기본적인 조건이듯 농업에서 품질과 안전성 역시 가장 기본적으로 갖추어야할 조건임을 말이다. 잘 포장된 이야기가 사랑받는 브랜드를 만드는 일등공신이라 할지라도, 소비자들의 브랜드에 대한 신뢰와 충성심은 그들이 동경하고 공감하는 그 이야기 이면의 있는 생산자의 성실함과 정직함 그리고 진정성으로 일관된 땀의 결실에서 비롯된다는 사실을 명심해야 할 것이다.

■ 디자인으로 아름다운 농업

우리는 지금 하이테크시대를 넘어 하이터치[43]를 요구하는 시대에 살고 있다. 얼핏 들더라도 감동, 감성이 중요한 시대가 되었다는 것을 알 수 있다. 하이터치의 개념을 조금 더 살펴봐야겠다. 다니엘 핑크의 『새로운 미래가 온다A whole new mind』에는 다가올 미래를 '하이컨셉'과 '하이터치'의 시대로 설명하고 있다. 다니엘이 그의 책에서

43 세계적인 석학이자 미래학자인 폰 네이스비츠(John Naisbitt)의 저서 「메가 트렌드」에서 소개한 하이테크에 반대되는 인간적인 감성, 고감도(高感度)를 의미

말하는 '하이터치'의 개념은 타인과 공감하고 미묘한 인간관계를 잘 다루며 자신과 타인의 즐거움을 잘 유도해 내고 목적과 의미를 발견해 이를 추구하는 능력이다. 그 설명만큼이나 복잡 미묘한 개념이다. 이 복잡 미묘한 개념이 요구되는 시대라니, 그만큼 우리들의 욕구가 다양해지고 복잡해졌다는 얘기일지도 모르겠다. 하이터치의 시대에 접어들면서 각광을 받게 된 분야가 바로 디자인 영역이다. 우수한 품질의 제품과 서비스는 이미 넘쳐나고 있어 '풍요'를 넘어 이미 '과잉'의 시대와 마주하다 보니, 단지 기능적 욕구만 채워서는 고객에게 그 어떤 만족도 선사하지 못하게 되었다. 따라서 시각적인 아름다움을 통해 감동을 전달할 수 있는 디자인 분야가 급부상하게 된 것이다. 일찍이 그 중요성을 알고 있는 기업들은 경영전반에 디자인을 과감히 도입하고 전폭적인 지지와 함께 기업의 모든 전략에 적용하고 있다. 과거의 디자인과 현재의 디자인은 어떤 차이가 있을까.

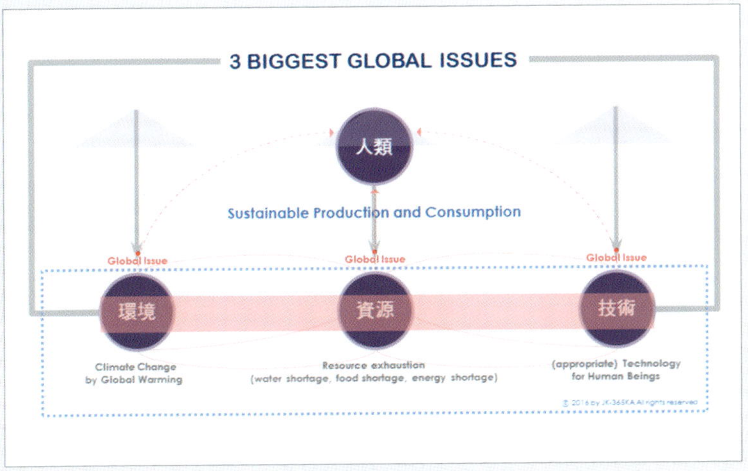

그림 2-12. Global Issues

오늘날 지구촌의 공통된 이슈들은 지구온난화, 식량부족, 에너지 고갈, 자연재해, 기아, 사회 불평등, 고령화, 빈곤 등 참 많다. 지구 반대편의 고민거리가 곧 우리의 고민거리가 될 만큼 우리는 좁은 '세계'라는 울타리 안에 살고 있다. 어쩌면 그들에게 닥친 지금의 시련이 곧 우리가 내일 겪게 될 예고치 못한 사고일 수도 있기에 그들의 문제는 곧 우리의 문제가 되는 충분한 이유다. 그 많고도 많은 지구촌 과제들을 공통분모를 찾아 분류해 나가다 보면 크게 3가지로 압축해 볼 수 있다. 환경, 자원, 기술이 그것이다. 점점 뜨거워지는 지구에 대한 고민, 당장은 아니지만 곧 닥칠, 물과 식량과 에너지 부족이라는 자원 결핍에 대한 고민, 최첨단 하이테크 덕분에 편리하고 빠른 생활의 혜택을 보고 있지만 그만큼 드러나는 부작용들에 대한 대응방안은 전 세계가 공통으로 안고 있는 빅 이슈이자 동시에 해결해 나가야 할 과제다.

디자인 역시 사람이 하는 작업이며 디자인의 목적도 결국 인간의 더 나은 미래를 위한 노력이라는 측면에서 볼 때, 환경문제와 자원

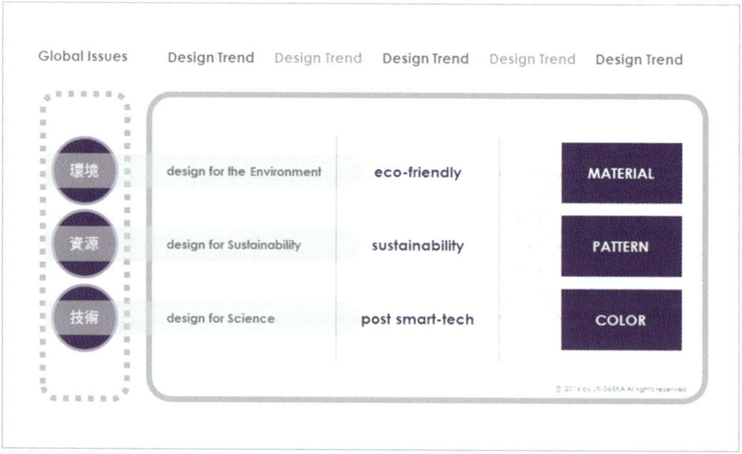

그림 2-13. Design Trend

결핍 그리고 따뜻한 기술을 지향하는 글로벌 이슈의 영향을 받는다. 인간과 환경에 해가 되지 않는 친환경을 지향하는 디자인, 자원의 결핍을 고민하는 지속가능성을 지향하는 디자인, 끝으로 다음세대의 스마트한 기술은 오로지 인간을 생각하고 사회적 약자와 소외된 이들을 돌아보고 배려하는 따뜻하고 착한 기술을 지향하는 디자인이 그것이다. 이렇게 큰 틀에서 디자인을 생각하다 보니 자연스레 그 역할과 기대도 그만큼 넓어지고 커졌다. 요즘 디자인의 영역도 참 많이 다양해졌다. 과거 디자인이라고 하면 그 대상의 범위가 상품에 한정되어 있었던 것이 사실이다. 하지만 요즘 보면, 상품을 넘어 공간으로 이동하기도 한다. 모든 영역에서 디자인을 필요로 하고 있기 때문이다.

하나의 상품에서 시작된 디자인은 이제 기업으로 도시로 국가로 때론 공공의 목적으로 그리고 시골의 어느 작은 마을 모임에서도 필요한 것이 디자인이 된 만큼 생각의 한계를 벗어나 그 영역을 자유로이 넘나들고 있다.

우리 농업에도 이러한 바람이 일지 말라는 법은 없다. 가치경쟁시대에서 농업은 더 이상 1차 산업에만 머물러 있지 않는다. 건강과 아름다움에 열광하고 시대적 의무에 고민하고 실천하는 소비자들의 특징을 고려해 이들의 감성과 공감할 수 있는 변화의 흐름에 함께 동참해야 한다. 디자인의 목적이 단순히 예쁘게 보이는데 그치지 않고 내용물을 좀 더 가치 있게 전달하는 것에 있다면 농업에서도 디자인은 함께 가야할 동반자임에 틀림없다. 하지만 이 역시 지금 농업이 처한 환경과도 무관하지 않다. 예전처럼 농업이 1차 산업에만 머물러 있다면 디자인과의 만남은 여전히 어색했을지 모른다. 2차, 3차 산업을 지나 6차 산업으로 접어든 농업에게 이제 디자인은 선택

그림 2-14. Global Design Issue

이 아닌 필수다. 오랜 시간 땀 흘려 온갖 노력을 다해 애지중지 키워낸 소중한 농산물이 똑같은 포장에 쌓여 소비자에게 전달되는 순간, 농사를 지으면서 차마 하지 못한 농부의 이야기와 하루하루 정직과 땀으로 일관한 농장일기는 그대로 묻히게 된다. 하지만 브랜드와 디자인을 만나면 이 안타까운 사연은 재미있는 이야기로 탈바꿈해 소비자의 마음을 끌어당기는 매력요소가 될 수 있다. 농업이 제 가치를 인정받기 위해 디자인이 필요한 이유다. 과거 가격경쟁, 품질경쟁시대를 지나 경험경제시대에 돌입하게 되면서 모든 산업에 있어서 디자인의 역할이 중요해진 것과 같이 농업에 있어서도 소비자의 감성을 자극할 수 있는 디자인이 절실하다는 인식이 점차 확산되고 있다.

농업에 디자인이 접목된 형태는 1차 생산물과 가공품의 패키징, 유통에 해당하는 농산물 패키징 디자인agriculture product package design 즉, 상품 부분과 농가, 마을, 지자체의 브랜딩에 해당하는 농촌 디자인rural design 즉, 공간부분으로 나누어 볼 수 있다. 농산물과 그 가공품의 패키징 디자인에 있어서 가장 중요한 것은 내용물의 신선도, 맛, 영양을 그대로 전달할 수 있는 기능적인 요소와 제품의 특징적 정보와 가치를 전달할 수 있는 커뮤니케이션 능력이다. 그러고 보면 외부의 오염물질을 막고 내용물의 형태를 그대로 보존하기위한 내용물 보호의 기능이 주된 목적이었던 과거 패키징의 기능과는 많은 차이를 보인다. 요즘은 디자인이라는 손길이 닿지 않은 곳을 찾기가 어려울 정도지만, 농업이야 말로 디자인이 꼭 필요한 분야가 아닌가 하는 생각마저 들 정도다. 아주 다행스럽고도 기쁜 일은 디자인이라는 도구를 통해서 농업을 아름답게 표현하는 움직임이 국내외에서 활발하게 일고 있다는 사실이다. 디자인을 필요로 하는 의식 있는 농가들이 하나 둘 생겨나기 시작했고 지역의 품질 좋은 농산물을 알리고자 디자인이 필요성을 몸소 느끼고 적극 도입, 지원하는 자치단체장도 있고 무엇보다 농업을 디자인의 대상으로 보기 시작한 전문 디자이너들도 늘어나고 있다는 소식이 반갑다.

지난 2011년 5월 4일 서울대학교 대강당에서는 '농식품 디자인 경영 색을 입히다'를 주제로 농식품 지식정보 세미나가 개최된 바 있다. 한국농림수산정보센터와 서울대 농업생명과학대학이 주관한 이 행사는 디자인 감성시대에 농식품 트렌드와 마케팅에 대한 방안을 제시함으로써 농업과 디자인의 만남에 서막이 열렸음을 시사했다. 이어 2012 서울디자인페스티벌에서는 '농사와 디자인'이라는 특별 기획전을 열어 농업이 디자인을 만나면 새로운 가치를 만들어 낼 수 있다는 것을 알리는 계기를 마련했다. 전문 디자이너들이 만든 옷을 입고 새롭게 태어난 정직하고 품질 좋은 우리 농산물들의 소식도 제법 들린다. 지난 5월에도 산업통상자원부와 전남도가 주최하는 2016 세계친환경디자인박람회가 25일간 열렸다. 이처럼 농업과 디자인의 만남에 대한 지속적인 관심은 관계자뿐만 아니라 일반인에게 농업의 가치를 일깨워주는 소중한 기회이기도 하다. 농업의 디자인 바람은 농가에서도 마찬가지다. 2010년 그래픽 디자이너 이장섭씨와 경북 봉화군의 사과농부 이봉진씨가 만나 탄생한 파머스파티, 쌈지농부와 착한 농사를 짓는 소농인들이 만나 탄생한 농부로부터, 2013년 12월 제일기획과 자연농법으로 포도를 재배하고 있는 실미원의 만남으로 탄생한 포도 식초 패키징 디자인까지 더 많은 디자이너들이 농부를 만나고 있다.

농산물이 꼭 브랜드를 달거나 패키징 디자인을 통해서만 디자인적인 가치를 표현할 수 있는 것은 아니다. 그 예를 보여주는 이색적인 공간이 있다. 일본에는 품질 좋은 농산물을 생산해 내기 위해 고집스럽게 애쓰는 농가들이 유독 많다고 알려져 있다. 이들의 노력을 헛되지 않게 그리고 명품이상으로 질 좋은 농산물의 가치를 제대로 알리기 위해 도심 가운데 한 레스토랑이 문을 열었다. 2007년 선보인 '농가의 부엌(農家の台所)'이 바로 그 주인공이다. 구니타치(国立)팜에서 기획하고 KF다이닝KF-Dining 주식회사에서 운영하고 있는 이곳은 도시에 있는 소비자들에게 맛과 품질이 우수한 농산물의 가치를 알리기 위해 일본 각지의 농산물을 모아 '멋'을 제대로 입힌 사례다. 전국 각지의 신선하고 품질 좋은 농산물을 구경할 수도 있고 맛도 볼 수 있으며 이를 직접 구매할 수도 있는 식자재 마트 겸 레스토랑이다. 이곳에서는 자체 물류센터를 통해 농가에서 직접 농산품을 받아 이곳으로 배송하고 있기 때문에, 가장 신선한 상태에서 공급이 가능하며 농가에도 공급받는 소비자에게도 착한 가격의 혜택을 제공하게 된다. 또한 이곳은 일본의 전통농가의 부엌을 그대로 재현해서 방문고객에게 농가의 생활방식과 주거문화까지 체험할 수 있도

록 함으로써 향수를 불러일으키는 일본 내 명소로 자리하게 되었다. 여러 종류의 신선한 농산물을 맛보고 구입할 수 있다는 것 외에도 이곳에 유명한 이유는 곳곳에 재미요소가 가미된 이색적인 인테리어다. 벽을 장식하고 있는 농가 포스터부터 옛 농가의 부엌에 마련된 샐러드 바 그리고 매장 내에 직접 재배하고 있는 농산물 등이 그것이다. 포스터에는 농사짓는 농부의 프로필이 빼곡히 적혀있다. 농부의 얼굴과, 이름 그리고 그들만의 고집스러운 농사철학을 고스란히 담고 있다. 이러한 농산물 실명제는 소비자에게 신뢰도를 줄 수 있을 뿐만 아니라 농가끼리 겨루는 투표 이벤트를 통해 재미도 제공하고 있다.

우리와 가장 가까운 중국 산동반도 최동단에 위치하고 있는 룽청Rongcheng(荣成)시는 해양자원이 풍부하기로 유명한 해양식품도시다.

그림 2-15. 룽청 민속촌

그림 2-16. 룽청 민속촌

그 명성에 걸맞게 각종 해산물을 활용한 다양한 요리들이 유명한 곳이기도 하다. 중국 8대 요리중 하나로 손꼽히는 이곳 산둥지방의 요리는 맛이 농후하고 마늘과 파를 많이 쓰며 해산물 요리가 크게 발달한 것이 특징이다. 호텔이나 유명한 식당들에서 선보이는 음식들도 하나같이 맛깔스러움을 자랑하지만 이곳에서 유독 필자의 눈길을 끄는 식당이 두어군데 있었다. 그중 한 곳은 문화혁명시절을 그대로 재현해낸 분위기가 이색적인 곳인데, 식당 내부 인테리어만 그런 것이 아니라 직원들의 유니폼도 당시 밀리터리룩으로 갖추어 입고 있는 것이 꽤 인상적이었다. 아기자기한 식당 입구를 들어서면 유쾌한 미소로 환하게 맞이하는 지배인을 만나게 되고 이내 마치 수산물 시장을 방불케 하는 신선한 해산물들이 펼쳐진 코너에 시선을 빼앗기게 된다. 다양한 종류에 한번 놀라고 방대한 양에 또 한 번 "와"하는 탄성이 절로 나온다. 이곳에서 원하는 식재료를 고르면 요리사는 그 재료들로 요리를 준비해 손님 테이블에 내어놓는다. 풍부한 지역의 식재료를 가장 신선한 상태에서 고객에게 제공할 수 있으니 이보다 더 좋은 아이템이 있으랴. 이곳에 사는 지역민에게는 식상할지 몰라도 적어도 타지 사람들에게는 산해진미를 맛보는 즐거움에 보는 즐거움까지 더해 두 배의 만족을 느낄 수 있는 곳이라 생각한다.

롱청 시내에서 외곽으로 한참을 달리다가 한적인 시골길에 접어들어 오르막길을 오르자면 확 트인 공간사이로 드넓게 펼쳐진 다시마 양식장이 한 눈에 들어오는 곳을 만나게 된다. 농가에서 직접 운영하는 농가식당인데 별실처럼 하나씩 작은 캐빈 형태로 구성되어 있다. 캐빈 내부공간은 조금 협소해도 여느 식당들처럼 기본적인 것들은 모두 갖추고 있다. 호텔과 시내에 있는 식당에서 느낄 수 없는

그림 2-17. 롱청 농가식당

시골의 정취를 고스란히 느낄 수 있다는 것이 농가식당만의 매력이다. 물론 칸막이 없는 중국 전통 화장실이 당황스럽고 특히 여름철이면 모기떼를 조심해야하는 불편함도 존재하지만, 그럼에도 불구하고 이 농가식당이 좋은 이유는 또 있다. 우거진 나무 사이로 그 경계를 알 수 없을 정도로 끝없이 펼쳐진 푸른 하늘과 파란 바다를 바라보고 있노라면 그곳에 서 있는 자체로 힐링이 되는 기분이 든다. '내가 서 있는 이 자리, 이 각도에서 바라보는 공간은 그 어떤 디자인도 필요하지 않다.'라는 생각이 들 정도로 말이다. 감탄을 자아내는 자연과 투박하고 시골스럽게 정겨운 식당외관 그리고 소박하지만 맛깔스러운 요리가 3박자를 이루면서 이곳 농가식당만의 독특한 분위기를 자아내고 있다. 이처럼 먹는 즐거움과 보는 즐거움을 넘어서서 감성을 자극하는 요소는 경쟁력 있는 농업을 만들기 위해 반드시 필요하며 이는 지역적 특색을 고스란히 잘 살린 농업 디자인이기에 가

그림 2-18. 보성 녹차밭

능한 일이다.

이보다 한 발짝 더 나아가 더 큰 공간적 개념에서 디자인을 만나게 되면 농촌은 새로운 무대가 된다. 아름다운 풍경 하나로 도시민들을 유혹하고 있는 경관농업이 그 주인공이다. 경관농업은 농촌에서 농작물을 재배하는 모습이 주변과 조화롭게 어우러짐 자체를 하나의 관광자원으로 보는 것인데, 이를 통해 관광테마를 만들어 지역경제 활성화에 기여할 수 있다. 하늘의 뜻을 따르는 땅이자 대한민국 생태관광 1번지인 순천만, 해발 350m의 초록물결 보성 녹차밭, 국가지정명승지 제 15호인 가천 다랭이논, 문학의 숨결이 살아 숨쉬는 봉평의 메밀꽃단지, 모두 하나같이 하늘이 준 선물이다.

농업이 디자인을 만나 한층 더 아름다워지고 그동안 숨겨져 보이지 않았던 제 가치를 비로소 인정받을 수 있는 것은 분명한 사실이다. 하지만 안타깝게도 이러한 현상을 인정하고 필요성을 실감하는

그림 2-19. 순천

농가는 극히 일부에 불과하고 아직까지 대부분의 농가에서는 농업의 가치증대와 디자인의 연관성에 대해 솔직히 실감하지 못하고 있는 실정이다. 지금부터라도 디자인에 대한 잘못된 편견을 버리고 제대로 이해하고 올바르게 활용할 수 있도록 하는 노력이 필요하다. 왜냐하면 농업이 디자인을 만날 일은 앞으로 점점 더 잦아질 것이기 때문이다. 이 시점에서 무엇보다 잊지말아야할 사항이 있다면 겉만 번지르르한 것이 마치 디자인의 목적인 양 오해해서는 안 된다는 것이다. 지난 2016년 5월에 중국에서 해양식품도시 브랜드 대회가 열렸다. 국내에서 과거 지방자치제 실시 후, 앞 다투어 도시브랜드와 지역특산물 브랜드 개발이 경쟁적으로 진행되었던 것처럼 이제 중국에서도 브랜드의 중요성을 인지하고 농축수산식품이나 도시, 농촌에 '브랜드'와 '디자인'의 개념을 더하는 열풍이 시작되었다. 필자는 외국인으로서 유일하게 이 대회에 참석해 최고상을 수여하게 되었는데, 대회를 준비하는 기간 동안 그리고 수상 후 정부부처 관계자

그림 2-20. Seafood City Brand Contest

를 설득하는 과정에서 문화적 차이와 서로 상이한 업무처리방식으로 인해 쉽지 않은 시간을 보냈던 기억이 아직도 생생하다. 중국 역시 세계적인 트렌드에 영향을 받고 있기 때문에 '브랜드'와 '디자인'의 필요성은 느끼고 있지만, 아직까지 그 두 가지 개념에 대한 확실한 구별조차 생소하게 여기는 일이 허다할 정도로 갈 길이 멀게만 느껴지기도 했다. 하지만 앞으로 이와 같은 시행착오를 겪어 나가면서 세계 그 어디에도 없는 중국만의 색다른 브랜드 문화를 만들어갈 수 있을 거라는 기대감 또한 느낄 수 있었다.

이렇게 분야를 불문하고 모두가 디자인을 외치고 있는 이때, 성공한 사례만을 맹목적으로 쫓아 무조건 외형만 우선으로 생각하는 디자인만 고집한다면 진정으로 원하는 가치를 실현시킬 수 없다. 농업에 있어서 디자인의 목적을 단순하게 디자인 자체만으로 보는 시선에서 벗어날 필요가 있다. 손수 정성을 다해 재배한 소중한 농산물의 고유한 맛, 향기, 빛깔의 가치를 소비자에게 제대로 전하기 위해 필요한 하나의 과정이라고 여긴다면 말이다. 디자인으로 아름다운 농업은 이처럼 작은 실천에서 비롯되는 것이 아닐까.

Chapter 3

고가치(高價値)로의 소비문화

인간은 욕망을 충족하기 위해 재화와 용역을 써서 '소비(消費)'라는 행위를 한다. 그동안은 소비라는 행위를 통해 얻는 가치의 크기를 키우기 위해서 비용과 성능, 품질을 따지던 이성적 가치소비를 우선시 해왔다. 하지만 이러한 소비성향에 변화가 일기 시작했다. 최근 소비시장은 좀 더 주관적이고 감성적인 성향을 띄는 가치지향적인 소비를 위한 움직임이 활발해 지고 있다. 소비자 자신이 지향하는 가치를 포기하지 않고 가격과 만족도를 꼼꼼히 따져 소비하는 성향으로 자신의 만족감을 매우 중요하게 여기는 소비추세가 증가하고 있는 것이다. 이러한 가치소비는 가격과 만족도 둘 중 어디에 더 비중을 두느냐에 따라 상당히 상반적인 소비성향을 드러낸다. 가치소비를 지향하는 소비자들은 자신이 투자하는 가격 대비 혜택이 큰 것을 선택해 소비의 가치를 극대화 시키려 한다. 다시 말하면 비교적 저렴한 상품을 선택하거나 혹은 그 반대로 최상의 만족감을 주는 고가의 상품을 선택함으로써 소비가치를 상승시키려고 한다는 것이다. 전자의 경우에는 꼭 필요한 생필품이나 자주 구입해야하는 소모품에서 가격으로 가치를 측정하는 소비현상이 나타난다. 후자의 경우에는 전자기기나 가구, 자동차 등 주로 고가의 제품에서 브랜드가 가진 이미지가 구매요인의 중요한 기준이 되며 이를 통해 느끼는 심리적 만족감으로 가치를 측정하는 소비현상을 의미한다.

그림 2-21. 스타벅스 매장

이러한 양면소비현상이 동시에 일어나고 있는 것이 최근 소비시장의 소비행태라고 볼 수 있다. 과거 개개인의 소득수준이 낮고 정보력 수준이 비교적 떨어졌던 당시 상황을 감안한다면 소비자 입장에서는 분명 지금의 '가치'보다는 '품질'과 '기능'이 더 중요한 구매 결정의 기준이었음은 자명하다. 하지만 지금은 소득수준이 전반적으로 향상되고 기술수준 또한 상향평준화되어 품질 좋은 상품들을 다양한 유통채널을 통해 보다 저렴한 가격에 많은 종류의 상품들을 접하는 것이 가능해졌다. ICT[44]의 눈부신 발전은 소비자가 방대한 정보를 신속하게 직접 관리·운용하는 것을 가능케 했기에 지금은 소비자가 추구하는 '가치'가 소비시장에 있어서 무엇보다 중요한 변수로 떠오르게 한 배경이 되고 있다. 오후에 백화점에서 프라다 백을 구입하고 집으로 들어오는 길에 과일가게에 들러서는 덤을 끼워달라고 가게 주인과 흥정하는 주부, 결혼 적령기에 내 집 마련은 못했더라도 폭스바겐 티구안 2.0 TDI 블루모션을 몰고 다니는 직장인, 점심은 편의점 샌드위치로 간단히 해결하더라도 커피는 꼭 스타벅스를 찾는 대학생까지 온갖 상식과 고념관념이 무너지는 소비시장이다. 구매결정을 앞두고 가격을 보다 중요시 하는 '가격측면의 가치소비'나 이보다 만족감을 더 중요시하는 '심리적 만족측면의 가치소비'나 이 두 가지 모두 최근 소비자가 가장 중요시 하는 것은 기호에 따른 감성적 '가치'라는 것이다. 감성적 가치를 위한 그들의 소비에는 망설임이 없다.

언젠가부터 소비자들은 구입하려는 제품을 사용 후 버리는 단순한 소모품으로 생각하지 않는 경향을 보이고 있다. 스스로의 삶의 가치를 향상시키려는 이러한 현상은 소비시장에서도 그대로 반영되고 있다. 이러한 소비에서의 가치에는 환경적인 측면과 윤리적인 측면 그리고 자아만족이라는 개성적 측면 등 다양한 요인들이 작용한

44 정보, 통신, 기술(Information & Communication Technology)의 약어

다. 현대사회에서 소비자의 니즈는 날이 갈수록 다양해지고 까다로워지고 있으며 복잡하기까지 하다. 그만큼 가치에 대한 인식 또한 단순하지만은 않다. 가전제품 하나를 구입할 때만 봐도 확연히 차이가 있음을 알 수 있다. 과거엔 어느 회사가 만든 어떤 상품인지가 구매결정을 하는데 있어서 최우선 순위였지만 요즘은 어떤가? 기업과 상품의 이미지가 어떠한지, 에너지절약에 효율적인 상품인지, 구입한 상품으로 인해 누군가에게 도움이 되는지 여부를 꼼꼼히 따지고, 환경문제까지 고려해 연료소비가 비교적 적은 제품을 최종적으로 선택한다. 농산물 등의 식재료를 구입할 때에도 마찬가지다. 가격이 상대적으로 좀 비싸더라도 나와 내 가족에게 우선 안전한 것인지 어디서 어떻게 생산된 것인지를 따져서 유기농 제품을 선호한다.

소비는 기본적으로 재화와 용역을 수단으로 욕망을 해소해 가는 경제적 행위를 의미한다고 앞에서 살펴보았다. 이러한 소비행위는 개인의 욕망을 위한 목적을 넘어 이제 소비자 스스로를 표현하는 하나의 가치로 그 목적이 변하고 있다. 소비활동의 목적이 된 '가치'라는 개념에서도 변화가 주목되는데, 개인적인 차원에서의 만족에서 사회적인 차원으로의 만족추구로 확장되고 있다는 점이다. 다시 말해서 소비자들은 제품, 서비스의 가치를 인식할 때 이제 사회규범적인 측면까지 고려하기 시작했다는 얘기다. 기업의 구성원이 사회적으로 물의를 일으키거나 옳지 못한 행동으로 해당 기업의 이미지에 타격을 입히게 되면 소비자들은 바로 그 기업의 모든 상품과 서비스를 외면하게 된다. 최근 언론을 통해 보도된 후, 적지 않은 파문을 일으켰던 '조폭 우유', '라면 상무', '폭행 빵회장', '식품회장의 운전기사 상습폭행사건' 등 불미스런 사건들이 그 좋은 예라고 할 수 있다. 불황이라고 해서 무조건 저렴한 비용 자체가 구매에 영향을 주는 것이 아니라 식료품만큼은 생산지와 생산자를 꼼꼼히 따져 살피는가 하면, 동일한 조건의 상품을 두고 이왕이면 친환경 기업이나 사회적 기업제품을 선택하기도 하고 당장 필요한 물건이 아니라면 다양한 정보망을 통해 할인시기를 기다리는 등 구매 타이밍을 조절해 가격과 품질을 동시에 추구하는 똑똑한 소비 형태를 보이기도 한다. 소비자들의 이러한 가치소비의 성향에 영향을 받아 기업 역시 이러한 소비성향이 반영된 마케팅전략에 초점을 맞추고 있다. 예술과 제휴를 통해 신상품을 선보이기도 하고 소비자들의 그린소비심리를 고려해 친환경경영에도 힘을 쏟고 있는 등 가치에 소비하는 소비자들의 요구를 반영하기 위해 애쓰고 있다. 자신이 가치를 부여하거나 본인에게 혜택이 크거나 만족도가 높은 소비재는 과감히 소비하고 지향하는 가치의 수준은 낮추지 않는 대신 가격, 만족도 등을 꼼꼼히 따져 합리적으로 소비하는 성향을 가진 소비자들. 이들이 점점 더 똑똑해지고 까다로워지고 있다. 경제적 측면에서의 효용인 '가격'과 정신적 만족감을 의미하는 '가치', 어쩌면 서로 상반된 이 두 가지 만족을 동시에 얻기를 바라고 있는 것이다. 이른바 고가치로의 소비성향이 점점 짙어지고 있는 것이다.

예전에는 비교적 저가의 상품에는 해당사항이 없었던 '가치 찾기'가 가격여부에 상관없이 반영되고 있다. 단지 가격이 싸다거나 기능이 좋다거나, 디자인이 독특하다고 해서 소비자들은 선택하지 않는다. 호감 가는 브랜드 컨셉과 기업이미지를 잘 담아내는 상품인지를 따져본 후에 구매결정을 한다. 고가치 소비시장의 소비자들은 이제 더 이상 상품만을 구입하기 위해서 지갑을 열지는 않는다. 해당 상품이나 서비스와 더불어 그것이 갖는 브랜드 이미지까지 함께 구입하면서 자기만의 가치소비를 실현하고 있다. 분명한 것은 점점 더 복잡 미묘해지고 있는 가치소비시대가 펼쳐지고 있다는 사실이다. 이러한 소비자들에게 다가서기 위해서 제품이나 서비스를 생산해내는 입장에 있는 이들이라면 무엇보다 그들의 까다로운 니즈에 접근할 수 있도록 보이지 않는 가치창출에 집중해야 한다는 사실을 잊지 말아야 할 것이다.

■ 착한 생산, 착한 소비

우리는 매일 소비를 한다. 기본적인 의식주를 해결하기 위한 소비에서부터 값비싼 명품을 소유하고자 하는 소비까지 다양하다. 소비형태도 각양각색이고 구매 패턴도 다양하다. 어떤 소비를 선택하느냐는 온전히 구매력을 가진 소비자의 몫이다. 최근 소비자들은 물질적인 가치를 추구함과 동시에 정신적인 가치를 추구하면서 스스로의 소비에 의미를 부여하고 있다는 사실은 이미 앞서 살펴보았다. 그들은 소비라는 행위를 통해서도 소비자 스스로의 삶의 질을 높이고 지역사회에 공헌하며 나아가 병든 지구를 구할 수 있다고 여길 뿐만 아니라 이러한 소비행위 자체에서 가치를 발견하는 경향이 갈수록 두드러지게 나타나고 있다. 이러한 현상이 짙어지는 이유는 생활이 윤택해지고 삶의 질이 향상될수록 소비자들은 이러한 가치에 더 큰 비중을 두기 때문으로 해석하고 있다. 일명 '고가치로의 소비문화' 그 첫 번째, 친환경 생산과 그 소비에 대해 살펴본다.

산업혁명은 눈부신 경제발전과 더불어 개인의 삶에도 물질적인 풍요와 다양한 혜택을 가져다주었다. 그러나 아이러니하게도 생활은 윤택해졌지만 그만큼 지구는 시름시름 앓게 되었다. 인구는 급속도로 증가하고 산업은 대량생산이 가능하게 되면서 무분별한 자원개발로 인해 환경이 파괴되기 시작했고 하나 둘 늘어나는 공장에서 배출되는 폐수와 유독가스, 매연은 결국 자연을 병들게 하고 인간의 건강을 위협하게 되었다. 이러한 환경위기는 거의 모든 분야에서 에너지 절감과 대체에너지 개발 그리고 환경보호에 대한 관심을 불러일으키게 되었다. 이러한 현상은 어느 한곳에서만 집중적으로 나타나고 있는 것이 아니라 세계 곳곳에서 가장 중요하게 다루고 있는 세계 공통의 문제이자 국가현안이다. 이처럼 환경문제가 점차 심각한 이슈로 떠오르게 되면서 세계 각국의 화두는 '녹색GREEN'에 초점을 맞추게 되었고 세계 각국은 정부차원에서 환경을 보호하는 그린정책을 펴게 되었다. 현대경제연구원의 『글로벌 경제 위기와 한국경제』에서 녹색소비활성화를 위한 선진국 정책사례를 녹색소비 활성화를 위한 Green 7개국을 중심으로 다음과 같이 소개하고 있다.

독일의 경우에는 'Der Blaue Engel'이라는 친환경라벨을 세계 최초로 도입하여 1978년부터 자국내 80여개 제품군에 에너지 효율등급을 표시하고 있으며 미세분진 배출이 기준치를 초과하는 차량은 대도시 진입을 금지하는 법안을 2008년부터 시행하고 있다고 한다. 덴마크는 친환경 인증기업의 에너지, 원자재, 용수, 폐기물처리 등에 관한 보고서를 의무화하고 건설업계의 에너지 사용과 이산화탄소 배출 감소, 친환경 건축자재 사용 등을 의무화하는 '그린회계제도'를 1995년부터 도입하여 실시하고 있다. 또한 2009년부터는 모든 건축물에 에너지등급제도를 도입하여 에너지 사용량을 토대로 친환경성을 평가하여 환경문제에 대응하고 있다. 1999년 오스트리아 비엔나에서는 친환경제품의 공공구매 활동을 장려하는 '에코 바이 비엔나 Eco Buy Vienna' 프로젝트를 실시하였다. 또한 디젤분진필터DPF 장착 차량 및 이산화탄소배출이 적은 차량에 보조금을 지급하고 물류분야의 온실가스 배출감소를 위한 투자를 적극 지원하였다.

영국은 녹색소비활성화전략Changing Patterns을 통해 2003년부터 친환경제품의 개발, 고효율 생산 공정의 개발 등 산업분야에 초점을 맞추고 녹색소비를 추진하였다. 또한 시장변화프로그램(MTS)을 통해 강제적인 에너지 라벨링, 에너지 효율성 제고를 유도하고 배기가스 배출량에 따라 자동차세, 도심혼잡세, 주차비를 징수하고 있다. 핀란드는 2005년에 녹색소비활성화전략Getting More and Better from Less을 발표하고 자원사용의 효율성을 제고하기 위한 친환경기술의 개발과 사용을 촉진하고 관련 교육을 강화한다는 목표와 실천계획을 제시하고 가전제품에 에너지소비효율 등급제를 도입했으며 2008년 이산화탄소 배출에 따른 자동차세 부과를 시작했다. 스웨덴은 2006년부터 '지속가능한 가계소비운동Think twice'을 전개하고 있으며, 비만자 비율, 유기농 식품의 시장점유율, 신차의 배기가스 기준 등 실질적이고 실천 가능한 지표를 통해 국민 참여를 유인하고 있다. 네덜란드는 2007년부터 연간 약 400억 유로 규모의 중앙정부조달을 2010년까지 100% 지속가능한 녹색구매로 전환하는 계획을 추진하고 있다. 에너지별 발전단가에 대해 최대 10년간 보조금 지원, 신재생에너지 발전 및 시설투자에 대한 보조금 지원, 이산화탄소 배출량 감축을 위한 자동차세 및 도로세 등을 실시하고 있다.[45]

이러한 선진국들과 마찬가지로 국내에서도 녹색성장을 목표로 지난 2009년 7월 '녹색성장 국가전략 및 5개년 계획'을 발표하고 경제, 사회, 문화 전반에 걸쳐 환경을 고려한 녹색강국 만들기에 주력하게 되었다. 에너지와 자원을 절약하고 환경부담을 최소화하는 녹색기술

45 현대경제연구원 『글로벌 경제 위기와 한국 경제』의 녹색소비활성화를 위한 Green 7개국의 정책사례 부분 발췌, 편집

을 통해 성장 동력을 확보하는 녹색성장의 큰 틀 아래 소비문화 역시 녹색소비를 권장하는 분위기가 자연스럽게 형성되었다. 녹색성장은 어느 한 축의 힘으로만 달성할 수 있는 것이 아니다. 정부, 생산자, 소비자 각각의 균형과 조화를 이룰 때 비로소 가능한 일이다. 환경을 생각하는 소비, 녹색소비, 로컬소비, 유기농소비, 소비절제, 그린 컨슈머 모두 친환경 소비를 일컫는 표현이다. 바야흐로 '착한 생산, 착한 소비'의 친환경 소비시대가 시작된 것이다.

사회 전반적으로 환경을 보호하는 일에 대한 관심이 증가하면서 제품이나 서비스를 이용하는 소비자들 사이에서도 구매의사결정에 있어서 환경을 최우선순위로 고려하는 이들이 점차 많아지고 있다. 구매결정에 있어서 가격, 품질이 선택 기준이 되었던 그동안의 소비시장에서 친환경성을 염두에 두는 것으로 소비선택기준이 옮겨가고 있는 것을 확인할 수 있다. 개인의 만족을 위한 소비행태에서 나아가 환경과 미래를 생각하는 소비행태를 띄는 '친환경 소비'로 소비문화의 패러다임이 변하고 있다. 이러한 친환경 소비는 선진국에 견주어 보면 아직 걸음마 수준이라고 할 수 있다. 탄소배출과 에너지 사용을 저감하는 친환경 소비를 적극 장려하는 그들의 지원정책에서 찾아 볼 수 있다. 친환경 소비를 유도하는 방법으로 가장 기본이 되는 것은 환경라벨링을 들 수 있다. 환경라벨링제도는 환경과 건강에 도움이 되는 제품을 인증하는 것으로 유럽의 국가들은 1970년대 후반부터 이를 실시해 왔다. 최근 들어 탄소라벨 제품에 대한 관심이 증가하고 있는데, 이는 제품의 원료, 생산, 유통, 사용, 폐기 등의 전 과정에서 발생되는 이산화탄소량을 제품에 표시하는 마크로 소비자는 이 마크를 통해서 제품의 이산화탄소 배출량을 비교해서 선택할 수 있다. 탄소라벨을 가장 먼저 시작한 것은 영국이다. 영국의 탄소발자국Carbon Footprint은 카본 트러스트Carbon Trust가 개발한 것으로 영국 내 많은 제조업체와 유통업체가 참여하고 있다. 이 외에도 친환경 차량을 구입하면 보조금을 지원해 주고 에너지 효율이 높은 제품을 구입하는 고객에게 요금을 깎아주는 등 친환경 소비를 장려하는 다양한 인센티브 정책들도 주목을 끌고 있다.

이렇듯 전 세계적으로 친환경 소비풍토가 확산됨에 따라 이를 중심으로 형성된 녹색소비시장 또한 커지게 되었다. 이에 많은 기업들은 이 시장에 맞는 제품과 서비스를 생산해 내고 있다. 바야흐로 녹색소비를 의미하는 그린마케팅의 개념이 소비시장에 등장하게 된 것이다. 기업의 제품과 서비스 모두 친환경성에 맞추고 소비자들 역시 환경을 먼저 생각하는 기업에서 만든 제품을 선호하게 되었다. 지구촌 곳곳에서 녹색성장을 강조하고 있는 시점에서 그린마케팅은 어쩌면 너무나도 당연한 결과가 아닐 수 없다. 나라 안팎으로 환경의 중요성을 강조하다보니 기업들의 환경에 대한 사회적 책임 또한 더욱 강조되고 있다. 자연스레 생태계를 보호하고 자연환경을 보전하는 환경보호활동을 가장 중요하게 다루는 그린마케팅에 집중하고 있다.

자동차 제조사들의 경우, 친환경성과 연비에 초점을 맞춘 신차를 선보이고 있으며 이는 친환경성과 경제적 효율성을 중시하는 소비자들의 니즈를 염두에 둔 것이다. 자동차 시장에서 그린마케팅은 다시 말해서 저탄소 녹색소비를 의미하는 것으로 제품과 서비스의 구매에서부터 사용에 이르기까지 전 과정에서 탄소배출과 에너지사용을 감소할 수 있는 소비를 지향한다. 사회적 책임을 다하는 윤리경영이라고 하면 빼놓을 수 없는 곳 가운데 하나는 유한킴벌리다. 유한킴벌리의 가장 대표적인 환경공헌사업으로는 '우리 강산 푸르게,

푸르게'라는 슬로건으로 추진한 '숲 가꾸기'사업을 들 수 있다. '숲 가꾸기 사업'은 1984년부터 기금을 조성하여 NGO 단체들과 함께 나무를 심기 시작했고 숲에 관한 연구지원 및 청소년을 대상으로 한 환경교육을 실시하고 또한 직접 참여할 수 있는 프로그램을 만들어 환경에 대한 소중함을 일깨워주고 있다. 숲을 푸르게 가꾸고 환경을 깨끗하게 만드는데 앞장서는 유한킴벌리의 사회공헌 활동은 제품브랜드이미지 향상뿐만 아니라 기업 이미지까지 동시에 상승되는 시너지 효과를 주고 있다. 유한킴벌리 외에 다른 기업들도 친환경 신성장사업에 박차를 가하면서 착한생산에 초점을 맞추고 있다.

친환경분야 신성장사업으로 LG그룹은 에너지솔루션에 집중하고 있다. 친환경 에너지의 생산, 저장, 사용, 관리에 이르는 전 과정에 이르는 '토탈 에너지 솔루션'으로 친환경에너지 신사업 시장공략에 박차를 가하고 있다. GS칼텍스는 미래 경쟁력 확보를 위해 차세대 바이오연료이자 친환경 바이오케미칼인 바이오부탄올개발, 탄소소재 개발, 태양광 발전 등에 집중투자하고 있다. 이마트는 환경부와 '탄소성적표지제도' 운영에 관한 협약을 체결하고 자사 PB상품 중심으로 탄소성적표지 인증을 받아 적용할 계획이다. 홈플러스도 마찬가지로 PB상품에 '탄소라벨'을 단계적으로 부착하는 등 2020년까지 이산화탄소 배출량을 50% 줄인다는 계획을 발표하였다.

착한생산과 착한소비가 기본이 되는 친환경 사회를 구현하기 위해서는 생산분야뿐만 아니라 친환경제품과 맞물려 소비분야에서도 착한소비로 이어져야 한다. 착한소비 차원에서 그리니엄Greenium: Green+Premium 소비자라는 신조어도 등장했다. 이는 녹색프리미엄을 기꺼이 부담하는 소비계층을 의미한다. 이들은 상품의 생산, 유통, 구매, 사용, 마지막 폐기해서 처분하는 것까지의 모든 과정에서 자원과 에너지를 최소화하고 환경과 인체에 해를 끼치지 않는 상품을 소비하는 '녹색소비'를 실천함으로써 지구환경을 지키는데 앞장선다. 이처럼 착한 소비에서 중요한 것은 친환경 제품을 구입하는 직접적인 소비활동에만 한정되지 않는다. 환경을 생각하는 착한 생산을 하는 기업의 제품을 구입하는 것뿐만 아니라 그러한 소비풍토를 조성하도록 하여 더 좋은 제품을 생산할 수 있도록 장려하는 활동 또한 녹색소비를 이끄는데 있어서 중요한 역할을 한다. 녹색성장의 핵심주체로 정부 41.8%, 소비자 36.4%, 기업 19.1% 순으로 조사된 한국소비자원의 조사내용만 보더라도 소비자의 역할이 얼마나 중요한지를 보여준다.

그렇다면 녹색소비를 위한 실천방안에는 어떤 것들이 있을까. 친환경 제품을 구입하는 것도 중요하지만 꼭 필요한 물건만 구입하려는 자세도 그에 못지않게 중요하다. 불필요한 물건을 구입함으로써 자원과 에너지를 낭비하게 되는 것은 진정한 저탄소 녹색소비라고 할 수 없기 때문이다. 그리고 구매선택 시에는 사용 중에 에너지효율이 좋고 친환경 기업에서 만드는 제품을 선택하고 사용 후 폐기 시에 재활용이 가능한 제품을 선택하는 것이 필요하다. 이렇듯 친환경사회를 위해서 생산 분야는 친환경 기술 개발을 통해 친환경 제품을 생산하기 위해 지속적으로 노력해야 하며 이와 함께 소비자도 제품구입을 고려하는 순간부터 구매하고 폐기하는 순간까지 환경을 생각하는 자세를 가져야 한다. 진정한 친환경사회는 녹색생산(착한생산)과 녹색소비(착한소비)가 조화가 이룰 때 비로소 가능하기 때문이다.

환경을 고려하는 가치소비, 이러한 소비행태는 농업분야에서도 예외가 될 수 없다. 농업분야에서도 생산과정에서부터 환경을 생각하는 이른바 착한생산에서 얻는 건강하고 안전한 먹거리에 대한 사회적 관심이 날로 커지고 있기 때문이다. 최근 먹거리를 구입하는 소비자들 대부분은 안전성을 무엇보다 우선고려사항으로 두고 있는데, 이는 자연스럽게 친환경 소비의 증가를 불러왔다. 한국농촌경제연구원KREI의 『2015 국내외 친환경농산물 생산실태 및 시장전망』의 연구자료를 보면, 2014년 국내 친환경농산물시장규모는 2조 4,221억 원에서 올해 3월쯤 발표예정인 정부의 '제4차 친환경농업육성 5개년 계획'지원정책으로 인해 2017년에는 2조 7,618억 원으로, 2024년에는 4조 371억 원으로 증가할 것으로 예상하고 있어 2017년 이후 친환경농산물시장규모의 확대를 전망하고 있다.

그림 2-22. 유기농매장 초록마을

거품으로 가득하고 복잡하기만 했던 유통절차를 과감히 버린 로컬푸드 매장이 인기를 얻고 있는 모습만 보아도 알 수 있고, 나와 내 가족의 건강을 위해서라면 조금은 비싼 감이 있더라도 기꺼이 유기농 농산물을 구입하겠다는 소비자들이 많아지고 있는 것이 그 증거라 하겠다. 요즘은 여기서 한 단계 더 나아가 환경을 살리고 생물의 다양성을 인정하는 차원에서도 이런 의미 있는 소비를 실천하는데 보다 적극적인 소비자들이 많다. 유독 농업분야에 있어서만큼은 나 자신보다 환경과 인권 그리고 생명의 존엄성 등 윤리적인 가치에 더 비중을 두어야 한다는 움직임이 일고 있는데, 눈여겨 볼 부분이라 하겠다.

착한생산을 한번 들여다보자. 농약이나 화학적 비료를 이용해 농작물을 지배하는 것과는 달리 친환경 농법은 농약과 화학비료로부터 토양과 농작물을 보호하기 때문에 토질을 지름지게 한다. 또한 농경지 내에 해로운 것이 없어 다양한 생물자원의 공존이 가능하기 때문에 농업의 선순환을 이루어 지속가능한 농업을 실현한다. 친환경 농업의 공익적 가치는 어마어마하다. 우리 삶을 지탱해주는 근본인 농업을 소중히 여기고 이를 지키기 위해 노력하는 일을 그 무엇보다 게을리 해서는 안 되는 이유다.

온실에서 재배한 과일이나 채소는 본래의 재배환경을 유사하게 조성해 주어야 하는데 이때 어마어마한 양의 이산화탄소를 배출하게 된다. 환경보호를 위해서라면 제철 과일과 채소를 선택해 소비하는 일이 올바른 선택이다. 또한 먼 거리에서 재배한 농산물이 우리의 밥상위에 놓이기까지의 과정을 생각해 본다면 어떤가? 되도록 수확직후의 상태를 최대한 유지하기 위해 각종 화학적 처리를 감수해야함은 물론이고 긴 시간 이동수단을 이용하기 때문에 이에 따라 소모되는 탄소발자국은 온실가스 배출에 상상이상의 영향을 미친다는 사실을 소비자들은 이미 인지하고 있다. 환경문제가 전 세계의 공통과제가 된 만큼 환경보호는 너나 할 것 없는 우리 모두의 숙명이 되었고 이는 친환경 소비라는 소비행태로 구체화되고 있다.

다행히도 최근 소비자들이 동일 품목에서 가격비교를 통해 단순 먹거리를 구입하던 이전의 소비행태에서 벗어나 개인의 건강을 중요시하기 시작하면서 보다 안전하고 믿을 수 있는 먹거리를 선호하게 되었고 이는 점차 생산자와 환경을 배려하는 착한 소비로의 가치를 추구하는 소비문화로 자리 잡게 되었다. 이러한 경향은 이윤을 목적으로 하지 않고 안전한 먹거리를 제공하면서 착한 소비를 추구하는 소비자 중심의 생협과 협동조합을 등장시키는 배경으로 작용하기도 한다. 친환경 생산을 선택하는 친환경 소비는 우리생활 가까이에 있다. 바른 생각에서 출발한 바른 소비실천이 친환경 소비를 충분히 가능케 한다. 환경문제, 식량문제 등 거시적 현안에 대한 관심과 올바른 친환경 소비라는 행위를 통해 나타나는 것이다. 친환경 소비는 생산자에게는 땀의 가치에 대한 정당한 대가를 지불하는 것이고 소비자에게는 안전하고 건강한 먹거리를 제공하는 것이자 지구에게는 생태계를 보호하고 지속가능한 농업환경을 보전하도록 하는 진정한 가치소비의 실천이라고 할 수 있다.

소비자가 원산지를 확인하고 안전한지의 여부를 꼼꼼히 따지는 것은 자신과 가족의 건강과 환경보호에 가치를 두는 소비활동을 펼치고 있기 때문이다. 농산물 시장의 소비추세마저 이렇다보니 생산자들 입장에서도 당연히 가치소비에 초점을 맞추고 있는 소비자들을 겨냥한 그린마케팅에 집중하게 되었다. 농업분야에서도 마찬가지로 소비자의 욕구를 읽고 이를 충족시킬 수 있는 상품과 서비스를 공급하는데 초점을 맞추고 있기 때문에 '건강', '웰빙', '힐링', '안전', '환경' 등의 키워드는 현재의 트렌드를 반영한 그린마케팅의 핵심이라고 할 수 있다. 농업분야에서 그린마케팅의 목적은 착한 생산에 착한 소비를 권장하는데 있다. 풀어서 말하자면 친환경 농법으로 생산한 건강한 농산물을 국민들에게 제공함으로써 농가소득을 향상시키고 농촌에 활기를 불어넣어 국내 농업의 발전을 도모함과 더불어 국민들의 삶의 질을 높이는데 있다.

그렇다면 이러한 착한생산과 착한소비를 가능하게 하는 기본 조건은 무엇일까. 우선 생산자의 입장에서 소비자가 원하는 고품질 안전한 농산물을 제공하는 것이다. 품질인증제HACCP, GAP(친환경농산물인증), 원산지표시제, 이력추적제 등을 통해 안전하게 재배한 농산물임을 입증하는 방법이 소비자에게 신뢰를 줄 수 있다. 환경과 인체에 무해한 포장재 선택과 디자인을 하는 것 또한 좋은 방법이다. 또한 불필요한 유통과정을 단순화하여 소비자에게 효율적인 가격을 제공하는 것도 필요하다. 소비자들에게 친환경 농업의 공익적 가치를 알리는 일과 이를 보증하는 관련 인증마크에 대한 정보를 꾸준히 알리는 것은 정부와 관련단체에서 나서야 할 일이다. 그렇게 되면 점점 더 많은 현명한 소비자들이 가치 있는 소비에 동참하게 될 것이다. 친환경 생산과 친환경 소비는 지구를 살리는 길이자 나와 내 가족의 건강과 이웃(생산자)까지 배려하는 가치 있는 일이다. 소비에 있어서 만족이라는 것은 다분히 개인적인 것이어서 거기에는 분명 정도의 차이라는 것이 존재한다. 하지만 다음 세대를 위해 병든 지구를 살리는 것에 가치를 두고 이를 실천하는 일에 동참하게 되면서 이러한 움직임 하나하나를 스스로의 감성적 만족으로 여기게 된다. 물론 여기에는 나 자신과 가족의 건강을 생각하는 선택에서 오는 만족과 이웃(생산자)과 환경을 생각하는 선택에서 오는 만족이 공존한다. 어느 것이 우선이냐를 따지기보다는 하나의 선택으로 두 배의 만족을 느낄 수 있는 것이 바로 가치소비라는 사실이다. 가치를 추구하는 소비성향으로 생산자 역시 그들의 정직함과 성실함으로 소비자에게 다가가야 한다는 사실도 잊어서는 안 될 것이다.

농업시장에서 가치소비를 지향하는 소비자는 단순히 제품만 선택하는 구매자가 아니라 새로운 변화를 이끌어낼 원동력이 되는 존재다. 다음 세대와 더 나은 미래를 생각하는 오늘을 사는 소비자들의 지혜로운 선택, 작은 행동의 변화가 농업시장을 미소 짓게 할 수 있다.

■ 브랜드 가치가 이끄는 소비파워

베이비워터, 수소수, 산소수 그 이름도 생소한 이들은 휘발유보다 비싼 몸값을 자랑하는 생수, 하루 숙박료가 1만 5천 달러에 달하는 초호화 호텔, 한 끼 식사가격을 웃도는 고급 디저트, 100만원을 호가하는 가격에도 없어서 못 판다는 아동용 패딩 …

불황이니 경기침체니 해서 소비심리가 위축되었다고 떠들썩하지만 프리미엄 시장에서는 통하지 않는 얘기다. 주말이면 프리미엄 디저트 가게가 북새통을 이루고 수입제품의 대중화와 더불어 프리미엄화가 고착된 유아용품 시장이 그러하며 커피 한잔에도 커스터마이징customizing[46]이 적용되고 있는 소비풍토가 이를 잘 설명해 주고 있다.

세상이 온통 프리미엄 천국이다. 감성소비의 경향이 짙어질수록 프리미엄에 대한 욕망의 시장은 무한대로 커지고 있다. 스스로 가치 있다고 생각하는 물건에 대해서는 과감하게 투자하는 소비자들이 존재하기 때문이다. 그들은 자신의 가치를 업그레이드 시켜주는 지출을 지향한다. 이러한 소비를 가리켜 포미FOR ME[47], 소비자는 포미FOR ME족이라고 지칭하는 신조어까지 등장했었던 것을 보면

---

46 소비자의 기호, 취향, 요구에 따라 제작된 맞춤형 상품과 서비스

47 건강(For health), 싱글족(One), 여가(Recreation), 편의(More convenient), 고가(Expensive)의 알파벳 앞글자를 따서 만든 신조어

이러한 소비경향의 강세가 어느 정도인지 짐작이 가고도 남는다. 감성적 만족이라는 측면에 가치를 두는 이들의 소비행태는 과거에는 주로 고관여 제품에서 두드러지게 나타났는데, 당시 프리미엄 제품을 타인 과시용으로 소비했던 경향과는 다르게 요즘 그들의 가치소비는 자기만족적인 성향이 강하다는 점에서 차이를 보인다. 패션업계에서 식품업계에 이르기까지 다양한 분야에서 '고품질', '고기능', '유기농', '맞춤형 1대 1 서비스' 등 고가의 프리미엄 브랜드들이 두각을 드러내고 있다. 마시는 생수부터 자동차, 주거공간에 이르기까지 이러한 경향을 대변이라도 하듯 프리미엄이라는 수식어가 붙어 있지 않는 것을 찾기가 오히려 어려울 정도다. 이는 대부분의 소비자들이 무엇보다 건강, 만족, 힐링, 품격을 우선시 하는 가치소비에 집중하게 되면서 다소 고급스러운 이미지에 희소성이 있는 프리미엄 브랜드에 대한 선호도 역시 증가했기 때문이다. 장기적인 경기침체와 어수선한 사회적 분위기 속에서 심리적으로 위축되면 정신적 안정과 여유를 갈망하게 되는 탓에 이를 치유할 수 있는 프리미엄 제품들이 인기를 끄는 현상이 지속되고 있는 것이다. 이러한 현상은 타인과 차별화된 특별한 대우를 받기 원하는 소비자의 욕구와 딱 맞아 떨어지고 있다.

최근 소비의 패러다임을 보면, 가격이나 기능을 따지기 보다는 개인의 기호에 의한 구매로 이어지는 가치소비성향으로 변화하고 있다는 것을 알 수 있다. 개인의 기호가 구매의사결정을 좌우하다보니 작은 것 하나를 선택함에 있어서도 개성이 묻어난다. 인간은 누구나 타인과 구별되는 자신의 존재를 인정받고 싶은 기본적인 욕망을 가지고 있는데 이를 반영한 것이라 할 수 있겠다. 이들은 자신을 위해서라면 고가의 프리미엄 브랜드를 구입함에 있어 조금의 주저함이 없고 타인이 흉내 낼 수 없는 유니크한 자기만의 상품을 소유하기를 원한다. 이러한 소비욕구를 반영하듯 기업에서도 컨셉, 디자인, 스토리, 감성적 체험을 중점적으로 마케팅전략에 반영하고 있다. 가치를 추구하는 소비자의 개성 있는 라이프스타일의 변화에 기업들 또한 이를 겨냥한 상품과 서비스를 선보이게 되면서 프리미엄 시장은 더욱 견고해지게 되었다.

특이한 점은 '경기가 안 좋다', '사업하기 힘들다', '수출률이 감소했다', '서민살림살이가 어렵다' 등의 경기침체가 이어지는 상황 속에서도 고가의 프리미엄 제품들이 지속적으로 강세를 띄고 있다는 점이다. 일명 소비시장의 양극화현상이 나타나고 있는 것이다. 한 가지 놀라운 사실은 그동안 프리미엄 브랜드라고 하면 주로 고관여 제품을 중심으로 형성되었다.

하지만 요즘은 고관여 제품을 벗어나 생수, 커피 등 저관여 제품에까지 프리미엄 바람이 불고 있다. 이는 과거에 언급되었던 소비양극화현상으로는 설명이 되지 않는다. 그동안 소비이원화 즉, 양극화현상이 저소득층의 소비와 고소득층의 소비로 대변되었다면 최근 소비양극화현상은 가치소비라는 큰 틀 안에서 동시에 나타나고 있다. 소비자 자신이 가치 있다고 판단하면 고가의 브랜드라도 구입하는데 주저하지 않고 알뜰하게 구매할 수 있는 상품에 대해서는 쿠폰과 포인트 할인혜택까지 받으며 실용적인 구매를 하고 있다. 이러한 가치소비경향이 하나의 소비문화를 이루어 계속되는 한 프리미엄 시장은 이와 더불어 계속 성장할 것이다. 가치소비를 지향하는 소비자들은 자신에게 미치는 중요도가 가장 큰 품목에 대해서는 지출을 줄이려는 노력보다 오히려 과감히 투자하는 경향이 있는데, 이러한 점이 프리미엄 시장을 키우는 요인으로 작용하고 있다. 프리미엄 브랜드를 고집하는 소비자들은 제품에 그것이 갖는 기능 이상의 상징적 의미를 부여한다. 다시 말해 '기능적 활용'보다는 '상징적 소유'에 더 큰 가치를 둔다는 얘기다. 프리미엄 브랜드가 제공하는 유니크한 가치는 소비자의 구매욕을 자극하기에 충분히 매력적이다. 이는 프리미엄 브랜드가 소비자의 정서적 욕구를 충족시켜 충성도를 확보하는데 영향을 미치는 것과도 연관성이 있다. 앞으로는 점점 더 브랜드가 갖는 가치에 집중하게 될 것이다. 가격과 품질은 더 이상 차별화요소가 될 수 없다. 계속되는 경기침체 속에서도 고객 니즈와 트렌드를 파악하고 소통하면서 고객 감동을 실천하는 제품 즉, 소비자 자신이 가치 있다고 판단하는 것에는 기꺼이 소비를 하는데 일말의 망설임도 없다. 이는 바로 프리미엄 브랜드가 갖는 힘이다. 하지만 기존에 희소성을 강조했던 프리미엄 브랜드 역시 상품의 영역이 확장되면서 넘쳐나는 시대가 되었다. 따라서 진정한 프리미엄 브랜드로 인정받기 위해서는 브랜드 고유의 차별적 가치를 만들어야 한다.

흔히들 말하는 명품은 소비자들 사이에서 프리미엄 브랜드로 대변된다. 특별하게 만들어진 작품이나 아주 좋은 고가의 물건을 의미하는 명품 말이다. 하지만 브랜드 측면에서 보면 프리미엄 브랜드를 판단하는 가장 큰 기준은 고객이 느끼는 가치의 크기다. 희소성, 가격, 기능, 디자인 이러한 요소만으로는 프리미엄 브랜드를 판단하는 기준으로 충분치 않다. 고객이 느끼는 가치의 크기를 키우는 방법은 선망의 대상으로 만든다는 것과도 같다. 여기에서 빼놓을 수 없는 것이 바로 브랜드 헤리티지Brand Heritage다. 이는 바로 역사와 전통을 통해 빚어낸 가치에 무게를 두고 오랜 시간을 거쳐 축적해온 브랜드 고유의 색, 그 속에서 브랜드 가치는 빛을 발한다. 흉내 낼 수 없는 장인의 기술은 오랜 시간을 지내면서 전통을 만들고 이러한 전통은 시대에 맞게 브랜드 이미지를 계속해서 다지게 된다. 프리미엄 시장에서 이들은 서로 경쟁하게 되고 경쟁을 통해 그 브랜드 가치는 더욱 커지게 된다.

일반 소금보다 무려 10배가 더 비싼 프리미엄 천일염, 일반 주스에 비해 1,000원이나 값이 더 나가는 프리미엄 착즙주스, 마블링스코어 NO.9으로만 구성한 90만 원대 프리미엄한우세트.

이처럼 프리미엄 열풍은 농업분야라고해서 다르지 않다. 좀 더 나은 품질과 자신에게 특별한 가치를 제공해 주는 프리미엄 브랜드에 대한 소비자들의 뜨거운 관심이 낳은 결과다. 안전하고 믿을 만한 재료로 맛도 영양도 차별화한 제조공정을 통해 프리미엄 브랜드를 생산해 내고 있는 식품업계는 그야말로 경쟁이 치열하다. 점점 까다로워지고 있는 소비자들의 취향을 사로잡기란 쉽지가 않다. 식을 줄 모르는 건강에 대한 관심, 각종 스트레스로부터 지친 심신을 위로받기를 원하는 심리, 나날이 고급스러워지는 입맛이 이제 우리 농산물도 엄선된 좋은 재료로 만든 프리미엄 브랜드여야만 하는 이유가 되었고 또 소비자들이 이러한 프리미엄 브랜드에 열광하는 이유가 되어 버렸다. 1차 생산물인 농수산 식재료부터 가공품에 이르기까지 프리미엄 시장에서 '유기농', '인공첨가물無', '원재료 100%' 등은 빠지지 않고 등장하는 키워드다. 이처럼 프리미엄 제품만을 고집하는 가치소비현상이 농업 시장에서도 두드러지게 나타나고 있다. 비싸더라도 자신과 소중한 가족의 건강을 생각해 좀 더 안전하고 신뢰할 수 있는 제품을 선택한다. 소비시장의 흐름이 이렇다보니 생산자 입장에서도 자연스럽게 트렌드를 반영하게 되었다. 친환경 농법으로 생산하는 것은 기본이고 수요가 많은 품목은 고가의 제품으로 가공해서 프리미엄 시장을 공략하는 전략에 초점을 맞추고 있다.

그림 2-23. 서울 농부의 시장 2012

2012년, 필자는 주말이면 하루도 빠짐없이 광화문 장터에 나갔다. 전날 프로젝트로 인해 밤을 꼬박 새우는 경우가 생기더라도 단 한주도 거르지 않고 참석했다. 서울시에서 주최하고 쌈지농부에서 주관을 맡아 운영한 '서울 농부의 시장'이라는 주말장터였다. 농사를 짓지 않는 필자가 무슨 일로 주말장터에 참여를 했을까 싶지만 서울 인근에서 특수채소를 재배하는 지인이 이곳에서 농산물을 판매하였는데, 재능기부차원에서 여름부터 초겨울까지 이 행사에 함께 했었다. 운영기간 내내 의아했던 것은 함께 장터에 나온 타 농산품에 비해 1차 농산물부터 가공품까지 전 항목이 비교적 고가였음에도 불구하고 판매가 꾸준히 이루어졌다는 사실이다. 루꼴라, 바질, 비트 등의 1차 특수채소 수확물과 바질 페스토, 유기농 들기름과 참기름 등 다소 흔하지 않은 아이템이라는 상품의 가치도 한 몫을 했을 터지만, 유기농법으로 생산하고 수확한 농산물로 직접 가공해 만든 수제품으로 '착한생산에 기반을 둔 착한 먹거리'를 모토로 한 컨셉이 장터를 운영하는 기간 내내 단골고객을 만든 인기비결이 아닐까 하는 생각이 든다. 판매 상품들 가운데, 가장 인기가 있었던 바질 페스토만 보더라도 직접 생산해 수확한 질 좋은 생바질에 프리미엄 이탈리아산 파마산 치즈와 최고급 엑스트라 버진 올리브오일을 고집해 만들었다. 그래서 시중에 판매중인 상품들과는 비교 자체가 불가능했다. 손수 만드는 수제라 매주 판매할 수 있는 수량은 한정적이었지만, 이곳의 진한 바질 페스토를 한번 경험해 본 이들은 꼭 다시 찾아 왔고 현장에서 구입하지 못한 이들은 전화로 예약주문까지 마다하지 않았다.

이제 프리미엄 브랜드는 우리 삶의 일부로 자리 잡았다. 더 이상 어느 특정계층만이 누릴 수 있는 특권도 아니고 범접할 수 없는 고가의 가격으로 평가받던 때와는 완전히 다른 개념이 되었다. 소비자들은 자신이 특별하다고 느끼는 브랜드와 개인적 기호에 맞는 브랜드 가치에 공감을 느끼고 자신의 일부로 받아들임으로써 더욱 돈독한 관계를 형성하고 있다.

우리 농업에서도 이러한 프리미엄시장의 특성을 제대로 알고 대처해야 할 것이다. 경쟁력을 갖춘다는 명목으로 차별화를 외치지만 정작 어떤 것이 진정한 차별화인지도 고민해야할 부분이다. 단지 '품질 좋은 상품이다.'라는 흔하디흔한 전략이 아닌 소비자가 가치 있다고 느낄 수 있도록 그들에게 만족을 선사하는 전략이 필요하다. 명품농산물이나 그 가공품이 만들어지기까지의 과정을 그들이 공감할 수 있는 감성적 측면으로 다가가는 것에서부터 시작해 다양한 경험들을 통해 그들과 하나의 소비문화를 형성해 가는 것은 정말 중요한 일이다. 빠르게 발전하는 기술과 환경 그리고 꽁꽁 얼어붙은 경기침체에서도 꾸준히 소비자들의 사랑을 받는 브랜드가 있다. 생활비를 줄여야하는 상황에서도, 우선 지출해야하는 항목이 별도로 있음에도, 지금 당장 쓰임이 없음에도, 이 모든 상황에도 불구하고 소비자의 선택을 지속적으로 받고 있는 브랜드. 그곳에는 분명 소비자의 기대치를 저버리지 않는 노력이 존재한다. 충성고객만을 위한 아주 특별한 이야기로 그들만의 문화를 만들면 이는 곧 소비를 통해서 자아실현과 삶의 질을 높이고자하는 그들에게 또 하나의 가치로 자리 잡게 된다.

■ 가치를 지향하는 똑똑한 소비

소비시장에서 가치소비가 증가하게 되면서 이는 단순히 개인의 가치만을 추구하는 것이 아니라 함께 누리는 공적 가치도 더불어 추구하게 되는 윤리적 가치소비 즉, 착한소비에 대한 인식이 커지고 있다. 나의 소비가 우리 삶의 터전인 지구를 더 이상 병들지 않게 하고 가난한 이들을 빈곤에서 벗어날 수 있도록 하는데 있어서 조금이라도 힘이 된다면 어찌 가치 있는 일이라 말하지 않을 수 있을까. 언젠가부터 우리는 소비라는 행위에 나만을 위해서가 아닌 내 이웃을, 내가 속한 지역을, 사회를, 환경을 생각하는 가치지향적인 의미를 부여하기 시작했다. '고가치로의 소비문화', 그 세 번째, 공정무역, 로컬푸드, 사회적 기업으로 잘 알려져 있는 또 하나의 가치소비에 대해 알아본다.

소위 이러한 가치소비를 '윤리적 소비'라고 사람들은 말한다. 그러나 생산과 소비가 철저히 분리된 오늘날과 같은 현실에서는 자급하지 않는 모든 소비는 원칙적으로 윤리적이라고 말할 수 없다는 의

견도 분분하다. 이도 그럴 것이 환경에 해가 되지 않는 소비를 위해 로컬푸드를 장려하면서도 제 3세계 생산자들을 위한 공정무역 또한 장려하고 있으니 환경적 측면에서 보면 과연 '공정무역은 윤리적 소비가 맞는가?'라는 의문이 드는 건 부인할 수 없다. 먼 거리에서 구입하는 모든 소비재는 생산에서부터 포장, 보관, 유통, 폐기에 이르는 전 과정에서 많은 양의 탄소발자국과 함께 심각한 양의 쓰레기를 남겨서 결국 환경에 적지 않은 부담은 주기 때문이다. 하지만 윤리적 소비가 지향하는 바를 고려한다면 이를 따져서 비판하기에 앞서 그 취지를 알고 최소한의 도리를 지키려는 노력이 필요하지 않을까라는 생각을 해본다. 이처럼 윤리적 소비에 대해 무엇이 옳고 그른지에 대한 논쟁은 다분하지만 더 나은 세상을 위해 더 나은 방향을 선택한다는 취지에는 이견은 없다. 더 나은 세상을 만들기 위한 나의 올바른 소비, 다시 말해 착한생산을 하는 이에게 정당한 값을 지불하고 우리 사회의 약자들과 함께 나누며 동물과 자연에 해를 입히지 않고 지속가능한 농업을 지지하는 모든 소비행위가 이에 해당하며 이는 결국 나 자신과 가족, 지역, 사회, 환경을 건강하게 하는 더 나은 내일을 위한 현명한 선택이다.

올바른 판단에 근거를 두고 행동으로 실천하는 소비. 윤리적 소비는 어떻게 시작되었을까. 19세기 영국에서 세계 최초로 결성된 소비자협동조합에서 그 모습을 찾아볼 수 있다. 로치데일조합Rochdale Society of Equitable Pioneers[48]은 건강문제에 심각성을 느낀 노동자들이 모여서 안전한 식재료를 공동구매하여 지역 노동자들에게 저가에 제공하였다. 로치데일조합에서 시작된 이러한 윤리적 소비는 건강,

48 랭커셔 지방의 직조공 28명이 로치데일에 설립한 글랜드 최초의 소비자협동조합(1844년 12월 21일)

이웃, 사회. 환경을 고려하는 새로운 개념의 소비행태로 떠오르기 시작했다. 에너지를 절약할 수 있는 제품, 친환경 제품, 로컬푸드, 동물실험을 하지 않는 제품, 유기농 제품 등의 친환경 소비뿐만 아니라 생산자에게 정당한 대가를 지불하는 공정무역까지 아우른다. 세계적으로 이러한 가치소비행태가 증가하고 있는데 LG경제연구원에서 이에 대한 근거로 다음 3가지를 들어 설명하고 있다. 자신의 삶을 돌아보며 삶의 의미와 목적을 찾고 있는 현대인들의 정신적 가치 추구 현상이 윤리적 소비로 변하고 있다는 것이다. 또한 가격보다는 제품이나 서비스가 제공하는 기본적인 혜택과 동시에 자신이 추구하는 가치에 더 중점을 둔다는 것이다. 마지막으로 실천하는 방법적인 측면에서도 보더라도 과거에 비해 다양해져서 접근이 용이해졌다는 것을 그 이유로 들고 있다.

이처럼 윤리적 가치소비경향이 짙어진 데에는 똑똑한 소비자들의 등장이라는 배경과 무관하다고 볼 수 없다. 빠른 무선네트워크의 보급, 모바일 기기의 대중화, SNS Social Networking Service 의 확산으로 언제, 어디서나 인터넷에 접속할 수 있게 되었고 소셜미디어를 통해 쇼핑정보를 공유하는 소비문화가 확산됨에 따라 상품을 구매하기에 앞서 가격, 품질, 상품평, 기업정보, 고객서비스, AS등을 꼼꼼히 따져보고 구매결정을 하는 똑똑한 소비자들이 점점 더 많아지게 되었다. 그들은 소셜 미디어를 100% 활용해 실시간으로 필요한 정보를 공유하고 최저가 쇼핑몰과 상품에 대한 평가를 검색한다. 이는 ICT Information and Communication Technologies 를 중심으로 한 기술의 발전이 가져온 결과다. 이를 통해 많은 정보를 접할 수 있고 최상의 소비채널을 선택할 수 있게 되면서 스마트한 소비자들은 가격 대비 품질이 우수하고 가치가 있는 제품을 선호하는 합리적인 소비성향이 강해지게 되었다.

스마트한 소비자들은 합리적인 소비내용을 타인과 공유하고 이에 머무르지 않고 생산자와 유통업자에게 의견을 전달한다. 이들은 또한 작은 물건 하나를 구입할 때에도 윤리적 가치 판단을 더해 윤리적 소비를 지향하면서 소비의 질을 높이고자 한다. 이들은 소비를 통해 자아실현, 문화생활, 건강, 환경 등 부수적인 효과까지 노리는 가치소비를 지향한다.

그렇다면 그들은 왜 윤리적 소비를 고집하는 걸까. '소비'라는 활동을 통해서 우리의 생활이 풍족해지고 편리해진 것은 사실이지만 그만큼 지구는 몸살을 앓고 있다. 윤리적 소비 즉, 착한소비가 지금 당장은 나 자신에게 수고로움을 가져다줄 만큼 불편하고 조금은 비싼 비용을 지불해야하는 다소 손해 보는 소비처럼 느껴질 지도 모르지만 내가 사는 이 땅을 둘러싼 환경과 우리의 미래를 생각한다면 더 이상 그 실천을 미뤄서는 안 된다.

윤리적 가치판단을 하는 소비행위는 남을 의식하는 과시소비와는 다르게 실용적이고 그렇다고 해서 무조건 아끼는 알뜰소비와도 다르게 가치판단이 무엇보다 크게 작용한다. 소비자들은 제품을 구매할 때, 사용하고 버리는 단순한 제품으로 받아들이기를 거부하고 소비를 통해서도 자신의 삶의 가치를 높이려 하고 있다. 먹거리를 선택할 때 지역에서 생산되는 로컬푸드 유기농 제품을 선택하고 가전제품을 구입할 때에도 환경을 생각하는 기업의 친환경 제품인지를 꼼꼼히 따져보는 것은 이제 소비의 목적이 생활편의와 같은 기본적인 욕구를 넘어 스스로를 표현하는 하나의 가치로 그 의미가 확대되고 있다는 것을 보여준다. 이러한 소비추세는 알뜰소비나 과시소비와는 달리 경기의 흐름에 크게 영향을 받지 않는다. 오히려 사회가 어수선하고 경기가 어려울수록 윤리적인 가치소비현상은 더욱 뚜렷해지는 경향이 있다. 소비행위에 가치판단이 개입되기 시작하면서 '가치'라는 의미에 대해서도 되새겨 볼 필요성이 제기되고 있다. 가치에는 환경, 문화, 예술, 윤리 등의 여러 가지 복합적인 요인이 작용한다. 가치판단이 개입하게 되면서 소비자의 니즈는 보다 다양해지고 까다롭게 된 것이다. 소비형태가 '가치'에 의미를 두게 됨으로써 '가격'이라는 요소에 좌우되기보다는 여러 가지 요인을 따져 명분

그림 2-24. 이마트 '국산의 힘' 상생 프로젝트

있는 소비에 다소 비용이 비싸더라도 기꺼이 지갑을 열게 되는 것이다. 나 자신의 명분뿐만 아니라 공공의 명분도 동시에 만족할 수 있는 가치소비에 의미를 두고 소비하는 스마트한 소비자들이 점점 더 많이 생겨나고 있는 추세다.

똑똑한 소비자들은 다양한 방법을 동원해 스스로 윤리적 가치판단을 할 수 있기 때문에 비윤리적으로 생산되는 제품에 대해서는 불

매운동을 그리고 윤리적 제품에 대해서는 적극 권장하는 구매운동을 실천하는 등의 소비활동에 있어서 능동적으로 대처한다. 이러한 소비추세에 기업들도 합류하고 있다. 구입하는 물건이 자동 기부로 이어지도록 나눔소비문화를 조성한다거나 사회적 약자에게 일자리를 제공하거나 혜택을 지원하는 등의 배려하는 다양한 활동들에 앞장서는 착한 기업들의 제품을 소비자들이 주목하고 있기 때문이다. 그래서 기업들은 구매 금액의 일부를 기부금으로 사용하는 형태의 코즈마케팅을 적극 활용하기도 하고 이산화탄소 배출을 줄여 환경에 해를 끼치지 않는 녹색소비를 권장하는 친환경제품임을 강조하고 생산자에게 정당한 대가를 지불하는 공정무역 상품임을 홍보하기도 하며, 지역에서 재배해 유통하는 로컬소비를 권하는 것 모두 이러한 변화된 소비자의 인식 즉, 윤리적 소비추세에 맞춘 기업 활동들이다. 기업의 사회적 책임CSR이 강조되는 것도 이러한 영향을 받아서다. 즉, 기업이 주어진 사회적 책임을 다하고 공적 기여를 하는 착한 기업임을 소비자들에게 각인시키고 공감을 이끌어내는 것은 이처럼 변화한 소비자들의 윤리적 가치소비심리에 대응하고 있는 것이다.

이런 차원에서 탐스슈즈의 슈드랍shoe drop 마케팅은 가치소비에 대한 심리적 보상을 가장 잘 활용한 대표적인 예로 꼽히고 있다. 소비자가 탐스 슈즈를 한 켤레 구매하면 제 3세계 아이들에게도 슈즈 한 켤레가 전달되는 이러한 탐스의 마케팅은 기업의 이미지 제고뿐만 아니라 브랜드 성공에도 기여하게 되었다. 평범한 물건을 판매하는 것보다 가치를 판매하고 있는 프리미엄 슈퍼마켓 웨이트로즈Waitrose 사례도 윤리적 가치소비를 중요하게 생각하는 요즘 소비 트렌드를 잘 보여주는 사례라고 할 수 있다. 웨이트로즈는 영국 존 루이스그룹John Lewis Group의 슈퍼마켓 체인인데, 타 슈퍼마켓과 구별되는 특별한 곳이다. 이곳의 모든 상품들은 기본적으로 프리미엄급의 고품질을 자랑하는 유기농상품에다가 인근농가에서 생산하는 로컬푸드 그리고 공정무역상품이다. 또한 이곳은 엄격하기로 유명한 영국 왕실에 와인, 식료품 등을 제공하고 있는데, 그만큼 품질 관리를 최우선으로 신경 쓰고 있기에 가능한 일이다. 이러한 이유로 다른 매장에 비해 가격대가 비싼 편이지만 물건이 아닌 가치를 구입하고자 하는 마니아층을 확보하고 있다.

그 외에도 2009년부터 수익금의 10%를 아프리카에 우물 만드는 '생명의 물 나눔 캠페인', 농경지원 등의 아프리카 주민을 위해 봉헌하는 활동을 하고 있는 자미온하우스, 지역 내 골목상권들을 이용하자는 취지의 캠페인 '소상공인들을 위한 토요일Small Business Saturday'을 진행한 아메리칸 익스프레스American Express, 친환경 제품을 디자인하고 개발해서 그린마케팅을 통해 제품을 판매하고 그 수익금의 일부를 아프리카 말라리아 퇴치 약 보급 캠페인과 아프리카 식수개선 사업을 지원하고 있는 에코준컴퍼니 등이 있다.

윤리적 가치소비문화는 농업에서도 마찬가지로 적용된다. 농업분야에서 착한소비 역시 다른 소비재에서 그랬듯 착한생산이라는 환경을 조성한다. 소비자는 선택한 상품이 어디에서 온 것인지, 어떻게 생산된 것인지, 어떤 성분이 들어 있는지, 안전한 것인지에 대해 알고 싶어 한다. 어쩌면 '먹거리'야말로 가장 정직해야 하는 소비재이기 때문에 이러한 의문점들은 너무나 당연한 것이다. 생산자와 소비자 간에 그 무엇보다 신뢰가 우선으로 성립되어야 하는 관계이기 때문이다. 최근 먹거리 안전에 대한 문제가 붉어지는 이유 또한 인증제의 오남용부터 일부 몰상식한 식품업자들의 갖가지 불법적인 행위들 때문인데 이러한 문제점들을 막기 위해 정부부터 제도적 정비에 나서고 있다. 가장 기본적인 것 가운데 하나는 인증제 관리다. 관련 인증기준을 강화하고 엄격하게 관리함으로써 우리 농산물 및 식품에 대한 소비자들의 신뢰를 강화할 필요가 있다. 또한 착한생산 즉, 친환경농산물[49]과 가공식품의 생산·유통·수출을 활성화하고 기술개발과 보급·교육, 시범단지 육성 등 친환경인증 농산물 확산방안도 마련하고 있다. 실제로 정부와 관련기관의 노력으로 인해 친환경농산물은 99년 0.1%에서 2014년 4.9%로 증가한 결과를 얻었다. 농산물 이력추적제 또한 농업소비시장에서 생산자와 소비자 간의 신뢰를 높이는데 있어서 중요한 역할을 한다. 농수산물의 원산지와 안전성에 대한 정보를 스마트 기술을 활용해 소비자에게 제공해준다. 정직하고 일관성 있는 정보를 제공함으로써 소비자에게 믿음과 감동을 주는 것이 농업에서 착한생산을 실현하는 기본 중에 기본이다. 안전한 먹거리를 제공하고 있는 농업 역시 이에 부응하는 소통과 교류의 기회를 늘림으로써 신뢰를 확보할 수 있고 희망의 새로운 기회를 맞이할 수 있다. 이렇게 윤리적 가치소비가 안정적으로 자리를 잡게 되면 자연스럽게 지속가능한 농업의 실현도 현실에 좀 더 가깝게 될 것이다.

우리가 숨 쉬고 있는 지구를 생각하고 사회적 약자를 배려하는 윤리적 가치소비는 함께 행복하고 따뜻한 사회를 그리고 환경을 보호하고 지속가능한 농업을 가능케 함으로써 우리사회를 조금씩 변화시킬 것이다.

49 2016년부터 저농약 인증 폐지, 유기농산물과 무농약농산물 2가지만 인증

Chapter 4

一人多色 맞춤소비시대

소비는 진화한다. 사회가 성장을 거듭할수록 소비문화도 그만큼 변화한다. 생산기술의 눈부신 발전, 보다 빠르고 편리해진 운송수단, 다원화된 유통경로, 다양한 광고매체, 고도화된 네트워크사회, IT기술의 혁신은 거대한 소비시장을 부추기고 있다. 평균수명 연령은 높아져 고령화사회로 접어들었고 이와는 상대적으로 출산율은 계속해서 떨어지고 있다. 교육수준과 함께 소득수준 또한 향상되어 삶은 풍요로워지고 하루가 다르게 발전하는 기술력으로 때와 장소를 불문하고 정보습득이 용이해졌으며 직업이나 교육적 이유로 지역 간 이동뿐만 아니라 국가 간 이동이 증대되어 소비패턴도 이에 맞춰 빠르게 변화하고 있다. 이 시대를 살고 있는 우리들은 하나같이 바쁘다는 말을 입에 달고 지낼 정도로 늘 시간에 쫓기고 있으며 과중한 업무에 심신은 지칠 대로 지친 일상을 다람쥐 쳇바퀴 돌 듯 반복하고 있다. 과거의 사람들은 단순한 삶을 살았던 반면에 현대인들의 삶은 복잡함 그 자체다. 삶이 복잡해진 만큼 사람들의 소비욕구도 그만큼 다양해졌고 또 그만큼 까다로워졌다.

정보통신기술ICT의 발전으로 급변하는 디지털환경 속에서 개인 미디어의 확산은 소비자들에게 보다 빠르고 보다 많은 정보를 공유할 수 있는 환경을 조성해 주었다. 1445년 구텐베르크의 인쇄혁명이 가져온 인쇄미디어(신문, 잡지)의 급격한 확산과 견줄 수 있을까. 지금은 각양각색의 인터넷 미디어가 웹이라는 가상공간에서 방대한 정보를 뿜어내고 있다. 시간과 장소에 구애받지 않고 필요한 정보를 신속히 얻을 수 있고 비교할 수 있고 바로 구매할 수도 있다. 이처럼 우리는 언제 어디서나 원하는 정보를 탐색하고 바로 소비할 수 있는 시대에 살고 있다. 온오프라인의 모든 채널을 이용할 수 있는 소위 장벽 없는 소비환경은 소비자들의 소비욕구에 까다로움을 더해주기에 충분했다. 다양하다 못해 넘쳐나는 정보에 혜택도 많아지고 더욱 편리해진 건 사실이지만 그만큼 소비자들의 기호는 다양해져서 남과 조금 더 다른 것, 조금 더 나은 것, 조금 더 특별한 것을 따지게 된 것도 사실이다.

소비문화(消費文化)라는 것이 소비를 하는 과정에서 나타나는 현상인데 광의의 의미로는 재화나 서비스 그리고 소비에 대한 공통의 사고방식을 포함한 소비생활양식을 아울러 문화의 관점에서 평가된다. 때문에 현시대, 국민적 성향, 문화적 배경에 영향을 받을 수밖에 없다. 똑똑한 소비자들은 자기만의 가치와 합리적인 방식으로 계속해서 소비행위를 하고 있으며 다양한 소비 집단을 형성해 가고 있다.

작금의 한국 소비자들의 소비성향을 한 마디로 표현하기란 정말 난감하다. 네 집 건너 한 집은 나홀로족일 정도로 혼자 사는 사람들이 부쩍 늘어났다. 아이들부터 노인들까지 저마다 바쁜 스케줄에 쫓기듯 지내지만 마음한구석에는 늘 외로움을 품고 산다. 여유가 없어 간편 식품을 선택하면서도 내용물의 성분은 꼼꼼히 따져보고 소중한 자신의 건강은 포기하지 않는다. 백화점 코스메틱 코너에서 신상품 테스터를 사용하고 있는 고객들은 모두 남성들이다. 여자 친구와 어머니 선물을 사러 간 것이 아니라 온전히 자신을 위한 투자다. 소모품을 쇼핑할 때에는 가격비교 사이트를 열어놓고 할인카드와 쿠폰을 전부 동원해 혜택을 받으려 안간힘을 쓰면서도 백화점 명품관에 신상 백을 구입하는 데는 한 치의 망설임도 없는 과감함을 보인다. 과중한 업무와 각종 스트레스에 오늘도 술이지만 일주일에 3번은 꼭 개인트레이닝을 받는다. 뱃살 때문에 고민이 이만저만이 아니지만, SNS에 올라온 인기 있는 맛집과 디저트 카페는 꼭 들른다. 친구들끼리 커피매장을 찾았지만 친한 것과는 무관하게 커피취향은 에스프레소 더블샷, 로팻 라떼, 휩크림 뺀 카페모카, 소이 라떼로 제각각이다. 찐 고구마는 먹지 않지만 반건조 고구마 스틱은 즐겨 찾는 간식거리다. 합리적이지만 지극히 감성적이기도 하고, 알뜰함을 추구하지만 때론 비이성적이라는 것을 알면서도 과한 소비도 서슴지 않으며 편리함을 지향하지만 직접 요리하는 수고로움에서 오는 즐거움도 만끽할 줄 아는 사람들. 이들의 소비성향을 어떻게 한마디로 정의할 수 있을까.

상품과 서비스 공급과잉시대에 소비자들은 이미 소비시장에서의 주도권을 쥐고 있다. 물건을 만들어 시장에 내놓기만 하면 무조건 팔리던 '대량생산, 대량소비' 시대의 소비시장과는 상황이 판이하게 달라졌다. 좋은 물건과 이에 대한 정보는 충분히 넘쳐나고 있다. 더 나은 삶을 추구하는 욕구가 커지면 커질수록 소비자들이 원하는 것은 보다 특별해지고 보다 세분화되고 있으며 그들의 이러한 소비욕구가 소비시장의 흐름을 바꿔 놓게 되었다. 이렇게 개인맞춤시대로의 변화는 거스를 수 없는 시장의 흐름이 되었다. 까다로운 소비자들의 성향을 일일이 반영이라도 하듯 생산자들의 마케팅 전략도 전부다 고객의 니즈를 파악해 이를 충족시킬 수 있는 고객맞춤에 초점을 두고 있다. 지금은 아주 작은 것 하나까지도 '맞춤생산, 맞춤소비'의 시대가 되었다. 맞춤생산, 즉 소비자의 기호와 취향에 맞춰 제작, 디자인된 상품 혹은 그 과정을 의미하는 커스터마이징customizing을 의미한다. 이제 소비자들은 무작정 명품을 동경하지 않는다. 자기만의 특별한 개성을 소중하게 여기고 가치 있는 삶을 위해 노력한다. 이러한 경향이 소비행위로도 그대로 이어져 스스로에게 만족을 주는 상품이나 서비스를 찾게 되었다. 이전에 명품에만 한정적으로 적용되었던 커스터마이징 서비스가 이제는 대중에게 스며들어 진정한 맞춤소비의 시대가 열린 것이다. 고객의 라이프스타일에 맞춘 소재와 컬러 모듈을 선택해 제안하는 가구 브랜드가 있고 소비자들이 원하는 스타일의 핸드백과 지갑을 디자인 제작해 주는 가방브랜드가 있으며 차량의 내·외장의 컬러부터, 시트 재질과 컬러, 타이어 휠까지 사실상 원하는 옵션을 모두 반영한 맞춤 차량을 제공하는 자동차가 속속 등장하고 있고 소재나 디자인 패턴부터, 갑피, 안감, 깔창, 끈까지 원하는 색상과 자신의 이름까지 새겨주는 운동화까지 커스터마이징의 세계는 무한하다.

소비시장의 중심은 이제 더 이상 생산자가 아닌 소비자에게 맞춰져 있다. 이는 급변하는 경제 환경과 사회문화의 발전에 영향을 받아 소비패턴 또한 이에 맞게 바뀌면서 만들어진 자연스러운 결과다. 이러한 소비시장에서 사람들의 소비욕구는 점점 더 늘어나고 복잡해지고 다양해지고 까다로워졌다. 왜 이러한 현상이 생기는 걸까? 기존의 표준화된 대량생산품은 지금의 개성 있는 소비자 스스로를 표현하기에 역부족이다. 그들은 하나같이 모두 똑 같은 대량생산품을 거부한다. 소비자 스스로 자신의 개성과 기호 그리고 남다른 취향을 표현할 수 있는 자신만의 상품을 원하게 되었다. 남과 다름을 표현하고 싶은 욕구가 소비행위에도 그대로 반영되고 있다. 뿐만 아니라 생산품을 수동적으로 소비하는데 그치지 않고 제품의 기획 단계부터 참여해서 자신의 의견을 반영하여 원하는 제품이 생산, 판매되는 데까지 기여하는 프로슈머prosumer로 스스로의 권리를 행사하기도 한다. 이처럼 소비는 사회의 발전 속도만큼 빠르게 진화하고 그 속에서 소비자는 점점 더 똑똑해지고 있으며 더 다양하고 까다로운 방법으로 소비를 한다.

소비문화는 과거에 비해 확연히 달라졌다. 대중의 획일화된 니즈가 중요하던 시대는 지난 지 오래다. 개개인의 가치가 맞춤소비라는 하나의 소비문화를 만들고 있다. 소비자는 자신에게 어떤 가치를 주는가를 구매의 주요 기준으로 삼고 있다. 우리 주변의 모든 소비재들에 개개인의 가치를 겨냥한 맞춤바람이 거세게 불고 있다. 이러한 가치 지향적 소비성향의 맞춤소비시대에 농업분야만 예외가 될 수는 없다. 이에 대응할 방안을 찾아야 한다. 건강, 힐링, 친환경 등 소비자의 요구에 맞는 맞춤형 품종 개발에서부터 농산물 생산, 가공품에 이르기까지 변화무쌍한 소비욕구를 지닌 소비자 개개인의 기호와 취향을 고려한 맞춤서비스 바람이 일기 시작하였고 고객맞춤전략을 통해 농업경쟁력 확보에 힘쓰고 있다. 특히 최근 농식품시장의 소비트렌드가 건강과 고급스러움, 다양성에 초점이 맞춰지다보니 친환경 농수축산물과 기능성 가공품 시장이 각광을 받고 있다. 그런데 안전성과 품질만으로는 까다로운 고객을 사로잡기가 충분치 않다. 신선도를 유지시켜줄 패키징 포장재 선택부터 디자인 그리고 그들의 가치와 맞물릴만한 흥미로운 이야기를 준비하는 일은 농산물의 품질 못지않게 중요한 요소가 된다. 이제 소비시장에는 종래의 '100人 1色'에서 '10人 1色', '10人 10色'을 거쳐 '1人 10色' 나아가 '1人 多色'으로 시간이 지날수록 소비자들의 욕구수준은 더욱 깊어지고 시시각각변화를 거듭하고 있다. 끊임없이 다양한 요구를 하고 있는 소비자들의 세상, 맞춤소비시대가 소비시장을 평정하고 있다. 1人 多色 맞춤소비시대의 도래! 까다로운 소비자들과 이들의 작은 요구사항 하나까지도 절대 놓쳐서는 안 될 공급자로서의 우리 농업은 지금 이런 소비시장의 흐름을 어떻게 슬기롭게 대처해 나갈 수 있을까.

■ 便利와 新鮮이 대세, 소포장 신선편이

1인 밥솥, 미니 냉장고, 벽걸이 세탁기, 1/4 쪽 수박, 낱개 포장 파이, 1kg 씻어나온 쌀, 캔 와인, 100ml 떠먹는 막걸리, 200g 시리얼, 80g 썬 김치, 토막생선, 150g 포장육…….

요즘 마트에서 흔히 볼 수 있는 소규모 상품들이다. 언제부터인가 상품진열대에는 '작게 더 작게'를 외치는 상품들이 마치 경쟁이라도 하듯 앞 다투어 선보이고 있다. 싱글라이제이션Singleision[50]이라는 단어가 낯설지 않을 정도로 1인 가구가 급증하게 되면서 생겨난 소비풍토다. 이러한 현상은 비단 국내에만 국한된 현상이 아닌 세계적으로 나타나고 있는 추세다. 흔히 1인 가족이라고 부른다. 사전적 의미

50 전 세계적으로 혼자 사는 사람이 늘어가는 현상을 담은 신조어

그림 2-25. 소포장 농산물

로는 한명으로 구성된 가구로 이는 배우자가 없는 독신 가구보다 광범위한 의미를 지닌다. 즉, 배우자가 있더라도 함께 살지 않거나 경제생활을 공유하지 않는 가구나 별거중이거나 기러기 아빠 혹은 엄마, 주말 부부 외에도 대학생, 싱글 남녀 등 가족구성원과는 떨어져 혼자 사는 가구를 모두 포함한다. 통계청 자료에 의하면, 1985년 전체 가구에서 차지하는 1인 가구 비중이 7%, 1990년까지만 해도 1인 가구가 비중이 9.0%에 불과하였으나, 2010년에는 23.9%로 증가하더니, 2015년에는 27.1%를 차지해 10가구 중 3가구는 집에 혼자 사는 1인 가구인 것으로 나타났다. 국가통계포털 전국 1인 가구 현황을 보면, 2015년 506만 명, 2020년 587만 명, 2025년 656만 명, 2030년 709만 명으로 내다보고 있다. 지금은 1인 가구 500만 시대다. 1인 가구의 증가와 함께 소비시장도 늘어 1인 가구의 소비시장 규모가 2010년 60조원, 2015년 86조원에서 2020년에는 120조원, 2030년

200조원에 달할 것으로 전망되고 있다.[51] 해마다 이렇게 급증하고 있는 1인 가구에 초미의 관심이 집중되고 있다. 2007년에 개최된 다보스포럼에서 '1인 가구를 대상으로 한 비즈니스 모델의 필요성'이 처음 논의된바 있고 이어서 2012년에는 뉴욕대학의 사회학 교수인 에릭 클라이넨버그Eric Klinenberg의 저서 『(Going solo 2012) 고잉 솔로, 싱글턴이 온다』에 이 용어가 처음 등장한 후, 널리 알려지기 시작했다. 1인가구의 소비는 기존의 소비트렌드와는 달리 외형적으로는 작고 단순함을 추구하는 것처럼 보이지만 그 내면에서 추구하는 가치는 복잡 미묘하다.

1인 가구가 급격하게 증가하게 된 이유는 무엇일까. 사실 한 가지 이유만으로 설명하기는 어렵다. 가장 먼저 고령화 진전에 따른 노인층의 독신가구가 증가하고 있는 이유를 들 수 있겠다. 또한 결혼을 기피하는 젊은 층, 이혼율 급증, 교육환경 변화에 따른 기러기 가족의 증가도 원인이 된다. 상황이 이렇다보니 1인 가구를 겨냥한 소비시장이 활성화되고 이러한 소비풍토를 일컫는 신조어도 등장하게 되었다. '1코노미1인+Economy'[52]가 대표적인 예인데, 이는 1인과 경제를 뜻하는 이코노미economy의 합성어다. 1코노미는 1인 가구가 우리 사회의 시장을 좌우한다는 1코노미시대가 열렸음을 시사하고 있다. 이들의 도래로 인해 생겨난 가장 큰 변화는 사회 소비 트렌드의 변화다. 이는 한번 뿐인 자신의 인생을 즐기려는 '욜로YOLO·You Only Live Once' 라이프스타일에 영향을 받은 것이다. 욜로는 캐나다 출신 가수 드레이크Drake의 2011년에 낸 음반에 있는 곡인 모토The Motto의 한

51 한국산업연구원 자료

52 김난도 서울대 교수의 저서 '트렌드 코리아 2017'에서 '1인'과 '이코노미(경제)'를 조합해 만든 신조어로, 1인 가구가 늘면서 미치는 새로운 경제 유형을 일컫는다

소절인 '인생은 한 번뿐이야. 이게 인생의 진리지 욜로You only live once, that's the motto YOLO'에서 유래한 것으로 오바마 미대통령이 건강보험 개혁안 '오바마 케어'의 가입을 독려하기 위해 만든 영상에 등장하면서 알려지게 되었다. 이는 미래를 위한 저축보다 바로 당장 오늘 나를 위한 소비적 형태를 의미한다. 때문에 이미 시장에서는 이들을 겨냥한 마케팅에 열을 올리고 있다.

불황으로 인해 소비심리가 위축되더라도 1인 가구의 경우는 예외다. 자신을 위한 투자에는 과감한 그들이기에 경기침체에 크게 영향을 받지 않는다. 또한 무엇이든 최소화한 크기의 제품을 선호한다. 식료품부터 가전제품, 가구 그리고 주택까지 모두가 소형화된 것들이다. 초소형 고성능 제품 시장의 급성장이 이를 잘 설명해 주고 있다. 그리고 시간에 쫓기는 바쁜 그들에게 시간과 수고로움을 덜어주는 맞춤 제품들은 그야말로 꼭 필요한 필수 품목들이다.

식품시장에서는 간편 조리식품인 레토르트 상품들이 인기를 끌고 있다. 그리고 생활에 가능한 모든 것을 대행해주는 심부름 서비스부터 1인 가구의 안전을 위한 보안서비스, 편리성을 부가한 사물인터넷까지 하나같이 이들의 소비행태를 보여주는 특징들이다. 급증하고 있는 1인 가구 소비 트렌드에서 농산물시장이라고 예외가 될 수는 없다. 그들로 인해 소포장과 간편식 소비가 빠르게 늘고 있는데, 이러한 현상은 1인 가구가 증가하면서 식품시장에 등장한 신조어에서도 확인할 수 있다. 과일을 셈하는 단위인 '알'과 가공식품을 담는 단위인 '봉'에서 각각 따온 용어 '알봉족'이 그렇다. 다시 말해 낱개 포장된 식료품을 애용하는 새로운 소비층을 일컫는 말이라고 이해하면 된다. 싱글족, 1인 가구의 증가와 더불어 간편하고 이용에 있어 용이하다는 편의성 때문에 나타나고 있는 특징이다. 이들은 일반 식

그림 2-26. 간편 조리식품

품보다 용량 대비 가격은 비싸지만 남기는 것보다 조금 비싸더라도 먹을 만큼 구매하는 쪽을 선택하기 시작했고 생산자들도 마찬가지로 작업은 기존에 비해 수고로우면서 투자비용도 늘어나지만 오히려 수취값이 높아 이득인 소포장 생산을 선택하고 있다. 소포장 농산물은 선별, 포장재, 물류 등에 있어서 비용이 더 들어가는 면이 있지만 그에 맞는 소득을 얻을 수 있다. 같은 농산물이지만 소포장을 통해서 부가가치를 높이는 셈이다. 소비자입장에서 보면 소포장은 품질 확인이 비교적 쉽고 보관하는 방법이나 요리법 등에 관한 기본적인 정보도 알 수 있기 때문에 구매 시 선호하게 된다. 상황이 이렇다보니 이들의 소비심리를 적극 반영해 대형마트들도 신선식품은 거의 대부분 소포장으로 판매하고 있다. 기존 포장규격에서 1인 가구를 위한 소포장으로 완전히 탈바꿈하게 되었다.

또 다른 특징을 들자면, 1인 가구 대부분은 시간에 쫓기듯 여유 없이 살아가는 사람들이 대부분이다. 하지만 이들은 자신의 건강도 간편함이 주는 편리함도 어느 것 하나 포기하지 않는다. 이들에게 간편한 아침식사와 균형 있는 영양섭취를 위한 손질된 채소와 과일은 필수품목이다. 이에 걸맞게 등장한 것이 바로 신선편이fresh-cut식품들이다. 농림축산식품부의 자료에 의하면, 이 시장의 규모는 2015년도 출하액 기준으로 956억 원으로 2011년도 601억 원에 비해 59.1% 증가했다. 신선편이 농산물은 청정한 채소류를 알맞게 절단, 가공, 세척한 후 소포장 단위로 포장해 시장으로 출하, 소비자들이 기호에 맞는 상품을 소량으로 구입해 별도의 요리과정 없이 간편하게 먹을 수 있는 신선채소 가공식품이다. 즉, 말 그대로 신선하고 편리하게 조리에 사용할 수 있도록 준비된 농산물을 의미한다. 가공, 포장, 유통 시에 물리적인 상해를 받기 쉽고 품질이 떨어질 가능성이 있기 때문에 제조업체에서 소매채널로 유통되는 특징이 있다. 주로 채소와 과일 등이 해당되는데, 이러한 농산물은 수분함량이 높아 신선도 유지가 필요한 품목들이다.

편리함과 안전함을 동시에 추구하는 까다로운 소비자들의 요구에 맞는 신선편이식품 생산을 위해서는 위생적인 안전관리가 보장되는 포장기술과 가공기술의 발전이 병행되어야 할 것이다. 품질변화를 억제하고 미생물 증식을 제어하는 MA 필름이라든가 바이러스 증식을 억제하는 항균필름 등 기능성 포장기술개발을 통해 신선편이 농산물의 신선도 유지 기간을 연장하는 방안도 속속 소개되고 있다.

트렌드는 빠르게 변화한다. 편리함과 안전함을 동시에 추구하는 1인 가구의 등장은 1코노미라는 새로운 소비문화를 만들어냈고 이 소비 세력은 어느새 전체소비시장을 쥐락펴락할 정도로 막강한 파워를 지니게 되었다. 이들의 등장은 외식산업, 소포장, 신선편이, 간편 조리식품 시장의 빠른 성장을 부추기고 있다. 소비자도 생산자도 판매자도 이미 형성된 이 시장에서 더 나은 방안을 모색 중에 '1인 소비시대'라는 거대한 시장 앞에 우리 농업도 단순히 소포장이라는 외형적 형태만 바꾸는 것에 안주할 것이 아니라 그들이 추구하는 또 다른 가치를 충족시킬 수 있는 대안을 마련하는 발 빠른 대처가 필요하다.

■ 농산물의 변신은 무죄

2016년 11월 열린 '2017 식품·외식산업 전망대회'에서 aT 외식진흥부는 '미리 보는 2017 외식트렌드'로, '나홀로 열풍', '반 외식의 다양화', 'Fast-Premium', '모던한식의 리부팅' 등을 전망했다. 앞서 살펴본 1코노미의 여파는 식품업계까지 그대로 영향을 미치고 있다. 모든 먹거리를 가정에서 조리하는 시대를 지나 바쁜 일상에서 편리함과 만족감을 추구하는 니즈가 만나 가정간편식의 수요를 불러일으키고 있다. 혼밥, 혼술, 혼커피 등의 1인 소비풍경이 만연해지게 되면서 자연스럽게 가정간편식HMR; Home Meal Replacement 시장[53]이 커지게 되었고 이와 더불어 포장외식을 포함한 외식과 내식의 중간 개념이 인기를 끌게 되면서 자연스럽게 도시락과 반찬가게가 성행하게 되었다.

다만 과거와 차이점이 있다면 간편(簡便)과 실속을 추구하면서도 안전과 건강을 포기하지 않고 바른 먹거리에 대한 관심이 많다는 점이다. 패스트푸드의 대명사라고 할 수 있는 햄버거만 보더라도 주문

53 간편식의 세계시장규모는 2015년 기준 763억 달러, 국내시장규모는 2015년 출하액 기준 1조 6,720억 원(농림축산식품부 자료)

과 동시에 바로 나오는 햄버거 대신 최고급 식재료만 써서 고객 개개인의 취향에 맞게 맞춤서비스를 제공하는 프리미엄 수제버거의 인기가 식을 줄 모르는 것 또한 특별한 그들의 소비풍토를 잘 보여주는 단적인 예라고 할 수 있다. 또한 그동안 젊은 층에서는 관심이 전무했던 한식이 새로운 형태로 전 연령층의 사랑을 받고 있는데, 누구나 가볍게 즐기는 한식뷔페에서부터 틀을 벗어나 다양한 형태로 퓨전한식을 즐기는 것 또한 이들의 새로운 음식문화로 자리 잡고 있다.

혼자 즐기는 음식문화가 확산되고 거의 모든 식품은 간편하게 소포장되며 오프라인보다는 온라인주문이 보편화되고 고령화와 건강에 대한 관심 증가로 인해 자연친화적인 식품과 건강기능식품의 수요가 늘어나고 있는 지금의 복잡 미묘한 트렌드는 산업 전 분야의 변화를 초래하고 있다. 급변하는 트렌드를 파악하고 대안을 찾는 일에 시급하기는 농업분야도 마찬가지다. 따라서 농업의 가치를 끌어올리기 위해 부가가치를 창출하는 등 다방면으로 노력을 기울이고 있다.

실제 1차 농수산물을 상품화하는 것에 대한 생각을 어떻게 하느냐에 따라 고부가가치 상품으로 거듭날 수 있다는 사실이 하나씩 입증되고 있기도 하다. 농업이 1차 생산물에 머무르지 않고 현시점의 트렌드 수요에 맞도록 가공기술을 통해 고부가가치를 창출할 수 있는 상품으로 말이다. 하지만 고품질 농업, 고부가가치농업을 위한 준비사항 또한 만만찮은 것 또한 현실이다. 고부가가치 상품은 그에 맞는 아이디어와 가공기술개발이 겸비되어야만 가능한 일이다.

그렇다면 우리 농산물의 가공식품은 과연 어디까지 와 있을까. 여러 가지 상황에서 우리 농업은 위기에 처해있지만 가공식품의 무한

한 세계는 우리 농업에 있어서 새로운 기회다. 가정간편식, 디저트, 신선식품, 도시락 등 우리 농산물이 적용되지 않는 분야가 없을 정도다. 쉽게 접할 수 있는 가공식품에서부터 건강에는 좋지만 평소 쉽게 접할 수 없었던 약용식물까지도 편리한 파우더형태로 가공해 다양하게 적용할 수 있도록 상품화되는 등 가공식품의 세계는 무한하다.

2013년부터 2016년까지 4년 연속으로 쌀의 생산량은 420만 톤으로 대풍년을 기록하고 있는데, 농가에는 그리 반가운 소식만은 아니다. 4년 연속 풍년에 따른 과잉공급으로 쌀값이 최저 수준을 기록하게 되면서 농가의 시름이 깊어졌기 때문이다. 게다가 시장개방이라는 현실은 농가의 고충을 가중시키기에 충분했다. 우리에게는 흰쌀밥과 떡국이 그야말로 대접받았던 심지어 쌀로 돈을 산다고 할 정도로 쌀이 귀했던 시절이 있었다. 그때와는 상황이 많이 달라진 지금, 이제 쌀은 흔하디흔한 존재가 되었고 때로는 무관심의 대상으로까지 대우받고 있는 형편이다. 최근 통계청발표자료 '2016년 양곡소비량 조사결과'에 따르면 2016년 가구 부문 1인당 연간 쌀 소비량은 61.9㎏으로 전년 62.9㎏에 비해 1.6% 감소했으며 이는 1985년 128.1㎏이었던 것에 비해 절반도 채 못 미치는 수준이다. 이는 최근 우리 국민들의 식생활이 서구화되면서 기존의 밥 중심의 전통한국식 식단으로 쌀을 소비시키는데 한계가 있기 때문으로 분석된다. 예로부터 우리는 쌀을 주식으로 한 쌀문화권에 속해있었다. 이는 우리 식문화를 구성하는 근간이 되는 쌀이 단순히 주식으로만 단정 지을 것이 아니라 우리 국민에게 있어서는 삶 자체 그 이상의 가치를 지니고 있다는 것을 의미한다. 쌀은 우리 국민에게 때로는 힘이 되어 주고 때로는 위로가 되어 주기도 했던 희로애락을 함께한 음식 그이상의 존재였다. 하지만 이제는 그동안 주식으로서의 쌀의 역할을 벗어나 다양성을 추구해야할 시점이다. 정부의 쌀값안정부터 다방면의 대책마련이 요구되지만 무엇보다 쌀을 이용한 다양한 가공식품의 기술개발과 소비확대가 필요하다는 의견이 많다.

최근 각계각층에서 쌀소비촉진을 위한 노력을 기울이고 있는데, 지자체 농업기술원과 관련 단체 등은 쌀 가공식품을 개발하고 상품화하는 작업에 박차를 가하고 있다. 쌀과자, 떡케익, 떡마카롱, 라이스 칩, 라이스 바 등 쌀로 만든 디저트도 속속 선보이고 있다. 최근에는 쌀눈의 기능성 물질과 영양 가치를 극대화한 쌀 품종을 개발하는가 하면 현미로 만든 가공식품 또한 젊은층에게 엄청난 인기를 끌고 있다. 과거에는 도정과정에서 버려졌던 현미눈이 비타민, 미네랄, 아미노산 등 다양한 영양분이 풍부하게 함유되어 있다는 사실이 알려지게 되면서 인기상품으로 둔갑하게 되었는데 바로 미용과 건강을 목적으로 구입하는 소비자들이 많아졌기 때문이다. 발아현미, 현미빵, 현미눈은 이미 식품시장에서 인기아이템으로 자리매김하고 있다. 그리고 밀가루를 대신해 각종 빵과 스파게티, 아이스크림까지 기존의 틀을 깨고 그 영역을 확대해 나가고 있다. 뿐만 아니라 미강[54]의 미백성분을 활용한 클린징 오일에서부터 미백기능성화장품으로도 각광을 받고 있다.

최근 급성장한 디저트시장 또한 우리 농업에게는 또 다른 기회다. 디저트문화가 다양해지면서 자연스럽게 우리 농업도 소비층들의 입맛 사로잡기에 나섰다. 전통간식의 퓨전화를 통해 디저트시장에 들어선 것이다. 농림축산식품부의 2016년 국내외 디저트 외식시장 조

54 벼에서 왕겨를 뽑고 나서 현미를 백미로 도정하는 공정에서 분리되는 고운 속겨

사결과에 따르면 2016년은 국내 디저트 외식시장 규모는 8조9760억원으로 2015년 대비 13.9% 증가했다고 밝혔다. 이는 전체 외식시장 83조 8200억원의 10%를 상회하는 수치다. 한 끼 식사가격과도 맞먹는 비용에도 불구하고 디저트 시장이 이처럼 무서운 속도로 커지고 있는 이유는 과거 후식으로만 찾던 디저트문화가 이제는 언제든지 즐겨 찾는 친근한 문화로 자리 잡고 있기 때문이다. 또한 커피와 차의 수요가 꾸준히 늘어나면서 이와 궁합이 맞는 디저트의 수요 또한 덩달아 늘고 있기 때문이기도 하다. 요리만큼이나 그 종류가 다양하고 화려한 디저트의 세계! 하지만 이 세계에도 엄연한 규칙이 있다. 무조건 화려하고 자극적인 맛보다는 좋은 재료로 만든 몸에 좋은 것을 찾는 소비자가 늘고 있다는 사실이다. 이는 식품시장의 트렌드와도 일맥상통하는 얘기다. 디저트시장의 이러한 트렌드에 맞게 우리 농산물도 다양한 간식거리를 선보이고 있다.

청도군에는 씨 없는 감으로 유명한 청도반시가 있다. 이 청도반시를 그대로 냉동시켜 아이스 홍시를 감가공품으로 상품화하였는데, 그 맛이 셔벗sherbet처럼 간편하고 시원하게 먹을 수 있어 디저트로 각광을 받고 있다. 특히 덥고 습한 동남아에서 관심을 받게 되면서 2016년에는 태국에 5톤을 수출하는 등 쾌거를 달성하게 되었다. 이처럼 몸에 좋은 우리 농산물을 이용해 디저트 상품화한 아이템이 점점 다양해지고 있다. 국민간식 고구마가 스틱과 칩으로 가공식품화되면서 젊은이들과 외국인들의 입맛까지 사로잡게 되었고, 일찍이 약용으로 사용했을 만큼 몸에 좋기로 유명한 오미자는 청으로 만들어 에이드와 각종 음료로 돼지감자는 차와 즙으로 둔갑해 현대인의 입맛을 유혹하고 있다.

디저트 외에도 우리 농산물을 활용한 가공식품의 세계는 다양하

그림 2-27. 전통장류 가공식품

다. 한국식 요리를 가공식품으로 가정에서 쉽게 조리할 수 있도록 만든 간편식에서부터 전통 토종장을 그대로 재현한 장류가공식품에 이르기까지 하나같이 모두 우리 농산물의 고부가가치를 높이고 있는 아이템들이다. 와인에 대한 편견을 깨고 순수 우리 감으로만 숙성시킨 감와인, 평범한 냉면보다 자색고구마로 특별해진 빛깔고운 냉면, 물만 부으면 컵라면처럼 손쉽게 즐길 수 있는 건강식 현미 누룽지 컵, 국민 대표간식 떡볶이, 4분 조리로 근사한 한 끼 식사가 완성되는 볶음밥, 커피체인점의 우리 농산물로 만든 각종 스낵류, 제철이 지나도 언제어디서든 즐길 수 있는 과일말랭이, 우리 쌀 피자, 로컬푸드로 만든 간편 도시락, 샌드위치 ... 없는 게 없다.

시장개방 확대로 외국의 값싼 농수산식품이 하루가 다르게 물밀듯 몰려들고 있고 경기침체에 부정청탁금지법까지 농수산식품 소비는 위축되고 쌀은 몇 해째 풍년이지만 수취값을 제대로 받지 못하고 있는 실정으로 농민들의 시름은 커져만 가고 여러 가지 혼란과 어려운 시기를 보내고 있는 것이 우리 농업의 가혹한 현주소지만 그래도 포기하기엔 이르다. 순수하게 1차 생산으로서의 기능에서 벗어나 우리 농업도 6차 산업으로의 움직임이 활발해지고 있으며 지속적인 연구개발을 통해 다양한 가공식품으로의 진출을 꾀하고 있다.

최근 우리 농업은 기업과의 상생 협력을 통해서도 새로운 방향을 모색하고 있는데, 이는 양자 간 상호성장을 꾀할 수 있다는 면에서 좋은 방안으로 평가되고 있다. 현명한 소비자들은 우리 농산물이 우리 몸에 얼마나 좋은지에 대해 너무나도 잘 알고 있다. 소비자들의 이러한 니즈를 충족시키기 위해서라도 우리 농업은 양질의 농산물 품종개발에 꾸준히 힘써야 하며 물량공급에 있어서도 보다 안정적이고 지속적으로 공급하기 위해 첨단가공시설을 겸비하기 위한 노력에도 힘써야 한다. 따라서 우리 농산물의 우수성을 충분히 활용한 다양한 가공식품 개발을 통해 국내 가공식품산업이 활성화될 수 있도록 한국농업의 밝은 미래를 준비하는 자세가 필요한 시점이다.

Chapter 5

농업 4.0 시대, K-농업의 힘

식을 줄 모르고 아시아를 넘어 세계를 향해 뻗어나갔던 한류열풍은 음악, 드라마, 영화에 머무르지 않고 한국문화 자체에 대한 뜨거운 관심으로 이어졌다. 90년대 중반 중국으로 수출된 한국드라마가 인기를 끌면서 중국 언론이 '한류'라는 용어를 처음 사용하게 되었다. 최근 들어 한류에 큰 비중을 차지하는 중국과 '사드배치', '보호무역'이라는 문제가 붉어지게 되었고, 일본과 우리와의 정치, 외교적 갈등으로 그 관계가 경색되면서 반한류 현상이 일어나게 되었고 이는 한류열풍을 주춤하게 만들었지만 그래도 한류의 바람은 그리 쉽게 사그라지진 않고 있다. 여전히 한국문화를 찾는 외국인 관광객들이 있고 자국에서 한국어를 배우는 사람들이 있으며 한국 드라마, 한국 음악, 한국 영화에 열광하는 팬들이 여전히 존재한다. 원조 한류를 일으켰던 문화영역이 그러하듯 우리 농업에도 한류바람을 일으키자는 목표아래 한국농업이 뛰고 있다.

농업은 인류가 최초로 만들어낸 산업이자 지구상에 인류가 생명을 이어가는 한 앞으로도 계속해서 이어질 산업이기도 하다. 인류 최초의 산업이면서 동시에 가장 오랫동안 계속될 산업이기도 하다. 그리고 수치로 환산할 수 없을 정도로 가치 있는 산업이다. 하지만 이러한 농업의 가치에도 불구하고 한·칠레 FTA 이후 미국, 중국 등 농업강국과의 잇따른 FTA 체결로 점점 우리 농업이 설자리를 잃어 간다고 농업의 앞날을 어둡게 보는 시선도 많은 것이 사실이다. 하지만 그래도 우리 농업의 미래를 희망이 있고 무한한 가능성이 잠재되어 있다고 볼 수 있는 이유는 우리 농업이 가진 무한 잠재력을 미래성장산업으로 발전시킨다면 다가올 미래에는 농업 경쟁력이 곧 국력이 되어줄 것으로 믿기 때문이다. 세계미래학회 회장 짐 데이토 Jim Dator 교수의 '미래 한류의 주역은 농식품 분야가 될 것'이라는 전망처럼 말이다.

미래 한류의 주역이 될 한국농업, 과연 지금 어디까지 왔을까. 해방이후 우리는 농업국가에서 산업화를 거쳐 탈산업 지식정보사회로 무섭게 발전했다. 이러한 눈부신 발전을 통해 사회 전반적으로 큰 변화를 겪게 되었고 이와 더불어 우리의 농업농촌의 역할도 큰 변화를 겪게 되었다. 1970년대는 식량자급이 최우선 목표였다. 다수확 신품종인 통일벼 개발에 성공하고 이를 보급함으로써 녹색혁명, 백색혁명으로 국민영양개선에 기여한 때다. 이후 1980년대 들어서는 경운기와 이앙기의 보급으로 그동안 수작업으로 진행했던 논농사를 기계화를 통해 생산성을 높이게 되었고 또한 비닐하우스 등 시설원예를 확산하여 겨울철 농한기의 생산성을 높이기 위한 방안을 마련했다. 1990년에 이르러서는 과학기술의 발전으로 토양을 정비하고 신품종을 개발하는 등 농업 인프라를 마련하였고 화훼강국인 네덜란드의 유리온실을 국내로 도입해 첨단 원예 산업의 기반을 마련할 수 있었다. 2000년대 이후에는 정보통신기술과 바이오기술을 바탕으로 한 융·복합기술을 농업에 적용하여 스마트팜 등을 실현가능하게 했다.

한 일간지에서 소프트웨어 버전처럼 한국농업의 진화과정에도 이를 적용해서 기사에 연재했던 적이 있다. 지금은 한국농업 4.0시대! 근대화 이전 전통농업을 '한국농업1.0', 1970년대 새마을 운동을 통한 현대화 농업을 '한국농업 2.0', 우루과이 라운드(1995)에 따른 농산물 시장개방이 시작된 농업을 '한국농업 3.0' 그리고 한미, 한EU 등 FTA 체결을 계기로 세계적 경쟁력을 갖추는 농업을 '한국농업 4.0'시대라 구분하고 있다. 한국농업 4.0시대인 지금은 ICT, BT, NT를 융합한 4차 농어업혁명시대를 맞이하고 있다. 국내뿐만 아니라 세계 각국은 이처럼 다가올 미래에 주력산업으로서의 역할을 해낼 농업이 경쟁력을 갖출 수 있도록 노력하고 있으며 다양한 과학기술과 접목해 새로운 가치를 창출하는 4차 농어업혁명시대에 집중하고 있다.

지금 우리 농업은 위기와 기회를 동시에 쥐고 있다. 2004년 한·칠레 FTA를 시작으로 현재 52개국과 자유무역협정을 체결해 발효 중에 있으며 이렇게 넓힌 경제영토는 세계의 73.4%를 확보해 그 규모가 세계 3위를 기록하고 있다. 개방화 및 고령화가 급속도로 이루어지도 있는 우리 농업의 현실에서 혁신적인 변화가 없다면 현실에 안주하고 있는 우리 농업은 경쟁력을 갖추기도 어렵고 더 이상 지속적으로 성장하기도 불가능하다. 이는 국내 농업이 처한 위기상황으로만 보일지 모르지만 이는 다른 한편으로 우리에게 주어진 새로운 기회이기도 하다. 농가, 지자체, 관련기관 그리고 정부가 하나가 되어 농산물의 신품종 개발과 품질 및 서비스 개선, 차별화된 신기술 개발 그리고 경영자적 자질을 갖춘 농업인 양성 등 세계시장에서 우리 농업이 우뚝 설수 있는 경쟁력 확보를 위해 노력하고 있다. 또한 급변하는 소비자 니즈를 제대로 파악하고 상품기획 능력을 향상시켜서 빠르게 변화하는 시장 환경에 능동적으로 대응하는 자세가 필요하다. 우선 65세 이상의 고령인구가 대부분인 한국 농촌현실을 고려하여 한국농어촌공사의 2030세대 농지지원사업[55]에 주목하고 젊은 인력의 농촌유입을 위한 노력에도 적극적일 필요가 있다. 이와 더불어 그동안 흔들리지 않고 우리 농업을 지켜온 이들(선배 농업인)의 노하우와 전통농업에 다양한 분야를 접목해 성장 동력을 창출해 내는 젊은 농업인들의 아이디어가 힘을 모을 때 한국농업 4.0시대에 제대로 된 경쟁력을 갖출 수 있고 지속적으로 성장해 나갈 수 있다. 그렇게 될 때, 비로소 ICT, BT, NT 등 첨단 기술을 통해 경쟁력을 갖춘 농업경영체로 거듭나기를 기대볼 수 있다.

예전에는 아무나 할 수 있는 일을 농사일로 여길 만큼 농업의 진입장벽은 낮았다. 그때까지만 하더라도 사실 국내 농업은 여전히 낙후된 산업으로 인식되기 십상이었다. 하지만 이제 이런 말이 통하지 않는 시대가 되었다. 하루가 다르게 농업 개방이 가속되고 있고 그만큼 경쟁력이 없으면 살아남을 수 없는 분야가 바로 농업이 되었다. 경영마인드, 기술력, 트렌드 분석, 브랜드, 마케팅, 상품기획 등 다양한 분야에 대한 지식과 안목을 갖추어야 하는 시대가 되었다. 농업에 창의적인 아이디어와 기술을 더해 고부가가치를 창출할 수 있도

55 2012년부터 한국농어촌공사가 운영하는 농지은행 사업(농지규모화, 농지매입 비축, 농지임대수탁 사업)을 통해 농업경영을 희망하는 젊은 농업인을 선정, 희망 농지를 매매 또는 임대 지원하는 사업

록 하는 방안이 필요하다. 농업인, 관, 학, 현장 전문가 모두가 세계 시장에서 경쟁력 있는 한국농업을 위한 노력을 아끼지 않고 있다. 한국농업이 안전성과 기능성을 겸비한 고품질 농산물과 세계 최고 수준을 자랑하는 ICT를 접목한 우리만의 농업기술로 세계무대에서 한류의 중심으로 우뚝 서는 그날, 세계인들의 마음을 사로잡게 될 진정한 신 농업한류를 기대해 본다.

■ 고기능성, 고품질로의 승부

세계 각국과의 잇따른 FTA 체결에 따른 개방화 물결이 갈수록 가속화되는 지금의 시점에서 가장 큰 이슈가 되고 있는 것은 바로 우리 농업시장이다. 규모의 경제를 통해 저가공세로 밀고 들어오는 외국 농산물 때문에 위기에 몰려 있는 상황에서 이러한 농업 분야의 시장개방에 대비해 우리 농산물이 대외 경쟁력을 확보할 수 있는 방안을 마련하는 것이 시급하다는 걱정들로 온통 나라 안이 들썩인다. 값싼 가격을 무기로 국내 농산물 시장에 점유율을 높이고 있는 외국 농산물과 마찬가지로 우리 농산물도 외국 농산물 시장에 진출할 수 있는 기회가 생긴 거라고 생각해 본다면 시장개방이 그리 부정적으로만 여길 일은 아니다. 가격 경쟁으로는 대결 자체가 어려운 상황에서 우리 농업의 돌파구는 기술과 아이디어로 승부하는 상품 차별화에 있다는 것에 이견은 없다. 가격이 더 이상의 선택기준이 되지 않게끔 이를 넘어서는 '기능'과 '품질'로 세계농업시장을 감동시키는 차별화 전략방안을 마련한다면 우리 농업도 새로운 희망이 꽃이 만발하게 될 것이다.

세계 농식품 시장규모는 2010년 5조 1000억 달러 수준에서 2020

년 6조 4000억 달러로 성장할 것으로 내다보고 있다. 이처럼 농식품 시장의 성장세와 더불어 개방화되어 날이 갈수록 경쟁이 치열해지고 있는 세계농업시장에서 우리 농산물이 경쟁력을 갖추기 위한 방법은 고부가가치 상품으로 거듭나는 것이다. 그것이 기능성으로 승부를 거는 일이든 최상의 품질로 승부를 거는 일이든 프리미엄의 가치로 시장에서 신뢰를 구축하는 것이 필요하다. 기능성 농식품의 세계적 규모는 2015년 기준 4347억 달러에서 오는 2020년에는 6394억 달러까지 커질 것으로 내다보고 있다. 그렇다면 왜 기능성 농식품이 이렇게 크게 성장하고 있는 걸까. 과거에 비해 건강에 대한 관심이 증가하고 또 노인인구가 늘어나면서 생긴 변화라고 볼 수 있다. 이제 세계 농업시장의 트렌드는 '건강'과 '안전' 그리고 '행복(삶의 질)'에 포커스를 맞추고 있다. 이러한 소비자들의 니즈는 자연스럽게 친환경, 유기농, 기능성, 고품질 제품시장이 조성되는 환경을 만들었다. 특히 먹거리 선택에 있어서 좀 더 안전하고 좀 더 좋은 품질을 찾는 것은 국경을 불문하고 모든 소비자들의 관심사다. 이는 국내에서도 마찬가지다. 한국농촌경제연구원의 『농업·농촌에 대한 2016년 국민의식 조사 결과』에 따르면 농산물이 현재보다 더 개발된다면 농산물 구입에 대해 도시민들은 '품질 우수성을 고려해 구입'한다는 의견이 38.5%로 가장 많았고 '수입산에 비해 가격이 비싸도 우리 농산물 구입(32.8%)', '수입산에 비해 우리 농산물 가격이 비싸면 수입 농산물 구입(28.7%)' 등의 순으로 나타났다. 지난 2015년 조사결과와 비교하면 '수입산에 비해 가격이 비싸도 우리 농산물 구입(32.8%)'은 11.8%P 증가했으며 '수입산에 비해 가격이 비싸면 수입 농산물을 구입(28.7%)'은 10.6%P 감소하였다. 결과적으로 이 조사결과는 도시민들은 농산물을 구입할 때 품질의 우수성을 가장 중요하게 생각하므로 국내산 농산물의 우수성을 입증할 수 있는 '품질인증'을 확대하려는 노력이 더 중요하다는 점을 시사하고 있다.

국내외 농업시장의 상황이 이렇다보니 국내 농업도 시장의 요구에 맞는 대책마련이 박차를 가하고 있다. 더 이상 기존의 농업방식에 머물러서는 답을 찾을 수 없다는 판단 하에 세계무대에서 경쟁력을 갖추고 맞설 수 있도록 한국농업의 강점을 살려 정보통신기술에 농업을 접목한 새로운 농업생산체제로의 변화와 고부가가치를 창출하는 아이디어 상품 개발 등 다양한 노력으로 분주하다.

시장개방과 더불어 국민들의 달라진 식습관으로 인해 가장 큰 타격을 받은 것을 아마 국내 쌀시장일거다. 지속적으로 하향세를 기록하고 있는 국내 쌀시장. 하지만 이러한 분위기와 대조적으로 오히려 상승세를 보이고 있는 쌀 제품들이 있다. 최근에 건강, 다이어트 열풍이 거세지는 상황 속에서 우리의 오랜 주식이었던 쌀밥이 비만, 당뇨 등을 발생시키는 원인이라는 오해를 받게 되는 등의 문제가 심각하게 되었지만 쌀이 가지고 있는 영향학적 가치를 극대화 한 품종을 개발하고 부가가치를 높이는 가공식품을 통해 쌀산업도 시대에 발맞춰 새롭게 다양한 변신을 시도하고 있다.

이러한 움직임으로 익산시는 지난 5월 15일 농림축산식품부에서 공모한 라이스랩Rice-Lab사업의 지원해 쌀가공식품으로 상품화해 쌀소비증진을 선도하겠다는 계획을 밝힌 바 있고 지난 5월 12일에는 농협하나로마트 양재점에서는 철원 오대쌀 가공식품 특판전을 통해 다양한 쌀 가공제품을 홍보했고 각 지역 농업기술센터에서는 쌀소비촉진 및 농식품 6차 산업화 기반 조성을 위해 우리쌀을 이용한 다양한 각공식품 교육을 실시하고 있다. 또한 농촌진흥청에서는 맛에 영양가를 더한 기능성 쌀 개발에 집중하고 있는데. 키 크는 쌀부터 젊어지는 쌀. 다이어트 쌀, 기억력이 좋아지는 쌀, 당뇨에 좋은 쌀 등의 기능을 보유한 쌀들이 개발되고 있다. 이 가운데 홍국균이라는 붉은 누룩곰팡이를 접종해 발효한 기능성 쌀인 홍국쌀은 콜레스테롤과 고지혈을 줄이는 데 효과적이다. 보석흑찰과 건강흑미는 항산화 작용에 도움을 주어 심장병과 암예방에 효과적이며 일반 쌀보다 식이섬유 함량이 2배 이상 높은 고아미벼는 체지방 감소 효과가 탁월해 다이어트 쌀로 불린다. 서산시에서는 지난해 고아미로 만든 쌀국수를 미국으로 수출하는데 성공했다. 이 외에도 버섯쌀, 동충하초쌀, 천년초, 홍삼 외 21가지 성분을 혼합해 기존 현미쌀과 차별화한 프리미엄 쌀 발효꽃현미 등 몸에 좋은 기능성 쌀들이 속속 선보이고 있다. 그리고 밀가루 대신 알러지 없는 쌀빵, 쌀과자 등의 우리의 쌀 가공제품을 전 세계로 수출할 계획을 갖고 있다. 농림축산식품부 장관이 직접 밝힌 권역별 수출장려책으로는 도시인구, 1인 가구, 영유아 인구가 급속도로 증가하고 있는 중국을 대상으로는 쌀을 이용한 이유식, 즉석밥 등에 집중하고 동남아는 할랄과 채식주의자 시장을 고려해 쌀로 만든 면류에 그리고 건강에 관심이 많은 미국과 유럽 지역은 기존의 밀가루 대신 쌀로 만든 스낵과 시리얼 등에 주력해 전략적으로 육성할 계획임을 밝혔다. 이처럼 농업이 과학기술과 만나서 기존 농산물의 기능을 강화하고 품질을 향상시켜 고부가가치 상품으로 재탄생하면 농가의 소득을 높여 삶의 질을 향상시킬 뿐만 아니라 국민들은 좋은 품질의 농산물을 섭취해 건강을 얻을 수 있고 또한 수출활성화를 통해 국가 이미지 제고 및 경제 활성화에도 기여하게 된다.

농업의 먹거리 분야에서 기능성과 품질을 고려한 상품이 세계무대에서 주목을 받고 있다면 화훼분야에서도 이처럼 수출 효자 품목이 있어 눈길을 끌고 있다. 사실 그동안 국내의 화훼산업은 국내외

시장의 소비침체로 가격이 떨어지고 상대적으로 생산비는 증가한데다가 화훼 품목 역시 다른 농업분야와 마찬가지로 외국에 로열티를 지불해야 했고 또 이상기후와 병해충이 품질을 저하시키는 악재로 생산성이 떨어지는 상황이 계속되면서 농가의 어려움이 갈수록 컸던 것이 현실이다, 이러한 결과 화훼수출은 2016년 2,600만 달러로 지난 2010년 1억 달러에 비해 74%나 큰 폭으로 떨어졌다. 이에 경기도농업기술원이 중심이 되어 화훼농가의 부담을 줄일 수 있고 세계무대에서 경쟁력일 높일 수 있도록 장미, 국화, 선인장, 다육식물의 신규 품종을 육성해 해외시장 점유를 늘리는데 힘을 쏟고 있다. 이러한 노력의 결과 장미는 224만 주, 국화는 1973만 주 통상실시 각각 23억원, 4억원의 로열티를 줄이는데 성공했다고 한다. 특히 장미의 경우는 에콰도르, 케냐 등 26개국에서 389만 주 판매해 14억원의 로열티를 벌어들이고 있는데, 우리가 기존의 장미 수입국에서 수출국이 되는 것에 큰 역할을 했다. 경기도농업기술원에서 개발한 '딥퍼플Deep purple' 장미는 분홍색과 진분홍이 섞인 크고 화려한 꽃송이에다 가시가 없는 줄기가 특징인 품종이다. 2016년까지 국내에 보급된 양은 8만 주로, 해외에서는 에콰도르, 콜롬비아, 케냐 등 9개국 187개 농장에 313만 주를 판매했다. 특히 수출을 통해 거둬들인 로열티는 올해 3억 3000만원으로 누적액이 12억 8000여만원에 달하는 등 해외로 수출한 경기도농업기술원 개발품종 10품종 중 최고 판매액을 기록했다. 현재 국내 장미의 세계시장 점유율 2.8%를 차지하고 있다. 국산 품종 서양 난 심비디움은 2008년 중국시장에 약 230억원을 수출 할 정도로 신선농산물 수출의 효자품목이다. 심비디움 재배농가는 수출다변화를 위해 지난 2016년 베트남 시장에 15종, 4400만본에 대한 첫 선적을 했다. 화훼산업의 국내외 수요를 확대하기 위해 가장 중요한 것은 우선 국내에서는 일상생활 속에서 꽃을 활용하는 일이 많도록 꽃 소비촉진을 위한 문화를 조성하는 방안을 마련하는 것이 무엇보다 필요하며 수출국별로 선호도가 높은 품종과 소비트렌드를 제대로 파악하여 맞춤개발, 육성에 집중할 필요가 있다.

이렇게 농식품과 화훼 등 모든 해외로 나가는 수출품목이 세계무대에서 경쟁력을 갖추기 위해서는 고품질 농산물을 자체를 생산하는 기술도 중요하지만 수확 후 이를 유통하는 과정에서 상품의 가치를 그대로 보존할 수 있도록 원형 그대로의 모양과 신선도를 유지하고 영양소 파괴를 최소화하며 유해물질을 저감시키는 기능성 패키지에 대한 준비도 필수다. 이는 그동안 우수한 품질의 우리 농산물이 해외로 수출되면서 겪었던 가장 큰 걸림돌이기도 했다. 특히 과채류의 경우 유통과정 중 숙성하면서 발생하는 에틸렌 가스와 각종 미생물의 번식을 억제하는 기술은 신선도 유지에 꼭 필요하다. 이러한 기능성 패키지는 우리 농산물의 우수성을 최대한 유지한 상태로 세계시장으로 진출할 수 있게 해주는 역할을 함으로써 수출활성화에 기여할 수 있다는 점에서 매우 중요하다.

2017년 농식품 R&D 추진계획을 보면, 농생명산업기술개발사업, 첨단생산기술개발사업, 수출전략기술개발사업, 농림축산식품연구센타지원사업, 기술사업화 지원사업, 가축질병대응기술개발사업, 포스트게놈 신산업육성을 위한 다부처유전체사업, 경쟁력 있는 품종개발을 위한 Golden Seed 프로젝트, 고부가가치 식품기술개발사업까지, 총 9개 사업에 1695억 8600만원이 투입된다고 한다. 우리농업은 글로벌 시장개방, 기후변화에 따른 잇따른 기상이변현상, 인구구조의 변화, 미래식량과 에너지문제 등의 다양한 변화를 겪으면서 이렇게 변화한 환경에 대응하기 위해 다방면으로 노력을 기울이고 있다. 한

가지 분명한 것은 보다 나은 삶을 꿈꾸는 이들의 먹거리에 대한 안전성, 품질, 기능에 대한 니즈가 점점 더 상승할 것이기 때문에 앞으로 우리 농업은 ICT융합형 산업구조로 전환해 세계무대에서 고품질, 고기능성으로 경쟁력을 갖출 수 있도록 발 빠르게 대응해 나가야 할 것이다.

■ 新농업 한류

기후변화에 따른 자연재해, 기하급수적으로 늘어나는 인구와 그만큼 부족해지고 있는 식량문제, 신재생에너지의 필요성 증가, 건강에 대한 관심증대 등 이러한 세계 공통의 상황은 농업이 가까운 미래에 성장산업으로서의 잠재력을 실감케 한다. 세계적인 투자전문가 짐 로저스가 지난 제주포럼 특별 세션에서 '농업은 앞으로 20~30년 안에 가장 수익성 높은 사업 영역이 될 것'이라고 미래투자처로 농업을 꼽은 바 있다. 또 자크 시라크Jacques Chirac 전 프랑스 대통령은 2004년에 개최된 파리박람회에서 '농업이 없다면 국가도 없다.'라고 말하며 프랑스 농업에 대한 각별한 사랑을 표현했고, 니콜라 사르코지Nicolas Sarkozy 전 대통령도 '농업은 나노공학, 우주산업처럼 미래 여는 열쇠'라고 농업의 중요성을 강조한바 있다. 버락 오바마Barack Obama 미국 대통령 역시 '농업은 도전을 겪는 동시에 막대한 경제적 기회 앞에 있다'면서 농업 경쟁력의 중요성을 유독 강조했다. 이처럼 선진국들은 농업이 미래 성장산업이라는 판단 하에 만반의 준비를 하고 있다. 이제 세계의 농업은 전통적인 생산방식에서 벗어나 새로운 돌파구를 찾고 있다. 농업은 더 이상 1차 산업에 머무르고 있지 않으며 1차, 2차, 3차 산업이 결합된 복합융합산업이다. 이제 농업은 첨단기술과 융합함으로써 고부가가치 산업으로 하루가 다르게 발전하고 있다.

이렇게 진화하고 있는 농업을 두고 우리 역시 변화된 시장 환경에 발 빠르게 대처해야함은 예외일 수 없다. 기존의 전통적인 농업방식에서 벗어나야한다는 우려와 함께 세계가 부러워하는 우리 고유의 독창적인 유산과 우리의 강점인 융·복합 첨단기술을 접목시켜 다양한 분야로 농업을 발전시켜 나간다면 해외시장에서 문화 한류에 이어 또 다른 한류의 주역으로서 한국농업의 위상을 높일 수 있게 될 것이라는 희망을 보고 있다. 이를 위해서 가장 기본적으로 품종개량과 스마트한 재배방법을 차차 실행해 가고 있으며 이를 통해 원료에서부터 철저하게 품질을 관리하는 것부터 박차를 가하고 있다. 나아가 농업자원과 첨단기술을 접목시켜 신성장동력을 발굴하는 일에도 집중하고 있다.

인류는 건강하고 행복한 삶을 지향하고 있기 때문에 앞으로 농업의 모습도 인간의 심신이 건강한 삶을 유지할 수 있도록 하는데 초점을 맞추게 될 것이다. 인류의 식량안보를 위해 곤충자원을 산업화하는 방안이 지속적으로 연구되고 있으며 건강과 안전을 지킬 수 있는 고부가가치 식품산업을 육성하고 있다. 또한 동·식물, 미생물 등의 특성과 기능을 활용해 농업과 접목하고 있는 바이오산업의 경우도 마찬가지다. 유기농 바람을 타고 자연과 인체에 해를 입히지 않는 좋은 천연원료를 이용한 제품개발이 세계적인 트렌드가 되면서 뷰티산업 역시 농업이 진출하고 있는 유망한 분야라고 할 수 있다. 그리고 점점 커져가고 있는 건강기능식품시장(세계시장 연평균 7.9%, 국내시장 연평균 7.4% 성장률 기록, 출처: 식품의약품안전처 2015)이 있는 한 국내에서 생산되는 농산자원들의 기능성 원료를 위한 천연

소재 발굴에 힘쓰게 될 것이다. 이러한 미래성장산업으로서 농업의 잠재가치는 ICT를 융합해 경쟁력을 높이는 것에 근거를 두고 있다. 4차 산업혁명의 핵심기술인 인공지능AI, 사물인터넷IoT, 스마트팩토리, 로봇기술, 클라우드, 빅데이타 기술이 농업과 만나 미래성장산업으로서 혁신적인 변화를 이끌어 갈 것으로 기대하고 있다.

이처럼 글로벌농업시장이 개방된 환경 하에 한국 농산품의 우수성을 대내외로 알리는 것과 앞으로 한국농업이 미래성장사업에 진출하는 것 못지않게 한국의 우수한 농업기술을 개도국중심으로 전파하고 기술협력을 추진하는 것 또한 장기적인 차원에서 한국농업 발전에 큰 기여를 하게 될 부분으로 매우 중요한 일이다. 이를 가리켜 일명 농업한류라고 말하는데, 기존에 한국의 음악이나 드라마, 영화가 해외에서 인기를 얻으며 새로운 문화흐름을 불러일으켰던 것과 마찬가지로 한국의 농업기술과 개발모델을 벤치마킹하고자 하는 개도국에 부는 한국농업에 대한 열풍을 일컫는 말이다. 이렇게 농업분야에서 해외원조는 농림축산식품부의 공적개발원조 ODA(Official Development Assistance)와 농촌진흥청의 해외농업기술개발사업KOPIA(Korea Program on International Agriculture)이 대표적이었다. 최초 농업분야에서의 한국 ODA는 1973년 국제기구 AVRDCAsia Vegetable Research and Development Center(아시아채소연구개발센터)에 분담금을 지불한 것에서부터 시작된 것으로 알려져 있다. 이후 1987년도에 한국수출입은행의 대외경제협력기금EDCF, 1991년도에 한국국제협력단 KOICA가 설립되고 본격적으로 시작되었다고 볼 수 있다. 유상원조의 경우 농업분야에 대한 투자는 미비한 수준이지만 한국수출입은행이 대외경제협력기금EDCF를 통해 진행하고, 무상원조는 한국국제협력단KOICA이 담당하며, 농림축산식품부 및 타 기관들이 관여하고 있다.

한국국제협력단KOICA는 『한국적 개발협력 프로그램 발전방안 연구(2007)』를 통해서 개도국 맞춤 농촌개발을 제시하였다. 개도국 농촌지역 주민의 생활환경 개선을 위한 인프라 구축, 농업생산성 향상을 위한 생산기반 조성, 관개시설, 저장시설, 영농기술교육 그리고 지속적인 농업발전을 위한 정책수립지원까지 이렇게 한국은 개도국의 농업·농촌발전에 필요한 다양한 지원을 꾸준히 지속해왔다. 공적개발원조ODA 사업액의 경우, 2010년 47억, 2011년 100억, 2012년 105억원 2013년 120억원 ... 2016년 523억원에 이어 올 2017년에는 599억원이 편성되었다. 초기 사업내용은 일회성을 띄는 단기 프로젝트로 농업기반정비, 관개사업, 용수개발이 대부분이었다. 이후 보다 지속적인 장기 프로젝트가 필요하다는 지적이 제기되어왔으며 이때 실시한 것이 2011년 카메룬 벼농사 기계화단지 조성사업과 인도네시아 기계화단지 조성사업이 있다.

그리고 올해부터 농식품부는 농진청과 한국농어촌공사, 산림청 등의 관계기관과 협업을 통해 ODA사업의 효율성제고에 힘쓸 계획임을 발표했다. 각 기관들은 개별적으로 각 기관의 특성에 맞는 ODA사업을 추진하는데 올 2017년에는 총 599억원의 예산이 투입된다. 이 가운데 농식품부의 2017년 ODA 예산규모는 총 271억원으로 16개 개도국의 농업생산성 증대와 농촌 생활환경개선 등을 지원한다. 국제농업협력사업을 통해 베트남, 가나 등 여러 국가에서 농작물 생산이 크게 증가하는 성과를 올렸으며 현재 우즈베키스탄 야사비지역의 사과, 포도의 유통개선을 지원하기 위해 저온저장시설을 건설중이며, 모잠비크에서는 농민들의 영농지도를 위해 영농교육센터를 설치, 운영하고 있다. 농진청의 2017년 ODA사업 예산규모는 총 188억원으로 농업기술개발 분야에 특화한 ODA를 추진하고 있다. 20개국의 현지 농업연구기관과 공동으로 맞춤형 농업기술을 개발하는 해외농업기술개발사업KOPIA을 추진하고 있으며, 이러한 사업으로 필리핀 농업환경에 적합한 벼 우량종자를 개발하여 기존에 비해 18% 향상된 생산성을 달성하는 성과를 거두었다. 또한 지금까지 개도국에 국내 농업기술 전문가 566명을 파견하고 개도국 농업 연구원 727명을 초청하여 농업기술 인적역량강화에 기여하였다. 산림청의 2017년 ODA사업 예산규모는 총 140억원 규모로 몽골과 중국의 사막에 나무를 심는 조림사업과 산림지역 주민소득 제고에 기여하는 생태관광협력사업을 추진하고 있다. 특히 몽골에서는 2007년부터 계속해서 조림사업을 추진해 왔으며 약 3천ha에 해당하는 사막에 나무를 심었고, 2010년에는 몽골 식목일을 제정하였고 2012년에는 사막화방지 법령을 제정하였다. 또한 유엔사막화방지협약UNCCD, 생물다양성협약CBD, 국제열대목재기구ITTO 등 산림 분야 국제기구에 분담금도 지원하고 있다.

이렇듯 그동안 농식품부를 비롯하여 농진청, 산림청등의 각 기관은 개도국의 농업·농촌발전을 위해 각 기관별 강점을 특화한 농업분야 ODA 사업을 추진해 왔다. 하지만 이제는 개도국 농업농촌발전에 있어서 보다 실질적인 효과를 창출할 수 있도록 각 기관들이 서로 간 협업을 통해 연계사업을 발굴하는 등의 적극적인 노력이 있어야 할 것이다.

이처럼 문화한류와 함께 우리의 농업기술을 배우려는 개도국의 열정이 농업한류의 바람을 멈출 수 없게 만들고 있다. 기후환경변화, 다국적 FTA, 좁은 경지면적, 농업인구의 노령화, 농가소득정체 등의 열악한 조건을 극복하고 한국농업이 이룬 성과와 노하우를 세계 각국에 알리고 나누는 일에 적극 노력해야 할 것이다. 개도국에 대한 우리의 농업기술 협력과 농업·농촌발전에 대한 지원은 개도국에만 긍정적인 효과를 미치는 것이 아니라 우리의 국가 이미지를 제고하고 경제발전에도 큰 영향을 미치게 될 것이다. 이외에도 농업한류에 있어서 빼놓을 수 없는 것 가운데 하나가 식품분야가 아닐까한다. 지난 몇 해 동안 우리는 한국농업을 세계화시키기 위해 세계 각국을 무대로 K-Food를 선보여 왔다. 한국의 농산물과 한국식품 그리고 한국요리에 대한 세계인들의 관심이 단지 일회적인 관심에 그치지 않도록 하기 위해서는 현지에 대한 충분한 이해, 원천적인 기술개발, 농산물 신품종 개발, 이를 활용한 제품의 판매 유통망 확보 등에 해당하는 다양한 대책 마련이 필요하다. 한국 농산물이 글로벌 경쟁력을 갖추기 위해서는 현지수출에 필요한 인증을 취득하는 것이 무엇보다 우선시 되어야 하며 이에 대한 정보를 발 빠르게 지원할 수 있는 시스템 마련이 절실한 실정이다.

한국의 선진농업은 이제 세계 곳곳에서 그 이름을 떨치고 있다. 멀리 아프리카 케냐에는 병충해와 가뭄에 강한 한국산 개량감자를 심고 한국산 우량닭을 보급하여 1년 새 3배 이상의 소득이 증가해 이곳 농민들의 생활수준을 향상하는데 큰 도움을 주고 있고, 세계 최고의 기술을 자랑하는 한국의 벼 재배기술은 브루나이를 비롯해 아프리카 여러 나라에 이미 전파되었다. 농업한류에 있어서 눈에 띄는 또 하나의 농업분야는 바로 화훼다. 오색빛깔의 화려함을 자랑하는 한국산 선인장도 농업한류에 한몫을 톡톡히 해내고 있다, 그동안 한국의 화훼시장은 계속해서 해외로열티를 지불해 왔으며 수출확대를 위한 맞춤형 신품종개발이 늘 절실했었다. 이에 농진청에서는 강한 빛에도 변색되지 않고 선명한 분홍색 품종, 과도한 수분에도 조직이 갈라지지 않는 진적색 품종, 조직이 단단해 접목 후 생존율이 높은 순수 우리품종을 개발하는데 성공했고, 이 접목선인장은 선명한 색상의 고품질임을 인정받아 세계시장의 70%이상을 점유할 정도로 우리 농업의 신성장동력으로서의 역할을 톡톡히 해내고 있다. 이는 앞으로 세계 최고 수준의 경쟁력을 갖춘 수출작목으로 성장해 농업한류의 확산에 큰 기여를 할 것으로 기대를 모으고 있다.

이렇게 세계를 무대로 뻗어나가고 있는 우리의 농업기술은 비단 한국의 농업발전뿐만 아니라 세계인의 희망을 이루어 주는 역할을 하게 될 것이다. 이제 농업은 생산에만 머무르지 않고 유통, 가공, 수출로 이어지는 하나의 산업이 되었다. 한발 더 나아가 생명산업이자 미래 산업으로 부르고 있다. 눈부신 과학기술의 발전은 농업기술의 발전을 낳게 되었고 그로인해 수출품목에 대한 제약도 사라지게 되면서, 농기계, 원료, 농산물, 가공품을 넘어서 이제는 유통조건이 매우 까다로웠던 신선채소까지 수출이 가능해졌다. 경제 국경이 사라진 오늘날 농업의 지속가능한 발전을 위해 해외시장 진출은 어떻게 보면 선택이 아닌 필수사항이 되었다. 우리만의 우수한 농업 기술력을 갈고 닦아 이를 바탕으로 우수한 품질의 농산물을 생산하고 가공하여 안전성과 품질을 보장하는 우리 농식품을 세계인의 식탁에서 자주 만나볼 수 있는 날이 하루빨리 오기를 바라본다. 세계농업의 흐름은 자연과 첨단기술이 어우러진 미래유망산업으로 하루가 다르게 성장해 나가고 있다. 농업은 한 국가의 가장 근간이 되는 산업이자 동시에 미래의 가장 유망한 산업으로 기대를 모으고 있기도 하다. '농업이 없다면 국가도 없다.'고 말한 어느 대통령의 말처럼 농업은 우리에게 과거에도 현재에도 그리고 미래에도 가장 중요한 산업이다. 세계무대에서 우뚝 설 한국농업을 기대하며 농업부문의 경쟁력을 높이기 위해 이제 우리 모두가 힘써야 한다.

Part 3.

춤추는 우리 농촌

Chapter 1

아이들의 농촌사랑 법

'농촌이 중요하다고 생각합니까?'라는 질문에 '아니오.'라고 대답할 사람은 단 한명도 없을 것이다. 그런데 그것이 왜 중요한지에 대해서 정확히 말할 수 있는 사람은 과연 얼마나 될까. 소중한 존재라고 하니까 당연하게 여기고 있는 것은 아닌지 우리 스스로에게 물어봐야할 일이다. 농촌의 가치를 제대로 아는데 있어서 어른, 아이 구별하는 것 자체가 무색한 일이지만, 특히 미래세대인 어린이와 청소년이 농업·농촌에 대한 애정 어린 관심을 갖고 참된 가치를 제대로 알도록 하는 일은 무엇보다 중요하다. 자아가 형성되고 사고의 틀이 자리잡혀가는 시기이자 성인이 되어 살아가는데 필요한 생활습관이나 정신적인 근간이 형성되는 시기이기에 더욱 그러하다. 유년시절 형성된 인생관이 아이의 평생을 좌우한다는 말이 있는걸 보면 이 시기의 중요성을 짐작하고도 남는다.

농촌은 우리가 매일 먹고 있는 갖가지 식재료들, 쌀을 비롯해 과일, 채소, 육류, 어패류 등의 신선한 먹거리를 제공해 주고 있다. 그 덕분에 우리는 생명을 이어갈 수 있을 뿐만 아니라 건강한 삶을 살 수 있다. 이는 누구나 아는 사실이지만 너무 익숙한 나머지 쉬이 잊기도 한다. 그런데 이러한 직접적인 이유 외에도 잘 알려지지 않은 농촌의 숨은 가치도 있다. 자연을 보전하고 또 천재지변으로부터 우리를 보호한다는 사실이다. 솔직히 쉽게 와 닿지 않는다. 이를 농촌이 가진 다원적 기능[1]이라고 하는데, 농촌에 가면 여기저기서 볼 수 있는 논은 홍수조절능력이 있어 해마다 찾아오는 불청객 태풍으로부터 피해를 줄이는데 크게 도움을 준다. 또한 토양을 보전하거나 대기를 깨끗하게 하는 역할도 한다. 이를 통해 얻는 가치는 실로 어마어마하다. 농촌진흥청에서 분석한 농업의 다원적 기능평가(2008년 자료) 결과를 보면, 논의 홍수조절 능력은 돈으로 환산하면 44조 3000억 원에 달하고, 수자원의 함량 조절, 대기정화, 기후순화, 수질정화, 토양보전에서 얻는 다원적 가치는 모두 67조7000억 원에 이른다고 한다. 이것은 농업에서 얻는 수익 35조2000억 원의 2배에 이르는 가치를 만들고 있는 것이다. 이것을 다 합치면 100조원이 넘는 어마어마한 유·무형의 자산을 생산한다고 볼 수 있다. 하지만 여기서 우리가 간과해서는 안되는 일이 있다. 농업의 다원적 기능은 이러한 기능이 한번 상실되면 회복하는데 상당한 시간과 노력이 소요되기 때문에 이를 보존하는 일에 최선을 다해야 한다는 것이다. 농업이 무너지게 되면 우리가 꿈꾸는 미래도 없기 때문이다. 이렇게 강조하고 또 강조해도 과하지 않은 농촌의 가치는 그만큼 값지다.

1 환경보전기능(홍수조절, 대기정화, 토양유실방지), 사회경제적 순기능(농촌공동체 유지, 전통문화 계승), 자연경관 유지 및 생태보전 등의 공공재적 기능을 의미

어른들도 제대로 알지 못한 농촌의 가치에 대해 우리의 미래를 이끌어갈 아이들은 과연 얼마나 알고 있을지 궁금해진다. 시골에서 태어나 자연을 몸으로 느끼며 자란 어르신들 세대와는 달리 요즘 아이들은 농촌을 체험할 기회조차 많지 않은 것이 현실이다. 무언가를 제대로 알기위해서는 이론만으로는 부족하다. 직접 부딪혀 경험해보지 않고서는 제대로 안다고 말하기는 어렵다. 현실의 자연보다는 가상의 게임에 빠져있는 시간이 더 많은 요즘 아이들에게는 농촌에 대한 이해가 절대적으로 부족하다. 매일 아침 식탁에서 만나는 먹거리가 어디서 생겨나 어떻게 내 밥상위에까지 오게 된 건지 알지 못한다면 미래에는 농촌의 존립 자체가 흔들릴 위기를 맞게 될지도 모른다. 도시에서 나고 자란 아이들에게 농촌이라는 대상을 삶의 공간으로, 놀이의 공간으로, 교육의 공간으로 제공해 주지 못할 상황이라면 최소한 자주 접할 수 있는 기회라도 만들어줄 필요가 있다. 아이들이 농촌을 방문하고 몸소 체험하는 과정을 통해 자연스레 그 다원적 가치에 대해 알게 된다. 이는 아이들에게도 농촌에도 중요한 일이다.

농촌의 가치를 제대로 아는 일이 아이들에게 왜 중요한 일인지 짚어봐야겠다. 청소년은 성인으로 성장해가는 과도기에 있다. 다방면에서 미성숙한 단계에 있는 이들이 올바른 가치관을 형성할 수 있도록 하는 일은 한 인간의 성장과정을 놓고 볼 때 매우 중대한 일이다. 한 인격체가 지덕체를 제대로 갖출 수 있도록 올바른 교육이 필요하다. 그런데 우리의 실상은 그렇지 못하다. 이렇게 중대한 시기에 정작 청소년들은 각종 유해물에 노출되기 십상이고 게임에 중독되는 일이 많다. 그리고 청소년을 위한 건전한 여가활동이 턱없이 부족한 현실 또한 그 이유가 되기에 충분해 보인다. 현재의 여러 가지 상황을 고려해 볼 때 청소년기에 심신의 건강과 인격형성 그리고 자아실현으로 바른 가치관을 형성할 수 있도록 도움을 주는 농촌체험활동의 중요성이 점차 커지고 있다. 각종 체험활동이 활발해지면서 농촌의 새로운 가치도 더불어 주목받기 시작하고 있다. 오늘 농촌은 어제와는 사뭇 다른 모습이다. 빠른 속도로 변화하고 있고 이를 바라보는 시각도 크게 달라졌다. 예전에는 생소했던 '어메니티'와 '힐링'이라는 개념이 등장하게 되었고 이러한 과정에서 그동안 생산만을 담당하는 곳이 이제는 교육의 장소로도 알려지고 있다. 농촌체험도 단순체험을 넘어 직접 보고, 듣고, 느끼고, 생각할 수 있는 체험으로 바뀌고 있다. 농산물이 어떻게 자라는지 재배과정을 보여주기도 하고 자연을 해하지 않고 인간이 함께 살아가는 방법, 향토음식과 전통문화에 깃든 이야기를 체험함으로써 아이들 스스로 개념과 원리를 깨달을 수 있는 기회를 제공하는 살아있는 교육을 실천한다. 이러한 이유로 농업 선진국에서는 오래전부터 교육농장을 농업과 교육의 상생적 만남의 장으로 적극 활용해 왔다. 농업과 농촌은 이미 1차 산업을 벗어나 6차 산업으로 뛰어들었으며 농촌을 바라보는 크고 작은 변화들이 이를 증명하고 있다. 국내도 마찬가지로 농업과 농촌을 교육적 가치가 있는 대상으로 보고 그 가치를 향상시키는데 주력해야한다고 목소리를 높이고 있다.

최근 학교에서 추진하고 있는 교과과정과 연계된 농촌체험 프로그램들은 농촌이 가진 자원, 어메니티를 활용해서 자연에서부터 시작되는 생명의 존엄성, 전통문화에 대한 이해, 로컬푸드 실천을 통한 먹거리의 소중함 나아가 농촌이 갖는 다원적 기능에 대한 가치를 알려주고자 하는데 목표를 두고 있다. 안전한 먹거리를 생산하는 곳이자 생명의 참된 가치를 배울 수 있는 살아있는 배움터, 농촌은 이제 아이들에게 소중한 교육의 장소로 거듭나고 있다. 제대로 된 농촌체험활동을 활성화시킴으로써 한 해 동안 농업인들의 노고가 고스란히 담긴 소중한 농산물을 통해 먹거리에 대한 감사함을 느끼고 자연의 소중함을 제대로 알려야 한다. 농촌의 가치를 미래세대에게 전달하는 일은 그 자체만으로도 충분히 가치 있는 일이다.

■ 생명의 가치, 감사와 배려의 산실

이른 아침, 여느 때와 마찬가지로 분주하게 출근준비를 하고 있었는데, 매일 무거운 소식으로 시작하던 뉴스에서 평소와는 다르게 따뜻한 이야기가 들려왔다. 종이상자와 폐지가 가득한 손수레를 힘겹게 끄시던 할머니가 행인과 부딪혀 넘어지면서 거리에 폐지들이 쏟아지게 되었는데, 이때 길을 지나던 고등학생 4명이 폐지를 모두 정리해 손수레에 싣고 할머니를 부축해 댁까지 모셔다 드렸다는 내용이다. 어쩌면 너무나도 당연한 일인데, 온갖 흉악 범죄 소식으로 얼룩진 요즘이기에 마음 따뜻하게 하는 학생들의 선행이 더 빛을 발하는 것일지도 모른다. 하지만 현실은 아침에 보도된 뉴스와는 대조적으로 아동학대, 학교폭력, 집단 따돌림, 우울증, 가출, 절도, 약물남용, 성비행, 스트레스로 인한 자살에 이르기까지 청소년에 대한 크고 작은 사건사고 소식이 끊이질 않고 있다. 최근 들어 이러한 문제들이 더욱 붉어지게 되면서 이에 대한 해결책 마련이 시급하다는 우려의 목소리가 사회 안팎으로 거세지고 있다. 다음세대를 책임질 미래의 주인공들이기에 우리의 밝은 미래를 위해서라도 방관할 수 없는 문제다. 과거에 비해 눈에 띄게 수위가 높아지고 있는 청소년 문제, 그 원인은 어디에서 찾을 수 있을까.

청소년들의 이러한 문제적인 행동을 개인적인 문제라고 단정 지을 수는 없다. 이러한 행동 대부분은 사회적 규범이나 관습에서 벗어난 행위로 타인과 사회에 피해를 주기 때문이다. 그 종류도 매우 다양하고 복잡하다. 이러한 원인에는 여러 가지 요인들이 작용한다고 볼 수 있지만 가장 먼저 개인적인 차이에서 찾아 볼 수 있다. 전문가들은 문제행동을 하는 아이들은 대체로 자아존중감이 낮거나 자기통제능력이 낮은 것이 특징이라고 말한다. 또한 가정 내에서 부모의 불화나 폭력, 잘못된 훈육, 갈등적 분위기 등이 문제행동을 유발하는 경향이 없지 않다고 한다. 개인과 가정 외에도 청소년의 문제행동을 일으키는 사회 환경요인에는 학교환경이 있다. 청소년 문제행동은 일반적으로 학교규범을 준수하지 않거나 학교생활에 잘 적응하지 못하는 아이들에게서 주로 나타난다. 또한 폭력성이 강하고 선정적인 대중매체 또한 청소년 문제를 부추기는 요인으로 작용하고 있다. 날로 심각해져가는 청소년 문제를 해결하기 위해서는 청소년 자신은 물론 가정과 학교, 사회 모두의 지속적인 노력이 필요하다. 수많은 청소년 문제의 답은 결국 올바른 인성교육에서 비롯된다는 결론에 도달하게 된다. 청소년 문제의 원인을 크게 생각하면 하나같이 인성교육의 부재에서 비롯된 것들이다. 인성에 대한 이러한 고민은 농촌에서의 산교육을 통해 올바른 인격을 형성할 수 있도록 하는 일로 자연스럽게 관심이 모아지게 되었다. '농촌'이라는 살아있는 배움터에서의 다양한 경험은 아이들에게 자연과 생명의 소중함과 타인에 대한 배려까지 깨우칠 수 있도록 도움을 준다.

그렇다면 농촌교육농장은 과연 현대의 청소년 문제를 해결하고 인성함량을 위한 해결책이 될 수 있을까. 프랑스 농업회의소에서는 학교의 교육과정과 연계해 상시적으로 교육활동을 전개하는 농가를 교육농장이라고 정의하고 있다. 국내 농촌진흥청에서 말하는 농촌교육농장은 농업활동이 이루어지는 농촌의 인적, 물적 자원을 바탕으로 학교교육과 연계된 교육프로그램 전반에 걸친 활동을 정기적으로 제공하는 교육의 장을 의미한다. 농업이란 무엇인지와 농촌에 대한 교육적인 효과뿐만 아니라 성장기 청소년들이 올바른 인성을 갖출 수 있도록 도움을 준다는 점에서 그 가치를 재조명받고 있다. 도시에서 학업과 교우관계 등 각종 스트레스에 지친 아이들이 농촌으로 와서 휴식시간을 갖고 자연을 만끽하며 농업농촌의 진정한 가치와 우리 땅에서 나는 먹거리의 소중함을 깨닫는다. 이러한 취지에서 교육농장은 기존의 농촌체험과 공통된 취지를 갖고 있지만 궁극적으로 추구하는 목적에는 차이가 있다. 교육농장은 기존의 농촌체험 주로 농사일에 관한 일회성을 띄는 단순한 체험들과는 확실히 다른 차별화를 추구하고 있다는 점이다. 농촌에서 펼쳐지는 각종 체험활동들이 이전에는 행사를 진행하는 이를 중심으로 운영되었다면 교육농장에서는 진행자 중심이 아닌 참여하는 아이들이 중심이 되어 농업활동을 기초로 통합적 교육활동으로 진행되며 교육농장의 모든 교육활동은 학교교육과정의 목표와 교과별 핵심 주제를 포함하고 있다는 점에서 큰 의의를 갖는다. 자연에서 배우는 농업활동을 통해서 동식물의 생육원리와 자연을 소중히 여기는 마음과 타인을 배려하고 생명을 존중하는 마음을 자연스럽게 얻게 된다. 이처럼 진정한 교육은 지식만 쌓는 것이 아니다. 자연에서 감각을 통해 스스로 체험하는 것만큼 좋은 교육방법은 없다. 자라는 아이들에게 농촌이라는 공간은 그 자체만으로 최적의 산교육의 장이다.

우리에 비해 훨씬 이전부터 농촌의 가치를 국민들과 공유하고 농촌의 소중한 자원을 지켜나가는 일에 앞장서고 있는 농업강국들의 교육농장은 어떤 모습일까. 농업선진국들은 이미 오래전부터 교육적 가치로서 농촌의 중요성을 강조해 왔으며. 도시와 농촌의 상생적 만남에 대한 성공모델로서 교육농장이 안정적으로 정착한 상태다. 1970년대부터 태동한 유럽의 교육농장은 도시화가 가속화되던 시점에 삶의 근원인 농업·농촌이 제 가치를 인정받지 못한 현실을 반성하게 되면서 시작하였다.

프랑스 교육농장의 경우에는 18세기로 거슬러 올라간다. 당시 자연주의 교육철학을 가지고 있던 루소는 '농촌은 감각을 깨우는 가장 좋은 환경'이라고 말했을 정도로 교육의 장으로서 가치가 있는 농촌을 중요하게 생각했다. 덕분에 프랑스에서 교육농장은 꾸준한 발전을 거듭해 왔고 농업강국들 사이에서도 가장 체계적인 것으로 알려지게 되었다. 일찍이 농촌이라는 공간에 교육적 가치를 부여하고 그곳의 모든 자원을 교육자원으로 적극 활용하고 있다. 프랑스의 교육농장은 그 설립과 운영에 관련된 규정이 체계적이며 전문적인 교육과정뿐만 아니라 인증절차를 밟아야만 비로소 운영이 가능하기 때문에 가장 체계적인 시스템을 갖추고 있는 것으로 잘 알려져 있다. 그리고 교육농장의 경우 농업생산에 기반을 두고 있는지 혹은 아닌지 여부에 따라 그 형태를 구분하고 있다. 시스템적인 측면에서나 규모면에서나 최고를 자랑하고 있는 프랑스 교육농장 가운데서도 오랜 역사를 자랑하고 있는 곳이 있다. 파리 근교에 자리하고 있는 형부이에 국립교육농장Bergerie Nationale de Rambouillet은 1786년 농업의 진흥을 위해 정부가 문을 연 곳으로 현재 프랑스 농림부에서 관할하고 있다. 이곳은 나폴레옹 1세가 품질 좋은 양털을 얻기 위해 스페인에서 양을 들여오면서 시작된 곳으로 알려져 있다. 이를 설명이라도 하듯 이곳 농장의 지붕에는 양머리 장식이 있다. 세계 교육농장의 모델이 되고 있는 만큼 모범적이고 우수한 운영방안을 고수하고 있다. 모든 체험 프로그램들은 아이들의 눈높이에 맞춰 진행하고 있다. 교육농장을 찾는 아이들은 이곳 농장에서 사육하고 있는 동물들을 오감을 통해 체험할 수 있다. 아이들은 농장에 있는 다양한 동물들에게 직접 먹이를 주기도 하고 양털을 깎거나 우유를 짜는 등의 색다른 체험을 통해 동물에 대해 친근함을 느낄 수 있고 계절마다 자라는 농산물들을 통해 생명의 소중함을 깨우치게 된다. 이곳에서 아이들이 참여하는 모든 체험활동의 참가비는 입장료에 포함되어 있으며 체험 프로그램의 입장료 일부는 지방정부와 교육부에서 보조해주기 때문에 큰 부담을 느끼지 않고 참여할 수 있다. 연간 7만여 명이 방문하고 있는 이곳은 주중은 아이들의 체험학습을 위한 교육의 장으로 주말은 가족단위 방문객들의 체험의 장이 된다.

독일의 경우도 크게 다르지 않다. 미래를 책임질 어린아이들이 농업의 중요성에 대해 잘 인지하고 있지 못한 것을 우려해 헤센주Land Hesse부터 시작하여 이제는 독일 연방 16개 주에서 다양한 교육농장이 성행하고 있다. 헤센주는 2000년부터 '농장을 교실로Bauernhof als Zimmer'라는 캠페인 형식의 교육농장을 시작했다. 이곳의 교육농장은 농림환경소비자보호부와 문화교육부, 농업협회 세 기관의 참여로 시작되었으며 이후 지방정부와 학교 등 많은 기관들이 참여하게 되면서 활성화되었다. 교육농장이 정착되면서 도시의 아이들은 자연환경의 변화와 농촌사람들의 하루일과가 어떤지, 농작물은 어떻게 자라고 수확되는지 몸소 체험하면서 배우게 되고 이를 통해 자연스럽게 인성도 올바르게 자리 잡게 된다.

농업선진국의 교육농장을 모델로 하여 국내 농촌교육농장이 시작된 것은 2007년부터다. 제7차 교육과정도입, 주 5일 학교수업 등 교실보다는 다양한 현장에서의 체험활동이 장려되었다. 2015개정교육과정에서는 '창의융합형 인재'를 강조하고 있는데, 이에 따라 주입식 학습에서 벗어나 아이들이 현장에서 직접 체험을 통해 배우고 익힐 수 있는 현장체험학습의 중요성이 커지게 되었다. 국내의 농촌 교육농장은 2006년도에 군산과 당진부터 시범사업으로 도입되어 이듬해 12개의 시군에서 48개소의 교육농장이 육성되기 시작하면서 본격적으로 실시하게 되었다. 각 시, 군의 농업기술센터에서 사업주관기관을 맡고 농촌진흥청의 농촌지원국 농촌생활지원과, 시, 도의 농업기술원 농촌생활자원업무 담당과, 시, 군의 농촌생활자원업무 관련과에서 상호 협조체제를 구축하여 추진해 오고 있다. 십여 년 전 교육농장 운영 초기만 해도 교육농장의 취지라고 할 수 있는 농업·농촌의 가치를 제대로 실현하는 것이 그저 먼 얘기로만 느껴졌다. 하지만 생각처럼 그리 오랜 시간이 걸리진 않았다. 교육농장에 관심을 갖는 건 이제 참가자(학부모, 청소년)들만이 아니다. 이를 운영하는 농업인들의 관심이 참가자들 못지않게 높아지면서 교육농장에 대한 열기가 뜨거워지고 있다. 교육농장에 동참코자하는 농업인은 교사양성과정에 참여하고 해외의 선진사례를 통해 미래세대를 위한 교육공간으로서의 자격을 갖추기 위해 노력하고 있다. 교육농장이 활성화되면서 농업, 농촌의 교육적 가치를 실현하는 학교현장학습의 장으로서 좋은 평가를 받게 되었다. 이처럼 교육농장의 필요성이 커지게 되면서 최근에는 농어촌체험교육활성화를 위해 정부, 관련 부처, 지자체 모두 하나가 되어 농어촌체험교육 활성화 정책 모색에 적극 나서고 있다. 또한 어린이집, 유치원, 학교의 교육과정과 연계해 통합교육과정으로서의 체계적인 체험교육뿐만 아니라 농업과 농촌의 가치를 알리고 올바른 인격을 형성하는데 도움이 되는 교육농장의 역할이 강조되고 있다. 교육농장의 관심이 커지게 되고 확대 실시됨에 따라 품질관리에 대한 인증의 필요성이 제기되게 되었고 지난 2013년부터 농촌진흥청에서는 농장주 역량개발교육, 교육프로그램의 매뉴얼, 교육서비스의 안전관리, 배상책임보험가입, 응급처치교

그림 3-1. 교육농장체험

육 이수 등의 자격요건을 갖추도록 교육농장 품질인증을 시행해 오고 있다. 농진청은 2006년부터 2015년까지 525개소의 농장에 품질인증을 시행했다고 밝혔다.

농업강국들의 교육농장 운영사례들을 통해 국내에도 교육농장 활

성화 대책이 제대로 마련되길 바란다. 그들은 오랜 기간 동안 시행착오를 겪으면서 진정한 농업·농촌의 가치를 알리는 체험의 장으로 교육농장의 가치를 실현시키고 있다. 최근 학교교육의 크고 작은 문제점들을 해결할 수 있는 방법을 농업·농촌의 참교육에서 찾을 수 있다는 사실을 인지하고 어떤 교육정책보다 우선시 될 수 있도록 노력해야 한다. 농촌이라는 무대는 감성교육의 공간이며 이곳에서의 다양한 체험활동은 아이들의 올바른 가치관 형성에 영향을 미친다. 이러한 이유로 교육농장에서의 체험교육은 학교교육의 근간이 되어야 한다. 그러기 위해서는 교육농장 활성화가 무엇보다 필요한데, 이를 실현시키기 위해서는 기본적인 조건이 반드시 갖추어져야 한다. 먼저 교육농장의 활동무대가 되는 농촌이라는 공간이 오염되지 않고 자연그대로의 모습을 간직하고 있어야 한다. 또한 농업·농촌의 가치를 제대로 전달하기 위한 전문지도 교사들을 체계적으로 양성하는 프로그램도 마련되어야 한다.

우리 농업과 농촌이 보유하고 있는 인적 그리고 물적 자원의 가치를 교육적인 시각에서 재발견하고 이를 자라나는 아이들에게 체험교육의 장으로 활용하고 있는 것이 바로 교육농장이다. 이처럼 농업·농촌의 교육적 가치를 실현하는 교육농장이 활기를 띄기 위해서는 먼저 농업인의 입장에서 소중한 먹거리를 제공하는 농업, 생태환경, 농촌의 전통과 문화, 그리고 각종 어메니티에 대해 제대로 이해하고 이를 아이들에게 교육하는 교사라는 역할에 대해 스스로 보람을 느끼고 자긍심을 갖는 것이 매우 중요하다. 교육농장의 정착은 이렇게 농촌에 새로운 일자리를 마련하는데 영향을 미치며 이는 농업이 기존 1차 산업에 머문 것과는 달리 6차 산업의 고부가가치를 실현 가능케 만들고 있다. 이처럼 교육농장의 긍정적인 효과는 운영자의 입장에서만 그치지 않는다. 교육농장을 통해 아이들은 학교교육과정과 연계된 다양한 학습을 경험하며 능동적이고 자기 주도적이며 자율적으로 학습하는 법을 터득하게 된다. 도시의 어른들에게는 교육농장에서 농업·농촌의 가치 대한 이해, 정직한 먹거리, 환경문제 등에 대한 시민의식을 고취하고 휴식과 여유를 즐길 수 있다.

교육농장에서의 농촌과의 만남은 생명의 존귀함과 이웃에 대한 감사와 배려하는 마음이 점차 사라져 가는 메마르고 삭막한 도시에서 생활하는 우리 아이들에게 정서적인 안정감을 주고 어른으로 성장하는데 있어서 올바른 인성을 형성하는데 큰 역할을 할 것이다. 지금보다 좀 더 아이들의 성장과정과 눈높이에 맞춘 체계화된 시스템이 뒷받침되고 본래의 목적을 잊지 않은 알찬 프로그램으로 조금 더 지속적으로 접할 수 있는 기회만 마련된다면 말이다. 내가 사는 곳에 논과 밭이 있다는 것에 새삼 감사함을 느끼게 되고 매일 먹는 쌀, 채소, 과일이 어디서 어떻게 오는지를 알게 되는 일 그리고 이를 위해 흘리는 농부의 땀과 노력이 얼마나 가치 있는지를 스스로 깨닫게 되는 것이다. 이를 통해 아이들의 감성은 더욱 풍부해지고 정서적으로는 안정을 찾게 될 것이다. 이처럼 농촌의 가치를 교실이 아닌 자연에서 직접 몸으로 익히는 교육적 가치의 실현은 비단 개인뿐만이 아니라 사회에까지 엄청난 변화를 수반하기 때문에 그 자체만으로도 값진 일이다. 농촌교육농장이 보다 안정적으로 정착하게 된다면 어릴 때부터 흙냄새를 맡고 스스로 생명을 가꿔본 아이들에게 지금처럼 '농업·농촌이 왜 중요한지'를 묻는 질문 자체가 이제는 더 이상 불필요한 일이 될 테니 말이다.

■ 바른 먹거리 배움터

건강하게 장수하는 것은 모든 이가 바라는 행복한 삶의 가장 기본적인 조건이다. 예로부터 우리 선조들은 약식동원(藥食同源)이라고 하여 '약과 음식은 그 근본이 동일하다'라는 개념을 강조해 왔다. 그래서 음식에서 약의 효과를 기대하고 조리하는 것을 기본으로 삼았다. 음식에 대한 선조들의 이러한 철학에서도 엿볼 수 있듯이, 좋은 음식은 건강한 삶을 위해 가장 중요한 요소가 된다. 하지만 요즘 우리들에게는 몸에 좋은 먹거리를 마주할 기회도, 또 그것을 제대로 먹기도 쉽지 않은 것이 현실이다. 솔직히 현대인들에게는 일상에서 제대로 된 균형식을 챙기는 것조차 어렵기 때문에 바른 음식의 중요성은 까마득히 잊은 채 먹는 행위를 그저 끼니를 때우는 정도로만 여길 뿐이다. 최근 먹방[2]이니 쿡방[3]이니 하는 TV 프로그램에서는 화려한 음식들이 넘쳐난다. 하지만 이러한 방송 프로그램들은 하나같이 전부 좋은 음식을 어떻게 제대로 먹어야 우리 몸에 이로운지에 대한 내용을 다루기보다는 '맛'을 기준으로 경쟁하듯 사람들의 눈과 혀를 현혹하기에 급급해 온갖 자극적인 비주얼과 과장된 표현들이 난무하고 있을 뿐이다. 각종 매스컴의 영향 때문인지 인파가 몰려드는 곳에는 어김없이 맛집들이 즐비해 있고 국적불문 이름도 낯선 신메뉴들이 앞 다투어 출시되고 있지만 오직 혀를 즐겁게 하기 위해 더 강한 맛을 쫓는 음식들의 풍요 속에서 결국 영양은 결핍되어 건강측면에서는 빈곤한 셈이다. 이러한 풍토가 만연해지면서 어느덧 음식에 대한 감사하는 마음은 사라지고 언젠가부터 먹거리 선택의

2 '먹는 방송'의 줄임말
3 요리하다는 뜻의 '쿡(Cook)'과 '방송'의 합성어

기준이 몸에 좋은 것을 찾기보다는 입이 즐거운 것만 찾게 되는 것이 자연스러워지게 되었다. 입맛에 맞는 음식만 찾게 되니 자연스럽게 편식으로 이어지게 되고 이로 인해 영양불균형은 날로 심해져 결국은 건강을 악화시키는 악순환이 계속되는 결과를 낳게 되었다. 상황이 이렇게 되다보니 식생활과 음식을 바라보는 시각도 달라져야 할 필요성이 제기되었다. 과거에는 단순히 생명연장을 위해 필요한 것으로 간주되었지만 이제는 오랫동안 건강한 삶을 영위하기 위해 '무엇을', '어떻게' 먹어야 하는지에 초점이 맞춰지게 되었다. 여기에서 '무엇을'은 '좋은 식재료로 만든 음식'을, '어떻게'는 '바른 식생활'을 의미한다.

특히, 아동과 청소년시기의 잘못된 식생활이 초래한 결과가 암담한 수준에 미치는 연구결과를 보면, 어린 시절의 바른 식생활이 얼마나 중요한지에 대해 다시금 생각하게 한다. 세계보건기구(WHO)의 보고서에 따르면 1990년에 3,100만 명이었던 비만 영유아 인구가 2014년에는 4,100만 명에 도달했다고 한다. 더욱 충격적인 사실은 이 아이들은 성인이 되어서도 비만을 그대로 유지할 가능성이 높아 각종 성인병에 걸릴 위험이 높다는 것인데, 이에 대한 대책마련이 시급한 상황이다. 어린이 비만문제, 그 원인은 무엇일까. 원인을 알아야 제대로 된 대책도 마련할 수 있다. 물론 가족력이라는 유전적 요인도 무시할 수 없지만 최근 이러한 현상이 급속도로 증가하고 있는 데에는 달라진 식생활 습관을 짚어볼 필요가 있다고 전문가들은 지적한다. 그 배경에는 핵가족화, 맞벌이 부부 등 달라진 환경이 균형 잡힌 식단 대신 고열량의 패스트푸드를, 식수로 물 대신 음료를 더 찾게 만들었고 관리감독이 없는 상태에서 음식의 섭취량은 많아지는데 반해 운동량은 턱없이 부족한 상황을 초래하여 결국엔 우리

아이들의 식생활 패턴을 바꿔놓게 되었다.

가장 눈에 띄는 것은 전통식이 아닌 서양식 패스트푸드가 식생활을 점령하게 되면서 나타난 변화들이다. 쌀, 채소, 과일의 소비는 크게 줄고 간단한 조리로 요기가 가능한 가공품들이 매일같이 식탁을 차지하게 되었고 대부분 맞벌이 부부 가정에서의 잦은 외식은 영양을 골고루 갖춘 균형 잡힌 식단 자체를 불가능하게 만들었다. 학교, 학원 주변의 먹을거리 위생환경이 과거에 비해 많이 개선되었다고는 하지만 여전히 위생관리가 취약한 시설에서 원산지의 안전이 보장되지 않은 식재료로 만든 불량식품들이 산재해 있는 것이 현실이다. 이렇게 반복되는 식생활 패턴은 우리 아이들의 비만을 부추기며 어린이 성인병을 초래해 건강을 위협하고 있다. 어린 시절 식생활이 중요한 이유는 성인이 되었을 때 성인병 질환이 그대로 이어져 만성질환이 되기 때문에 바람직하지 못한 어린이 식생활 개선을 위한 적극적인 대책마련이 필요하다.

'채소 안 먹는 아이', '아침밥 거르기 일쑤', '소아비만 갈수록 심각', '어린이 미각중독 성인병 원인', '편식하는 어린이', '혼자 밥 먹는 아이', '식사 중 스마트폰 사용 늘어', '싫어하는 음식 1번 김치', 요즘 우리 아이들의 식생활을 보여주는 단적인 표현들이다. 문득 어릴 때 몸에 밴 버릇은 늙어 죽을 때까지 고치기 힘들다는 의미의 '세 살 적 버릇 여든 간다.'라는 속담이 생각난다. 식생활도 마찬가지다. 소아비만에 대한 해결책을 강구해야한다는 우려는 이미 세계적으로 공통된 과제가 되었다. 바른 식생활은 국민건강의 토대가 되기 때문에 일찍이 이에 대한 중요성을 인식한 선진국에서는 이미 1980년대부터 국가차원에서 식생활 교육을 본격적으로 추진하고 있다. 대표적으로 프랑스의 미각교육sensory education, 일본의 식육기본법(食育基

本法), 이탈리아의 맛의 방주Ark of Taste 프로젝트가 있다.

선진국들의 식생활 교육에 영향을 받아 국내도 마찬가지로 식생활 교육을 통해 올바른 식문화 정착을 위해 노력하고 있다. 2009년 11월에 식생활교육지원법을 제정하였고 이듬해 4월 식생활교육기본계획을 수립 후, 이에 근거하여 민관이 유기적 네트워크를 통해 식생활교육사업의 기반을 구축하기 위해 식생활교육과 관련한 프로그램을 개발하고 인프라를 구축하는 등 다양한 노력을 추진해 왔다. 민간 차원에서도 식생활교육국민네트워크[4]를 중심으로 각 분야의 전문가들과 관계자들의 참여하에 다양한 활동을 활발히 펼치고 있다. 또한 농림축산식품부는 2015년 2월에 오는 2019년까지 5년간 국민건강을 증진시키고 바른 식생활을 전국적으로 확산시키기 위한 '제2차 식생활교육 기본계획(2015-2019)'을 수립했다. 그리고 이듬해인 2016년에는 보건복지부와 협업을 통해 '국민 공통식생활지침'을 마련해 일상 속에서 바른 식생활 실천을 앞장서고 있다. 이렇게 농림축산식품부, 보건복지부, 교육부 등 기관들이 유기적인 협력체계를 구축하는 것은 아동과 청소년들의 올바른 식생활을 위해 우선시되어야 할 부분이며 이를 실천하고 정착하기 위해 체험 위주의 식생활문화가 보급되어야 한다. 무엇보다 식생활교육의 가장 중요한 부분은 생활화하는 실천적인 부분인데, 이를 위해 가장 먼저 함께 공유할 수 있는 실천적 메시지를 국민에게 어떻게 전달하느냐 하는 것이 중요한 문제였다. 이에 농림축산식품부는 식생활교육의 필요성에 대한 국민적 공감대를 높이고, 녹색식생활의 가치와 실천 지침을 정확히 알리자는 명목하에 녹색식생활이라는 캠페인을 통해 전국민이

4 2009년 12월 창립, 상임대표 황민영

올바른 식생활을 실천해 나갈 수 있도록 했다.

행복한 삶의 기본 조건이 건강임을 우리는 앞서 확인한 바 있다. 국가의 입장에서도 개개인의 건강이 국력의 중요한 원천임을 알기에 국민건강증진의 차원에서 바른 식생활을 정착시키기 위한 노력을 기울이고 있는 것이다. 우리 사회의 식생활에도 최근에는 세계화 바람이 불면서 겉으로는 점점 고급화되고 다양하게 풍요로움을 만끽하고 있는 것처럼 보인다. 풍요속의 빈곤은 바로 이런 경우를 두고 하는 말이 아닐까. 겉으론 부족함 하나 없이 넘쳐나는 것처럼 보이지만 정작 영양학적으로는 문제가 많다는 조사결과가 아이러니하기만 하니 말이다. 잘못된 서구식 식생활이 만연하게 되면서 비만을 비롯한 각종 성인병이 문제가 되기 시작했다.

우리의 식생활을 둘러싼 다양한 변화를 인지하고 좋은 먹거리와 바른 식생활을 위한 방안을 함께 모색해야 할 때다. 언젠가부터 매일 접하는 밥상에 국적 불문의 먹거리가 점령하기 시작하면서 전통적인 식문화에 대해 점점 멀어져가고 밥상머리 예절도 사라지게 되었다. 이처럼 우리의 식생활 환경에 일어난 변화를 통해 현재의 식생활에 대한 반성과 더불어 올바른 식생활에 대한 방향을 제시하고 실천방안에 대해 국민 모두가 함께 공유해야할 시기임을 실감하고 있다. 제대로 된 식재료를 선택하는 것에서부터 바른 식생활을 실천하는 일은 결국 우리의 건강한 삶에 그대로 반영되기 때문이다. 성인들에게 흔히 나타난 질병이 점차 연령층이 낮아져 어린이 비만이 증가하고 있어 문제의 심각성이 제기되고 있다. 특히나 어린이는 앞으로 다가올 미래의 주인공들이다. 어린 시절의 식생활 습관은 일생을 두고 볼 때 평생에 걸친 건강에 큰 영향을 미치기 때문에 그 어느 때보다 중요한 시기라고 볼 수 있다. 따라서 현재의 식생활에서 영양섭취의 불균형을 해소하고 바람직한 식생활 환경을 정착시키는 것이 필요하다. 가정에서는 물론이고 어린이들이 대부분의 시간을 보내는 학교와 학원 주변의 식생활 환경을 개선하는 것이 필요하다. 여전히 식품안전상 위해가능성이 높은 식품섭취 환경에 노출되어 있기 때문이다.

지금의 식생활습관은 과거에 비해 아주 빠르게 변화하고 있다. 하루가 다르게 변화하고 있는 식문화의 요구에 대처할 방안을 찾아야 한다. '세살 버릇 여든까지 간다.'라는 속담은 식습관에서도 예외는 아니다. 식교육의 중요성을 강조하는 이유는 이를 통해 건강은 물론이고 올바른 식습관을 키울 수 있을 뿐만 아니라 인성을 키우는 것까지 영향을 미치기 때문에 심신의 건강을 함께 단련한다는 차원에서 매우 중요하다. 내가 먹는 음식이 어디서 어떻게 온 것인지 알게 되고, 쌀 한 톨을 얻기까지 농부가 흘린 땀방울의 가치를 깨닫게 되면서 동시에 밥상머리 예절까지 배우게 된다. 이처럼 식교육이 한 개인에게 미치는 영향은 광범위하다. 가정에서 뿐만 아니라 학교, 교육청, 지방자치단체, 농업종사자 … 모두가 아이들이 바른 식생활을 실천할 수 있도록 식교육에 함께 나서야 한다. 식생활은 삶의 연속성 속에서 계속해서 변화를 거듭한다. 또한 한 개인이 성장하는데 있어서 가장 기본이 되는 부분이자 중요한 역할을 담당하는 부분이기 때문에 바른 식생활교육은 절대적으로 필요하다. 바른 식생활이 정착된다는 것은 한 개인의 건강과 인성의 완성만을 의미하지 않는다. 여기에서 나아가 건강한 가정과 밝은 사회를 구성하는데 영향을 주고 전통적인 식문화 보전, 환경 보호, 국내 농업의 경쟁력을 향상시키는 것과 연계된 중요한 사안이기 때문에 큰 의미를 갖는다.

이처럼 한 인간에게도 사회적으로도 국가의 입장에서도 중요한 의미를 지니고 있는 것이 식교육이기 때문에 그 배움의 장으로 '농촌' 보다 최적의 장소는 없다고들 하나같이 입을 모은다. 농촌은 우리가 알고 있는 것보다 훨씬 더 많은 자원을 보유하고 있기에 식교육의 산지로 농촌의 가치는 무궁무진하다. 농촌은 생명이 살아 숨쉬는 자연공간이자 그 공간에서 농산물을 재배하는 생산 공간이고, 지친 심신을 달래주는 힐링공간이자 풍부한 문화공간이며 또한 전통공간이기도 하다. 이러한 활동들을 통해서 지역마다 지역 고유의 특색 있는 향토음식과 전통 식문화를 지켜나갈 수 있다. 이러한 움직임은 나아가 식량자급률을 높이고 국내 농어업과 농수산식품의 경쟁력을 높이는데 기여해서 결국 농업강국으로 가는 밑거름이 된다. 식교육이 중요한 이유는 무엇보다 인위적이지 않고 자연스럽게 생명의 소중함, 타인에 대한 배려와 감사한 마음, 먹거리의 중요성에 대해 스스로 깨닫게 된다는데 있다. 어린이 식교육에 있어서 교육을 담당하고 있는 이도 참여하는 이도 모두 농촌의 체험활동과 함께 바른 식생활을 실천할 수 있도록 각계각층의 노력이 진행되고 있다. 식생활 자체는 우리의 건강과 인성 그리고 환경, 농촌에 대한 이해 등 광범위하게 영향을 미친다. 그래서 바른 식생활을 위한 환경을 조성하는 일은 매우 중요하다. 좋은 식습관 하나하나가 몸에 배도록 하여 올바른 식생활 습관이 생활방식으로 자리 잡아 평생 지속될 수 있도록 말이다.

문득 5년 전 식생활범국민캠페인 회의 때 만난 황민영 상임대표가 떠오른다. 식(食)에 대한 남다른 철학을 갖고 계신 황대표님은 올바른 식생활교육에 누구보다 앞장서서 노력하고 계시는 분이다. 식생활캠페인 워크샵에서 당시 저자가 읽고 있었던 책(다빈치의 부엌)과 같은 책을 읽고 계신 대표님을 보고 반가워했었던 기억이 있는데,

국민식생활교육에만 관심을 두고 있으신 게 아니라 서양의 요리문화 등 다방면에 지적 호기심을 갖고 매사 열정적인 분이셨다. 전 국민 모두가 일상에서 바른 식생활을 실천할 수 있도록 오늘도 솔선수범하고 계시는 황대표님과 같은 분들이 오래도록 우리나라 식교육의 든든한 버팀목이 되어 주셨으면 하는 바람이다.

Chapter 2

자연의 품으로, 귀촌 비즈니스

누구나 한번쯤 '언젠가 기회가 되면'이라는 전제하에 물 맑고 공기 좋은 한적한 시골에서의 전원생활을 꿈꿔봄직하다. 농촌으로 간다고 하면 당연히 농사를 지으러 가겠거니 여기던 때가 있었다. 하지만 요즘 들어 꼭 농사를 지으러 가지 않더라도 아니 오히려 다른 이유에서 농촌으로 향하는 사람들이 해를 거듭할수록 더 많아지고 있다. 2015년 기준으로 귀농·귀촌 가구는 약 5만 가구를 넘어 사상 최대치를 기록했다. 2013년 32,424가구(56,267명) 2014년 44,586가구(80,855명)에 이어 꾸준한 증가세를 보이고 있다. 이러한 귀농·귀촌 바람을 주도하고 있는 이들은 누구인가. 1955년부터 1963년까지 태어난 베이비붐 세대가 그 주인공이다. 그런 그들이 은퇴를 준비할 시기, 1990년대에 들어서면서 제2의 인생을 위해 다시 고향으로 향하는 이들로 인해 '귀농·귀촌' 이라는 용어도 등장하게 되었다. 이후

1997년이 되던 해 12월 IMF로 촉발된 대규모 구조조정 사태가 벌어지게 되면서 명예퇴직의 희생양이 된 많은 50, 60대가 대거 농촌행을 선택하게 되면서 귀농·귀촌은 본격화되었다. 그들의 상당수가 은퇴시기와 맞물려 농촌으로 향하기 시작한 2009년부터 시작된 귀농·귀촌의 바람은 그들과 더불어 이제 20대부터 3·40대의 젊은층까지도 이러한 변화에 합류하게 되면서 본격적인 귀농·귀촌의 르네상스가 시작되었음을 알렸다.

많은 사람들이 도시로 향했던 때와는 상반적으로 농촌으로 발걸음을 옮기고 있는 이러한 현상을 어떻게 설명할 수 있을까. 물질만능주의와 속도경쟁에 지칠 대로 지친 이들이 선택한 여유와 쉼, 힐링 그리고 행복한 삶이 그 이유다. 이들이 농촌을 선택한 이유는 농사를 짓거나(농업과 관련된 모든 산업을 포함), 대안적 공동체를 실현하기 위해서거나 노년의 소박한 전원의 삶을 위해서가 대부분이다. 이러한 현상은 산업화, 도시화정책과 밀접한 연관이 있다. 산업화가 급속하게 진전되던 1960년대 많은 사람들이 일자리를 찾아 도시로 왔고 더 나은 교육환경을 찾아 또한 도시로 이동해 왔던 이촌향도(離村向都)의 바람이 일었던 것에 반해, 이제는 떠나온 농촌으로 다시 돌아가고 있는 것이다. 한국농촌경제연구원의 발표 자료에 따르면 '농촌으로 이주 의향'을 묻는 질문에 도시민 43.6%가 '의향이 있다'고 응답[5]한 결과가 이를 잘 뒷받침해 주고 있다. 그 유형 또한 다양하다. 고향인 농촌에서 살다가 학업과 직장을 이유로 서울로 왔다가 이후 다시 농촌으로 향하는 U턴형, U턴형처럼 농촌에서 살다가 학업과 직장을 이유로 서울로 왔다가 고향이나 타 지역으로 이동

5 2013 농업·농촌에 대한 국민의식 조사 결과 자료

하는 J턴형 그리고 도시에서 태어나 살다가 농촌으로 이동하는 I턴형이 있다. 농촌으로 이주하는 사람들이 점차 늘어나게 되면서 1996년에 전국귀농운동본부도 출범하게 되었다. 그동안 귀농·귀촌을 꿈꿔왔던 이들에게 그 꿈을 실현하는데 있어서 보다 쉽게 접근할 수 있도록 준비 단계부터 현장적응까지 다방면으로 도움을 주는 역할을 하고 있다.

탈 도시화 현상을 주도했던 초기 귀농·귀촌이후 10년이 지나면서 기존의 귀농·귀촌에도 많은 변화가 생겼다. 전 세계 금융위기로 성장이 둔화되고 불평등의 구조는 점차 심화되었으며 이로 인해 고용불안이 가속화되는 악순환이 계속되면서 이에 지친 이들이 좀 더 나은 삶을 살고자 농촌을 선택하게 되었다. 그들은 삶의 질을 고민하고 무엇보다 행복한 삶을 살기를 원했다. 이런 이유로 기존의 귀농·귀촌과는 다르게 준비된 문화귀촌의 형태를 보이기 시작한 것 또한 최근 귀농·귀촌에서 나타나는 특징이다. 이때부터 청년귀농, 억대귀농, 생태귀농, 전원생활 등 더욱 다양한 형태의 귀농·귀촌이 등장하게 되었다.

이렇듯 대도시를 떠나 한적한 시골로 이주하는 귀농·귀촌인구가 최근 몇 년 간은 더욱 급증하고 있다. 흔히들 시골에 내려가 사는 것을 통칭하여 귀농이라고 부르지만, 사실 귀농과 귀촌의 개념에는 차이가 있다. 귀농(歸農)은 농업을 전문 직업으로 해서 수익을 내는 경우를 말하고, 귀촌(歸村)은 전원생활을 하면서 농촌과 관련된 부가수입을 내는 경우를 말한다. 귀농과 귀촌의 경계가 모호해 혼재되어 사용하는 경향이 있지만 둘의 개념은 엄연히 다르다. 이처럼 귀농 혹은 귀촌 인구가 점차 증가하고 있는 것으로 보아 농촌은 더 이상 사람들이 줄줄이 떠나는 공간이 아니라 인생 2막을 위한 삶의 터전으로 자리 잡아 가고 있는 것 같다.

이처럼 최근 귀농·귀촌의 모습은 초창기 때와는 확연히 다른 몇 가지 특징을 보이고 있다. 우선 귀농·귀촌을 선택하는 주인공들의 연령대가 낮아지고 또한 다양해지고 있다는 것이 특징이다. 과거에는 농촌에서 은퇴 후 삶을 설계하는 대부분이 5,60대였다면 최근 귀농·귀촌의 주인공은 20대도 쉽게 볼 수 있는 정도로 젊어졌다. 또한 은퇴 후 고향으로 돌아가 농사를 지으며 생활하는 생계형 귀농이 이제는 여유로운 삶과 심신의 건강 그리고 조금은 다른 방법으로 수입도 얻는 다양한 형태로 그 목적이 변했다는 데에 있다.

이렇게 농촌으로 이주하는 사람들이 점점 많아지는 이유는 무엇일까. 최근 트렌드가 힐링, 건강, 웰빙 등 자연 속에서 여유로운 삶을 추구하고 있는 것도 하나의 원인으로 작용한 것은 분명해 보이지만 그 외의 사회적인 현상 또한 빼놓을 수 없는 요인이다. 도시 특히 수도권의 높은 실업률과 물가가 상대적으로 여유로운 생활이 가능한 농촌으로 향하는 이유가 되고 있으며 과거에 비해 농촌도 접근성이나 생활면에서 불편함 없는 환경이 조성되고 있는 것도 이유로 작용하고 있다. 귀농·귀촌이 열풍이 거세지면서 우리 농촌에도 크고 작은 변화가 나타나게 되었다. 노인들만 있었던 조용한 농촌에 아이들 소리도 나고 젊은 사람들도 보이는 이제 제법 사람 사는 곳처럼 생기가 돌기 시작한 것이다. 이주자들 외에 찾아오는 방문객들의 발걸음도 많아지면서 고령화문제와 인구감소 부분에 대한 해결책이 되었으며 지역경제활성화 등 긍정적인 효과를 가져왔다. 하지만 과거와는 목적 자체가 많이 달라진 귀농·귀촌의 열풍이 긍정적인 효과만 가져온 것은 아니다. 귀농·귀촌을 하는 이들 대부분이 소득원을 지역에서 해결해야 하기 때문에 지역 주민들과의 마찰과 경쟁이 붉어져 문제가 되는 경우도 있다. 또한 전원생활에 대한 막연한 동경만으로 무작정 시작한 농촌생활에 불편함을 호소한다거나 생소한 농사일에 어려움을 느끼고 다시 도시로 돌아가는 이들도 적지 않은 것이 현실이다.

그렇다면 성공적인 귀농·귀촌을 위해서는 어떤 노력이 필요할까. 귀농·귀촌을 준비하는 이들의 철저한 계획과 마음가짐이 우선 가장 중요하다. 하지만 이 뿐만 아니라 정부차원의 귀농·귀촌 지원책도 반드시 뒷받침 되어야 한다. 많은 젊은 인력들이 농촌으로 와서 터전을 마련할 수 있도록 제도적인 차원에서도 적극적으로 지원하는 자세가 필요하다. 기존의 성공사례에 대한 정보를 알리고 기술적인 부분은 교육이나 정보를 통해 제공하며 농지나 거주지 문제 등 전반적인 지원책이 마련되어야 한다. 그래야만 귀농·귀촌을 준비하는 이들이 농촌생활에 두려움 없이 잘 적응해 나갈 수 있고 이를 통해 귀농·귀촌이 일시적으로 반짝하는 유행 같은 것이 아니라 또 다른 삶을 꿈꾸는 이들에게 주어진 하나의 새로운 삶의 방식으로 자리 잡아 나갈 수 있다. 이렇듯 이제 농촌에서는 농사만 짓는 게 아니다. 상상 그 이상의 다양한 일들이 펼쳐지는 곳이 바로 농촌이다. 그런 이유로 이제 농촌을 향하는 이유는 점점 더 다양해지고 있다. 이번 장에서는 그동안 귀농·귀촌 성공사례로 많이 소개되어 잘 알려진 내용들보다는 조금 다른 방법으로 귀촌에 멋지게 적응해 나가고 있는 특별한 사례들을 중심으로 만나보려고 한다.

■ 산들산들 예술바람 부는 그곳

언젠가부터 치열한 속도경쟁과 메마른 도시생활에 염증을 느끼고

귀촌을 꿈꾸며 새로운 삶을 살고 싶어 하는 움직임이 우리 사회 곳곳에서 일고 있다. 그것이 꼭 인생 이모작의 개념에서만이 아니라 그동안 꿈꿔온 새로운 삶을 실현하기 위한 차원에서의 농촌행이 꾸준히 계속되고 있다. 더 이상 동경의 대상이 될 수 없는 삭막한 도시의 삶을 벗어나 '느린 삶', '여유로운 삶', '행복한 삶'을 쫓아 농촌으로 들어와 새로운 삶을 디자인하고 있는 이들이 늘어나고 있는 것이다. 이들에게 농사는 자급자족의 수단일 뿐, 자신이 가진 재능을 나누고 발전시키기도 하면서 농촌의 문화적 가치를 만드는데 일조하고 있다.

농촌으로 이주해 오는 많은 이들 가운데 최근 눈에 띄는 유형은 바로 문화예술과 함께 도시를 떠나 농촌으로 향하고 있는 문화이주자들이다. 이러한 귀촌 유형을 가리켜 문화귀촌이라 말하기도 하는데, 이들의 귀촌 형태는 문화예술종사자들에서부터 문화소비자들에 이르기까지 매우 광범위하다. 농촌으로 이주해 오는 문화예술인들은 도시보다 상대적으로 저렴한 비용으로 그들의 작업공간을 활용할 수 있고 같은 문화예술종사자들끼리 함께할 공간을 형성할 수 있다는 점 그리고 작품 활동에 전념할 수 있는 조용한 주변 환경에 매력을 느낀다고 말한다. 이들은 대부분 인근에 모여 살면서 문화예술마을을 형성하기도 한다. 경기 양평에 화가들이 모여 사는 화가마을이나 울산 웅촌검단예술마을의 경우가 그렇다. 웅촌검단예술마을에는 2011년부터 해마다 '웅촌왕도읍문화제'를 개최하고 있는데, 지역문화행사로 자리 잡아 가고 있다. 이곳 문화제는 문헌상 울산 최초의 이름인 우시산국의 도읍이었다는 사실에 근거를 두고 시작되었다. 문화제 개최자들은 웅촌만의 고유문화의 가치를 제대로 알고 전문예술인과 지역 주민들이 하나가 되어 지역문화유산과 정체성을 지켜나갈 방안을 고민하는 하나의 지역공동체를 만들어가고 있다.

문화귀촌이 활성화된 곳 가운데 유독 눈에 띄게 활발한 곳은 바로 제주도다. 최근 예술인뿐만 아니라 유명연예인들이 제주도에 터전을 마련했다는 소식이 각종 매스컴을 통해 전해지면서 문화귀촌이 더욱 활성화되고 있는 곳으로 알려지게 되었다. 특히 협재해수욕장 인근은 문화예술거리가 잘 형성되어 있는 곳이다. 감성을 자극하는 개성 있는 문화공간들이 자리를 잡으면서 특색 있는 문화마을을 형성하고 있다. 제주 한림읍 동명리에는 좀 특별한 복합문화공간 제주앤트러사이트Anthracite가 있다. 이곳은 과거 전분공장을 활용해 지역문화발전소로 변신한 공간이다. 이곳에서는 제주에 대한 이야기 그리고 그곳에 사는 사람들의 이야기를 담은 출판물을 판매하고 전시하는 그야말로 제주를 대표하는 복합문화공간으로 자리매김 중이다. 이처럼 산업화 시대가 남긴 유산이지만 지금은 본래의 기능이 없어진 건축물을 문화예술콘텐츠로 채워 복합문화공간으로 재탄생시킨 것이다. 일찍이 해외에서는 도시의 흉물이 되어버린 폐공장이나 폐건물을 활용해 문화예술공간으로 재탄생시킨 사례가 많이 있다. 폐허나 다름없던 섬이 미술특구로 변신해 해마다 36만 명이 넘는 관광객이 찾고 있는 국제적인 명소, 나오시마Naoshima의 경우가 그렇다. 미술특구로서의 변신은 지역문화예술의 발전에 기여할 뿐만 아니라 지역을 명소로 만드는 핵심적인 역할을 함으로써 도시의 가치를 높인다. 이처럼 버려진 오래된 건물을 문화예술공간으로 바꾼 사례는 국내에도 볼 수 있는데, 버려진 폐허의 폐석산을 문화예술공간으로 재탄생시킨 포천아트밸리, 10년이 넘도록 폐허로 방치돼 지역민들의 원성을 샀던 곳에서 지역문화를 공유하고 청년들의 문화적 꿈을 현실로 만들어주는 '융·복합 문화거점'인 '상상캠퍼스'로 재탄생한 옛 서울농생대 캠퍼스, 80년이 넘는 세월동안 나그네들을 위한 여관이었던 낡은 건물에서 미술관으로 환생한 통인동의 명물 보안여관, 20년이 넘도록 물속에 잠들어 있던 채석장을 공원으로 재탄생시킨 장수장을 문화공간으로 재활용한 선유도공원이 그 좋은 예다.

이러한 변화들 때문인지 그동안 감소추세를 보이던 제주도의 인구는 2010년을 기점으로 순유입인구[6]가 증가하는 현상을 보이고 있다. 2011년 2,343명, 2012년 4,876명, 2013년 7,823명, 2014년 11,112명, 2015년 14,257명, 2016년 4월 기준으로 5,792명이 증가하였다. 이와 같은 현상을 두고 '제주이민'이라는 말이 생길 정도로 제주이주 열풍은 계속되고 있다. 2011년 기준으로 귀농·귀촌인구는 19%(447명)에 해당하며 이중 81%는 농사와 상관없는 다른 이유로 이주한 것이라는 결과가 눈에 띈다. 제주도의 경우는 특히 I턴형 귀촌이 많은 것이 특징이다.

도시의 삶에 염증을 느낀 예술가들은 농촌으로 자신의 삶의 터전을 옮겨갔다. 그렇게 터를 잡은 곳에 예술가들이 하나 둘 모여들게 되고 그들은 그곳에서 창작활동도 하고 예술적 교류도 넓혀간다. 예술가들이 살고 있는 곳은 마을 어귀부터 남다른 분위기를 자아낸다. 자연이 빚어낸 아름다움에 인간의 손길을 더해 조화로움을 만들어낸다.

부산 기장 대룡마을은 십여 년 전부터 젊은 예술인들이 하나 둘 모여들어 자리를 트게 되면서 예술마을을 탄생시킨 곳이다. 원래 이곳은 축산업을 주업으로 하던 축산마을이었는데, 축산 농가들이 모두 폐업하게 된 90년대 초반부터 이 마을에 예술인들이 찾아들기 시

6 순유입 인구=전입인구-전출인구

작하면서 작업실을 열고 그들이 정착하게 되면서 축산마을은 어느새 예술마을로 변하기 시작했다. 마을에 들어서면 여기저기 조형물과 화려한 벽화들을 먼저 만날 수 있고 마을 곳곳에는 예술가들의 작업실이 자리하고 있어 마을 전체가 마치 하나의 예술작품을 연상케 한다. 이곳에 오면 누구나 예술작품을 감상할 수 있고 소통할 수 있다. 마을 곳곳에 마련된 무인카페는 이 마을을 찾는 관광객들에겐 꽤나 유명한 명소다. 이곳은 2007년 '살기좋은지역만들기' 시범마을로 지정을 받았는데, 예술인들과 지역민들이 주체가 되어 지역 경관을 개선하고 관광 상품을 개발해 관광객들이 이곳의 문화와 상품을 체험할 수 있도록 하는 녹색관광의 좋은 예로 평가받고 있다. 대룡마을은 농촌이라는 무대에 예술과 지역문화가 어우러져 이 지역만의 경쟁력 있는 관광 상품을 창출해 내고 있다.

동학농민혁명 당시 집회가 열렸던 전북 완주군 삼례읍은 만경강 상류의 비옥한 평야에 자리한 드넓은 곡창지대로 역사적·문화적 의미가 깊은 곳이다. 옛 삼례역은 조선시대부터 일제강점기까지 삼남대로와 통영대로가 마주치는 교통의 요충지로 중요한 역할을 해왔다. 이곳은 일제수탈, 동학농민혁명 삼례봉기, 조선시대 호남 최대의 역참지 등 아픈 우리 역사의 흔적을 간직하고 있는 곳이기도 하다. 삼례역에서 10여분 남짓 떨어진 곳에 위치한 양곡창고는 1920년에 지어졌다. 이곳은 1914년 철도역이 개통되면서 만경평야에서 생산된 모든 곡식을 보관하던 창고역할을 하던 곳이다. 당시 일제는 호남 각지에서 수탈한 양곡을 일본으로 보내기 위해서 군산항에 보내기 전 이곳 삼례역 앞에 위치한 창고에 모든 양곡을 보관할 용도로 활용했다. 교통의 중심지 역할을 했던 삼례지역은 세월이 지나면서 그 활기찼던 모습을 뒤로하고 점점 낙후되어 갔다. 일제강점기가 지나고 농협의 소유로 양곡창고로서의 제몫을 다하다가 2010년이 되어서는 마침내 문을 닫게 되었다. 완주군은 이를 철거하지 않고 매입해 2013년 6월 삼례문화예술촌으로 재탄생시켰다. 양곡창고를 재활용한 이 공간은 총 7동으로 구성되어 있는데, 5동은 1920년대 지어진 것이고 나머지 2동은 1980년대에 지어진 것이다.

100여년 가까이 된 건물들이라 오래된 외관은 지난 세월을 고스란히 담아 멋을 풍기고 내부는 쌀을 보관할 용도로 지어져 높은 천고에 통풍이 잘되는 구조로 갤러리나 전시장으로 아주 적합한 조건을 갖추고 있다. 창고 7동 모두 각각 주제가 있는 문화예술 공간으로 종합세미나실과 문화카페에서부터 디자인뮤지엄, 김상림목공소, 비쥬얼미디어아트미술관, 책공방북아트센터, 책박물관으로 되도록 건물의 원형을 훼손하지 않으면서 잘 활용하고 있다. 건물 자체에서 풍기는 오래된 창고의 느낌을 그대로 간직하고 있으면서 현대적 예술미가 더해져 색다른 문화공간으로 변신했다. 그 당시 창고는 건축의 가치를 인정받아 등록문화재로도 지정되어 있다. 삼례문화예술촌은 마을재생사업의 일환으로 전문예술인들과 손잡고 차별화된 문화예술공간으로 다시 태어났다. 개관 후

그림 3-2. 교동도 벽화

15만 명의 방문객이 찾는 삼례문화예술촌은 2017년 한국관광 100선으로 선정된 전라도 대표 관광지이자 한국관광공사와 문화체육관광부가 선정한 '2017 열린 관광지' 조성 사업지원대상이기도 하다. 매주 토요일은 예술촌 앞에서 문화장터가 열리는데, 이를 기획하고 운영하는 것은 귀촌한 예술인들이 중심이 된 씨앗문화예술협동조합에서 담당하고 있다. 이들은 문화예술 창작활동을 통해 지역사회에 기여하고 있다. 양곡창고에서 아름다운 문화예술공간으로 변신한 삼례

그림 3-3. 교동도 벽화

문화예술촌은 삼례가 간직하고 있는 가슴 아픈 역사와 다양한 현대적 문화예술이 접목되어 가치 있는 문화자원으로 재탄생해 문화예술이 꽃피는 특색 있는 지역을 만들어가고 있는 좋은 사례가 되고 있다.

인천 강화도에는 섬 속의 섬, 마치 시간이 멈춘 듯한 마을이 있다. '키 큰 오동나무 섬'이란 뜻을 가진 교동도(僑桐島)가 바로 그곳. 강

화도의 1/5 크기에 불과하지만 이곳에 얽힌 이야기는 섬의 크기보다 훨씬 크다. 이곳은 삼국시대부터 전략적 요충지 역할을 했고 고려시대에는 무역상과 외교사절이 묵었던 곳으로 몽골침략으로 강화 천도 이후에는 급격히 증가한 인구의 식량 마련을 위해 간척사업이 있었던 곳이며 조선시대엔 많은 왕족들과 귀족들의 유배지로 사용되기도 했고 가깝게는 한국전쟁의 상처가 남아 있는 곳으로 이러한 역사와 함께 해온 교동도의 풍경은 1960년 변두리의 모습을 그대로 간

그림 3-4. 교동도 풍경

직한 채 시간이 멈춘 듯한 느낌을 준다. 이곳을 두고 실향민의 땅이라고 부른다. 625전쟁 후 전란을 피해 바다를 건넌 이들이 60년 넘게 터 잡고 살아온 곳이기 때문이다.

교동도에서 가장 번화가 대룡시장이 있는 골목에는 시간의 흐름이 멈춘 듯 60-70년대 모습을 그대로 간직하고 있다. 집집마다 요즘 보기 힘든 제비집이 눈에 띄고 교동이발관, 동산약방의 간판은 옛

기억을 떠오르게 하기 충분하다.

교동극장, 공명선거, 쥐를 잡자 등 옛 선전 포스터, 할머니가 등에 업은 아이에게 국수를 먹이는 모습, 아이스크림 파는 아이, 뻥튀기 파는 아저씨 등 1960-70년대를 그대로 풍자한 벽화가 피난민 시절부터 새마을운동까지 지난 추억이 골목을 가득 메운다. 2015년에는 농림축산식품부에서 주최하고 한국농어촌공사에서 주관한 교동 대룡시장 재능나눔 벽화봉사 행사로 대룡시장 골목은 그렇게 시간을 붙잡아 두고 있다.

'동쪽의 벼랑'이라는 뜻을 가진 마을이 있다. '비탈'을 뜻하는 이곳 방언 '비랑'에서 마을이름이 유래한 이곳은 가파른 언덕에 작은 집들이 다닥다닥 모여 있는 동피랑마을이다. 꼬부랑 오르막길을 따라 오르다보면 마을 담벼락마다 알록달록 아름다운 그림이 수놓아진 한 폭의 그림 같은 마을을 만날 수 있다. 동피랑마을은 경남 통영의 대표적 어시장인 중앙시장 뒤편에 자리하고 있다. 예술가의 전문적인 손길과 아이들이 고사리 손으로 아기자기 채워간 그림들이 마을을 아름다움으로 채우고 있는 곳으로 유명하다. 벽화가 그려지기 전 이 마을은 철거 예정지였다. 충무공이 설치한 옛 통제영의 동포루를 복원하고 그 주변 공원을 조성할 계획이었기 때문이다. 그러나 2006년 겨울 '푸른 통영21'이라는 시민단체가 "달동네도 가꾸면 아름다워질 수 있다"라는 취지로 공모전을 개최한 후에 동피랑의 상황은 완전히 달라졌다. 공모전은 '동피랑색칠하기-전국벽화공모전'이었는데, 전국 각지에서 미술학도, 전문 예술인들이 몰려들었고 골목 곳곳마다 아름다운 벽화를 그렸다. 허름한 달동네 동피랑은 아름다운 벽화마을로 다시 태어났다. 벽화는 정겨운 인물에서부터 꽃, 익숙한 만화 캐릭터 그리고 따뜻함이 전해지는 풍경까지 다양하며 이 지역의 역사와 문화가 녹아든 작품들이다. 이러한 벽화는 2년마다 공모를 통해 새 옷으로 단장한다. 이들의 노력으로 시는 동포루 복원에 필요한 마을 꼭대기 집 3채만 철거하고 나머지는 그대로 보존하기로 계획을 변경하게 되었다. 마을주민의 자발적 의사로 이사 간 집은 예술가의 활동공간으로 활용이 되고 있고 마을 꼭대기를 중심으로 아름다운 정자는 마을을 대표하듯 멋스러움을 자아내고 있다. 마을 골목골목에는 독특하고 개성 넘치는 벽화들이 입소문을 타면서 전국 각지에서 많은 사람들이 찾아들기 시작했다. 주민들의 삶에 대한 열정과 전문가들의 예술혼이 어우러져 생기와 따뜻함이 전해지는 동피랑만의 골목문화를 만들어 내면서 관광객들을 유혹하고 있다.

이렇듯 아름다운 자연이 있는 농촌에 문화예술인의 열정적인 예술 혼이 더해져 또 하나의 귀촌유형을 형성하고 있는 문화귀촌은 이제 더 이상 낯설지 않다. 산업화로 인해 사람들은 도시로 몰려들게 되었고 상대적으로 텅 빈 농촌은 활기를 잃고 조용한 곳이 되었다. 하지만 농촌에는 모든 이들이 늘 그리워하고 있는 향수와 전원생활에 대한 꿈을 그대로 간직하고 있기에 이는 문화귀촌의 훌륭한 문화자원으로 작용한다. 농촌이라는 자연경관에 어울리지도 않는 랜드마크를 설치한다던가 아니면 지역발전이라는 명분으로 보여주기 식의 무분별한 개발이 농촌개발의 전부였던 과거와는 달리 이제는 농촌 고유의 문화·예술적 자원을 활용해 농촌만의 새로운 문화적 가치를 만들고 이를 통해 지역경제 활성화를 달성하게 되면서 농촌은 이전보다 훨씬 더 풍요로워지고 여유로운 생활이 가능해졌다. 이러한 긍정적인 효과로 인해 문화귀촌을 계획하는 문화예술인들이 농촌으로 보다 쉽게 이주할 수 있도록 정책적으로 적극 지원하고자하는 방안이 마련되고 있는데, 이와 더불어 선배 귀촌인들의 실제 경험들을 토대로 성공적인 문화귀촌을 활성화할 수 있도록 돕는 방안들이 체계적으로 마련되어야 할 필요성도 제기되고 있다.

문화귀촌은 조용한 농촌에 생동감과 활기를 불어넣고 자연과 어우러지는 아름다움을 선사한다. 하지만 귀촌에는 낭만과 여유로움만 있는 것이 아니라 이 또한 삶 그 자체이기 때문에 이해와 준비라는 대비책이 필요하다. 이주할 곳의 지역적 특색에 대한 이해와 주민들과의 어우러짐에 대한 대비는 문화귀촌을 계획하는 이들이라면 반드시 준비해야할 첫 번째 준비사항이 되어야 한다. 예술가들이 농촌으로 이주해 오면서 고요하던 농촌에는 생기가 돌게 되고 이전에는 누리지 못했던 다양한 문화적 혜택을 자연스레 향유할 수 있게 되면서 대체적으로 지역민들 또한 이들의 이주를 환영하고 있는 분위기다. 하지만 이웃으로서 지역민과 소통하지 않고 단순히 일적인 차원에서 그들에게 접근한다면 성공적인 문화귀촌은 불가능하다는 사실을 명심해야 할 것이다. 마을주민들과 소통하고 그들과 진정한 이웃으로 어우러진다면 지역의 문화예술 발전에도 기여하는 성공적인 문화귀촌이 될 것이다.

■ 함께 일구는 꿈, 마을공동체

百萬買宅(백만매수) 千萬買隣(천만매린)

이는 '백만금으로 집을 사고 천만금으로 이웃을 산다.'라는 뜻으로 중국 남북조시대(A.D. 420~589) 송계아(宋季雅)의 이야기다. 백만큼 밖에 되지 않는 집을 웃돈을 더 얹어 열 배나 되는 천만금이라는 거금을 지불하고 이웃을 살 정도로 '이웃의 소중함'을 강조하는 말이다. 예로부터 인간이 살아가는데 있어서 좋은 이웃의 중요성은 꾸준히 강조되어 왔다. 공자도 이웃의 중요성을 강조한 바 있는데, '마을에 인(仁)을 가진 이웃이 있다는 것은 아름다운 일이며 그런 사람과 이웃으로 살지 않는다면 지혜롭지 못한 자'라고 하였다. 이는 좋은 이웃의 기준이 돈과 명예를 가진 사람이 있는 곳이 아니라 따뜻한 인(仁)의 마음을 가진 사람들이 있는 곳임을 강조하고 있는 것이다. 이웃 소중함에 대한 이러한 이야기는 이웃에 관한 속담에서도 어렵지 않게 찾아 볼 수 있다.

이웃이 사촌보다 낫다.
가장 가까운 이웃은 부모보다도 가치가 있다.
이웃이 좋으면 매일 즐겁다.
바다를 격해 있는 형제보다도 벽을 격해있는 이웃이 낫다.

농업이 중심이었던 전통사회에서 '이웃'의 의미는 오랫동안 같은 동네에서 생사고락을 함께 한 관계로 일손이 많이 필요한 농사철에 서로 돕는 가족과 같은 의미다. 제주의 정낭[7]에서 이웃 간에 신뢰와 애정이 얼마나 깊었는지 엿볼 수 있다. 이웃이 어려운 일에 처하면 내 일처럼 돕고 희로애락을 함께 하는 사이. 그래서 우리 선조들은 그냥 '이웃'이라 하지 않고 '이웃사촌'이라고 칭했다. 이웃 간에 자주 왕래하며 정을 나누고 지내면 사촌 못지않은 사이가 된다는 의미

7 집으로 들어가는 입구에 긴 나무를 양 옆 돌기둥 구멍에 걸쳐놓은 것으로 밭에 나가거나 외출을 할 때 사람의 유무를 알려주는 기능으로 제주도 전통 가옥에서 대문 역할을 하는 것

로 이웃 간의 두터운 정을 두고 한 말이다.

하지만 산업화 시대에 들어서면서 이러한 '이웃'의 의미는 과거와 많이 달라졌다. 같은 마을에 살아도 서로 잘 알지 못하는 경우가 허다하고 태어나면서부터 계속 한 동네에 살았던 과거와는 달리 직장을 따라 이사를 자주 하게 되는 현대인의 특징상 바쁜 일상으로 이웃과 접하는 일이 줄어들게 되었다. 자연스레 이웃사촌이라는 말과도 점점 멀어졌다. 정보매체의 눈부신 발달로 시간과 장소의 제약 없이 간편하게 인간관계를 맺는 것이 가능해졌기 때문이다. 바쁜 일정에 삭막한 도시생활과 잦은 이사로 이웃과 대화를 나누는 일이 점차 사라지게 되고 이는 자연스레 깊은 관계를 맺지 못하는 것으로 이어지게 되었다. 요즘은 옆집에 누가 사는지도 모르는 일이 다반사다. 그래서 이웃의 의미도 예전과는 많이 달라진 게 사실이다. 같은 마을에 사는 사람만 이웃이 아니라 직장동료, 학교친구, 종교나 취미가 같은 동호회, SNS 친구 등을 함께 하는 이들도 모두 이웃이라고 부른다. 모든 환경이 변하고 이웃의 의미도 변하게 되면서 그동안 상호 신뢰와 친밀성으로 일관하던 관계도 점차 약화되고 이로 인해 이웃 간의 무관심과 대화의 단절은 더 이상 '이웃사촌'이라는 의미를 무색하게 만들었다.

오늘날 우리에게 이웃의 의미는 어떨까. 구지 옆집에 사는 이웃이 아니더라도 스마트폰 속에는 자신이 필요로 하면 언제든 손가락 터치 하나로 친구를 만들 수 있는 환경이지만 정작 같은 마을 이웃에는 누가 사는지 인사 한번 하는 것도 어려운 것이 우리들 현실이다. 친족보다 가까운 의미의 이웃사촌에서 불편하고 심지어 두렵기까지 한 타인이라는 의미가 되어버렸다. 이처럼 환경이 변하고 이에 따라 이웃에 대한 의미도 많이 달라졌지만 이웃과 더불어 살아간다는 생각을 잊지 말아야 한다. 이러한 의미에서 요즘 '마을 살이'를 의미하는 '마을공동체'를 주목할 필요가 있다. 이웃끼리 인사하고 관심을 가지며 경조사를 돕는 문화를 되찾자는 취지에서 더욱 주목할 필요성이 제기되고 있다.

농경사회에서 산업사회를 거쳐 정보화 사회로 오면서 집집마다 생활을 편리해졌지만 여유 없이 앞만 보고 달려온 시간이 자연스레 타인과는 불신의 벽을 키우게 되었다. 늘어가는 1인 가족, 소외된 노인들, 거리의 아이들, 대화 없는 가족, 집집마다 꽁꽁 닫힌 대문. 지금 우리가 살고 있는 마을의 모습이다. 바쁜 일이 있어 집을 비울 때 믿고 아이를 맡길 수 있는 곳, 언제든 문을 활짝 열어놓고 생활할 수 있는 곳, 소소한 이야기를 함께 나눌 수 있는 곳, 힘든 일을 함께 도울 수 있는 곳. 더 이상 소외와 외로움이 존재하지 않는 곳. 불안과 불신은 사라지고 평안과 신뢰만이 존재하는 곳, 모두 다 같이 살기 좋은 곳. 그것이 바로 마을이다. 이웃 간 서로 정이 오가고 기쁨과 슬픔을 나눌 수 있는 곳. 지금 우리에게 마을 공동체가 필요한 이유다.

도시에서는 느끼기 힘들지만 그나마 농촌에서는 가능했던 노동력과 일손을 나누는 공동체의 모습도 개발논리가 만연해지면서 찾아보기 힘든 게 현실이다. 과거 우리 농촌에는 두레와 품앗이로 마을의 대소사를 치르며 이웃 간의 정을 쌓아가던 농경시대의 풍속이 있었다. 하지만 도시화가 진행되면서 젊은이들이 사라지고 개인주의는 점점 더 심해지고 소외되는 사람들도 생겨나면서 농촌은 활기를 잃게 되고 이렇게 각박한 상황이 점차 심각한 사회 문제로 이어지게 되자 두레와 품앗이 같은 우리의 좋은 풍속도 이내 사라져 버렸다. 이러한 상황에 심각성을 느끼게 되면서 주거지 주변의 이웃들과 연대 의식을 갖고 함께 활동할 수 있는 지역 단위의 소규모 공동체를 의미하는 '마을 공동체'에 대해 관심을 가지기 시작했다. 이런 마을 공동체의 활성화가 이러한 문제들을 해결할 수 있는 현실적인 방안으로 주목받고 있는 것이다. 정부와 각 지자체들이 마을 공동체 육성에 앞장서고 있는 이유도 다시 함께 행복한 사회를 만들기 위해서다. 또 다른 이유라고 한다면 우리의 삶의 뿌리인 농촌을 살리는 일이기도 하기 때문이다. 농촌의 마을공동체가 생산이 중심이 되는 공동체라고 본다면 도시의 마을공동체는 문화공동체 양상을 보이고 있는 것이 특징이다.

마을공동체는 지속가능한 개발을 위한 대안으로 다양한 형태로 추진되고 있는데, 공통되게 명심해야할 것은 반드시 주민들의 자발적인 참여가 있을 때 지속가능한 결실을 맺을 수 있다는 것. 정부와 지자체에서 많은 예산을 들여 마을공동체 사업을 추진해 왔지만 모두가 성공적인 사례만 있는 것은 아니다. 공동체 의식을 회복하고 행복한 마을을 만드는 것이 마을공동체의 목적이지만 이러한 목적 달성보다는 문제점도 적지 않게 나타나고 있다. 정부, 지자체, 마을, 주민 모두 어느 쪽 하나도 소홀해서는 안 되고, 자체적으로 운영할 수 있는 능력이나 자생할 수 있는 기반을 키워 나가야 가능한 일이다. 마을공동체는 마을 주민 개개인이 서로 존중받으며 상호 대등한 관계 속에서 마을 내 모든 일을 주민이 함께 상의하고 스스로 결정하고 나눔과 협력이 자연스럽게 이루어지는 공동체가 될 때 비로소 빛을 발하게 된다.

환경과 에너지 문제의 심각성을 인식하고 자발적으로 전기 없는 날을 실천하는 충북 보은의 선애빌, 자연을 배우며 그 자연을 그대로 닮아가는 강원도 화천 토고미, 어른과 아이가 공존하며 사는 전북 부안 변산공동체, 공동육아 방식을 모색하며 만든 성미산마을공동체 모두 성공적인 마을공동체로 잘 알려진 사례들이다. 이처럼 마을공동체가 주목받는 이유는 이웃끼리 인사하고 관심을 가지며 경조사를 돕는 문화를 되찾기 위한 것이다. 물질적 기준이 삶의 중심인 도시에서의 각박한 생활이 아니라 구성원 모두가 질적 행복을 느끼는 것을 가장 중요시 했던 마을을 다시 찾아서 조화로운 삶을 만들어나가자는 의미다. 하지만 공동체 문화를 회복한 행복한 마을이라는 기본적인 목표도 잊은 채 마을 특성도 하나 살리지 못한 마을공동체가 우후죽순처럼 생겨나는 문제도 발생하고 있다. 성공적인 마을공동체는 결코 그냥 만들어지는 것이 아니다. 정부와 지자체의 적극적인 지원도 중요하지만 무엇보다 중요한 것은 오래전부터 우리들의 삶을 지탱시켜왔던 두레, 품앗이에 깃든 공동체 의식을 회복하고 모두가 행복한 마을을 만들기 위해서 마을의 특성을 고려하여 주민들 스스로 운영할 수 있는 역량을 키워야 함을 잊지 말아야 한다는 사실이다.

농업개방화 시대에 인구감소와 고령화, 지역 활력 저하로 어둠이 드리워진 우리 농촌에 마을 내 인적·물적 자원을 활용하여 지역 활성화와 농촌 공동체 복원을 가능하게 하는 마을공동체사업은 융복합산업인 6차 산업으로서 지속가능한 농업의 대안으로 주목받고 있다. 몇몇 성공한 마을공동체 사례가 우리 마을에도 그와 같은 성공을 가져다주는 것이 아님을 명심해야 하고 우리 마을의 특성에 맞도록 마을 내 자원과 문화 그리고 인력 등을 적극 활용해 우리 농업·농촌 문제를 해결할 수 있는 대안으로 자리매김할 수 있도록 해야 할 것이다. 보다 분명한 사실은 모두가 성공한 사례로 꼽는 마을공동체는 준비된 주민들만이 해낼 수 있다는 것이다.

Chapter 3

농촌으로의 색다른 초대

농촌이 변하고 있다. 아이울음소리 한번 들을 수 없고 노인들만 간간히 보이는 한적하고 고요한 시골풍경은 이제 점점 사라지고 있다. 요즘 농촌은 주말과 휴가철이 되면 도시민들의 행렬이 이어지고 체험학습으로 아이들의 웃음과 재잘거리는 소리로 가득 찬다. 이런 현상을 놓고 보면 농촌의 주된 기능이 먹거리 생산이긴 하지만 관광이 주된 수입원으로서의 역할을 해내고 있음을 쉽게 알 수 있다. 농촌을 먹거리 생산의 기능을 가진 곳으로만 여기지 않고 관광의 대상으로 보기 시작한 것은 사실 그리 오래된 일이 아니다. 우리 농촌에 '관광'이라는 개념이 접목되기 시작한 것은 2001년 농림축산식품부의 농외소득증대 중장기 추진계획부터였다. 당시에 비해 지금은 농촌관광의 형태도 다양해졌고 참여자들의 수도 늘어났다. 주 5일제의 정착과 이에 따른 여가시간의 증대, 삶에 대한 가치관과 라이프스타일의 변화는 인구감소와 고령화로 활력을 잃은 농촌에 농촌관광이 라는 새로운 기회를 가져다주었다.

한국농촌경제연구원KREI에 의하면, 농촌관광의 총량은 2003년 약 984만 일이던 것이 2012년에는 1,505만 일로 크게 증가하였으며 농촌관광 경험횟수 또한 2003년 244만 회 정도에서 2012년 595만 회로 약 2.5배 정도 크게 상승하였다. 국내여행 경험횟수에서 농촌관광이 차지하는 비중 또한 2009년에 1.8%에 불과하던 것이 2012년에는 4.2%로 높아졌다. 여기에서 눈에 띄는 점은 국내여행 경험횟수는 감소하는 추세인데 반해, 농촌관광에서는 경험횟수가 증가하는 것으로 나타나 국내여행자들이 농촌을 점점 더 많이 찾고 있다는 사실이다. 농촌관광의 시장규모는 2003년 기준 926억 원에서 2012년 기준 2,950억 원으로 약 3배 증가했다. 농촌관광의 목적 절반 이상이 '휴식과 휴양'을 위한 것으로 나타났다. 이러한 조사결과를 바탕으로 보면, 농업도 정책적으로 6차 산업화가 확대되고 있는 상황에서 국민들의 여가 트렌드에 맞춰 적극적으로 대응하기만 한다면 앞으로 농촌관광의 전망은 긍정적이라고 내다볼 수 있다.

이에 따라 농촌은 농촌이 가지고 있는 어메니티 자원(전원 풍경, 역사적 기념물, 지방고유의 축제, 문화적 전통, 토속음식, 야생 동식물 등)을 활용하여 각종 농촌체험활동과 축제, 교육 및 치유 프로그램을 마련하여 그 늘어나는 수요에 대비해야 한다. 농촌체험활동의 경우 단순체험이 아니라 연속적으로 연계된 체류형 체험상품으로 개발해 나가는 것이 필요하다. 축제의 경우도 마찬가지다. 기존의 천편일률적인 지역축제들을 그대로 찍어낼 것이 아니라 그 지역만의 정체성을 살릴 수 있는 고유자원을 활용함으로써 지역주민이 스스로 축제의 주인이 되어 방문객들을 위한 체험프로그램을 준비하는 것이 필요하다. 그리고 최근 이슈가 되고 있는 '치유'를 위해 농촌방문이 늘어나는 것 또한 주목할 필요가 있다. 바쁜 일상에 지친 도시민들의 심신을 위로해주는 많은 자원들이 우리 농촌 곳곳에 숨어 있다. 이를 어떻게 활용할지를 고민하는 것 또한 우리 농촌의 몫이다.

세상은 무서운 속도로 빠르게 돌아가고 있다. 오늘의 라이프스타일은 어제의 라이프스타일과 다르고 그 변화에 따라 여가 트렌드도 변화를 거듭하고 있다. 사람들은 점점 건강, 치유, 휴식, 문화, 비움을 얻기 위해 자연으로 떠나는 여행을 선택하고 있다. '농촌'이라고 하면 자연스레 연상되었던 기억들, 소똥냄새, 느긋함, 여유로움... 어떻게 보면 예전에는 기피했던 그 불편함의 요소요소들이 이제는 되레 그리움의 대상, 동경의 대상이 되어 지친 심신을 달래고자 하는 도시민들을 맞이하는 안식처로서의 역할을 담당하고 있다. 우리 농촌은 이를 기회로 삼아 스스로를 단장할 필요가 있다. 가고 싶은 곳이 되도록 그리고 한번 가면 다시 찾고 싶은 곳으로 만들기 위해 지속적으로 노력해야한다. 사회적 트렌드가 그리고 라이프스타일이 변하듯 농촌도 변화를 맞이할 준비를 해야 한다. 고집스럽게 지켜온 정직한 먹거리도 좋고 마음을 움직이는 감동적인 이야기도 좋다. 정직과 신뢰를 바탕으로라면 그 어떤 이야기도 좋다. 생산의 공간을 넘어 지친 마음을 어루만져줄 수 있는 공간으로 거듭날 우리 농촌을 기대해 본다.

■ 6차 산업의 新모델

언젠가부터 주말이면 캠핑을 떠나는 이들을 주변에서 쉽게 볼 수 있다. 금요일 저녁이면 직장에서부터 해방되어 자연으로 떠나는 캠핑만 일주일 내내 기다리는 직장인들도 적지 않다. 가족단위로 떠나는 캠핑족들도 캠핑에 대한 열의는 마찬가지다. 캠핑이 국민 레저로 급부상하게 되면서 글램핑[8], 오토캠핑 등 다양한 캠핑 유형들이 관심을 받게 되었다. 이렇게 다양한 캠핑들이 인기를 끌고 있는 가운데 기존 캠핑의 유형과는 조금은 색다른 캠핑이 있어 주목을 받고 있다. 농촌에서 즐기는 캠핑, 이른바 팜핑이 최근 인기를 끌고 있다. '팜핑'은 농장을 의미하는 '팜Farm'과 '캠핑Camping'의 합성어다. 팜핑은 여느 캠핑과 마찬가지로 자연에서 캠핑도 즐기고 농장에서 농촌 체험도 하는 이색 캠핑이다.

해마다 휴가철이면 인파로 북새통을 이루는 유명 관광지보다는 비교적 한적하고 재정적인 측면에서도 상대적으로 부담을 줄일 수 있는 농촌으로 떠나는 이들이 최근 들어 늘고 있는 추세다. 특히 도심에서 정신없이 바쁜 일상을 보내고 각종 스트레스에 자주 노출된 사람이라면 더욱 타인과는 차별화된 자신만의 휴가 스타일을 추구하기 마련이다. 맑은 물과 공기, 조용하지만 시골의 정겨운 정취가 느껴지는 공간 그리고 지역마다 색다른 특색 있는 농산물까지. 따지고 보면 최상의 휴가지로 농촌만한 곳이 없다. 삭막한 도시를 벗어나 자연과 만나면서 그곳에서 체험활동도 하는 요즘 휴가 트렌트에 안성맞춤이다. 도시민들의 동경의 대상인 농촌에서의 생활과 낭만을 직접 체험할 수 있어 만족을 주고 있다. 팜핑은 특히 가족단위의 캠핑족들에게 인기를 끌고 있는데, 어른부터 아이까지 모두에게 유용하다. 손수 먹거리를 재배하고 재철 식재료를 맛볼 수 있는 만족감, 자연 속에서 여유롭게 휴식을 보낼 수 있다는 점, 농촌이 주는 정취

8 화려하다(glamorous)와 캠핑(camping)의 합성어로 필요한 도구가 모두 갖춰진 곳에서 즐기는 캠핑의 한 형태

와 따뜻한 인심, 밥상의 식재료들이 어디서 어떻게 오게 된 것인지 직접 체험하기 때문에 자연스럽게 교육할 수 있는 곳으로도 최적의 장소라고 할 수 있다. 또한 캠핑 장비 없이 농가에서 숙박을 해결할 수 있다는 점이 기존 캠핑과의 차이점이기도 하다. 이러한 점들 때문에 팜핑은 도시민들의 사랑을 한 몸에 받고 있다. 또한 농가의 입장에서도 도시민들의 지속적인 방문을 유도할 수 있는 새로운 농촌 관광컨텐츠가 보장될 뿐만 아니라 생산된 농산물을 중간단계 없이 소비자와 직거래 형태로 거래할 수 있어서 수익구조가 생긴다는 점이 긍정적인 효과로 나타나고 있다. 이렇듯 팜핑은 농촌의 또 다른 부가가치 창출 아이템으로서 6차산업화의 효자 역할을 톡톡히 해내고 있다.

팜핑과 더불어 최근 들어 주목받고 있는 것이 농장을 뜻하는 팜Farm과 파티Party의 합성어인 '팜파티'다. 팜파티는 농가에서 직접 농산물을 수확하고 체험하며 농장에서 생산된 농산물로 만든 음식들을 맛보고 즐기는 파티문화와 그 일대 마을 농작물의 정보를 제공하고 판매하는 농촌체험형 관광수익모델을 의미한다. 즉, 팜파티는 지역의 문화·관광 자원에다 개별 농가만의 이야기를 결합한 형태의 새로운 농촌마케팅 모델이라고 할 수 있다. 이는 원래 미국 정원에서 웨딩이나 생일파티, 자선행사와 같은 이벤트를 열고 친목을 도모하는 소규모 사교활동을 의미하는 '포트럭potluck'에서 시작된 것으로 참가자 개개인이 음식을 준비해 파티 주최자의 부담을 최소화한다. 이 포트럭이 농촌으로 옮겨 적용된 것이 지금의 '팜파티'라고 할 수 있다. 미국에서 시작된 팜파티가 국내에서 시작된 것은 최근에 들어서다. e-비즈니스 농가 중심으로 농가로 소비자들을 초대해 여러 가지 주제를 가지고 파티형식으로 진행하게 된 것이 그 시작이다. 국내 팜파티 프로그램은 지역에서 전해져 내려오는 이야기와 문화·예술 자원, 농가와 농산물의 이야기를 바탕으로 농산물 수확체험, 공연, 음식 즐기기 등이 주를 이룬다. 최근 들어 이러한 팜파티가 주목받고 있는 이유는 농산물의 안전성과 신뢰성을 중요시 여기고 시간과 비용을 절감할 수 있는 직거래를 선호하는 소비풍토가 한 몫하고 있다. 이러한 면에서 팜파티는 농산물을 생산하는 농가와 도시 소비자가 직접 만나 소통이 이루어지기 때문에 지속적으로 신뢰를 쌓을 수 있다.

특히 최근에 인터넷 농산물 직거래 사이트가 증가하게 되면서 팜파티의 필요성이 증가하게 된 것도 사실이다. '팜파티'에서 파티의 주최자는 농업인과 도시민이며 지역 내 농산물을 이용해 파티 음식을 만든다. 농장 주인이 소비자들을 초청해 방문객들이 직접 행사에 참여하고 농촌문화와 농산물을 주제로 다양한 체험과 농산물 정보 제공 및 판매 등으로 도시와 농촌이 교류하는 행사를 말하는 것으로 기존 농촌체험관광보다 한 단계 발전된 형태라고 볼 수 있다. 이처럼 팜파티는 도시 소비자들을 농장으로 초대하여 파티를 통해 농촌체험이라는 경험을 주고 농산물에 대한 정보를 제공하여 도농 간의 관계를 형성함으로써 농촌과 농가에 대한 인식의 변화와 신뢰를 추구하고 있다. 도시 소비자들은 농산물을 직접 수확하는 체험도 하고 품질 좋은 농산물로 만든 음식과 함께 공연이나 전시회, 음악 등을 즐기기도 한다. 팜파티의 특징상 결혼식이나 파티 등 각종 이벤트나 모임이 가능하기 때문에 앞으로의 발전 가능성은 무한하다는 장점이 있다. 그동안 농촌에서 이루어져 온 일반적인 농산물 체험활동과는 달리 팜파티는 농가에서 도시 소비자들에게 그 지역과 농가의 문화를 전하고 서로 소통하는 자리를 마련하기 때문에 신뢰를 바탕으로 지속적인 관계를 형성할 수 있다. 팜파티는 도시 소비자들의 입장에서 보면, 농촌에서 농산물이 생산되는 과정을 직접 경험할 수 있고 지역의 특색 있는 공연과 놀이, 문화 등을 체험하고 또한 믿을 수 있는 안전한 농산물을 현장에서 구입할 수도 있는 매력적인 행사다. 농가의 입장에서도 직접 재배한 농산물로 파티준비를 하고 참여한 도시민들을 대상으로 농산물을 판매할 수 있기 때문에 농가소득을 보장할 뿐만 아니라 마을 일자리 창출을 통해 지역경제 활성화에 기여한다. 나아가 새로운 농촌관광 상품에 대한 질적 향상과 도시소비자와 농업인과의 지속적인 관계 형성을 이루는 도농교류 활성화를 통해 농촌발전에도 기여하고 있다는 긍정적인 평가를 받고 있다.

이처럼 농업선진국들뿐만 아니라 국내에서도 팜핑과 팜파티는 나날이 활성화되는 추세다. 각 지자체에서 팜핑과 팜파티의 잠재적 가치에 주목해 지역의 대표적인 관광상품으로 만들기 위한 움직임이 활발하다. 먼저 팜파티 전문가 육성을 위한 교육을 진행하고 농촌마을뿐만 아니라 범위를 넓혀 광역지자체 단위로 추진하려는 계획 등 적극적인 준비에 나서고 있다. 특히 팜파티는 도시의 소비자와 농가 간 지속적인 관계형성을 통해 상호 신뢰도를 향상시키고 농가소득증진과 농촌관광 활성화에 기여하고 있기에 농업·농촌의 가치를 높이는 새로운 농촌관광상품의 트렌드로 자리매김하고 있다.

■ 농촌다움을 사고파는 장(場), 축제

4계절이 뚜렷한 우리나라에서는 각 계절 고유의 멋을 만끽할 수 있는 지역축제가 곳곳에서 개최된다. 1995년 6월 27일 지방자치제가 시작되면서 본격적인 지방화시대가 열렸다. 지역축제가 기하급수적으로 늘어나기 시작한 것도 이 무렵부터다. 지방화시대를 두고 지역축제시대라 부를 정도였으니 당시 지자체마다 축제 만들기가 얼마나 심했는지 짐작이 가고도 남는다. 지방자치시대의 개막으로 각 지자체는 지역발전의 주요자원으로서 '축제'의 가치에 주목하기 시작했다. 이 시기 전국적으로 지역이 자생력을 갖추고 지역경제를 활성화할 수 있도록 문화자원을 바탕으로 특색 있는 지역을 만드는 문화산업이 진행되었는데, 축제는 그 문화산업 가운데 가장 대표적인 것이었다. 문화체육관광부에 따르면, 1980년대까지는 50여개에 불과하던 국내축제가 1995년 지방자치제가 실시되면서 150개, 2008년까지 926개의 수로 비약적인 증가세를 보였다. 이렇게 지역문화축제는 급증하고 있는데 몇몇 축제를 제외하고는 모방적인 수준을 벗어나지 못하고 있다는 것이 문제였다. 이러한 현상을 두고 축제의 질적 성장이 양적성장에 미치지 못한다는 지적이 나오게 되었는데, 최근 조정기를 거치면서 지난 2016년에 개최된 축제는 693개 정도다.

21세기는 문화예술의 시대라고 말한다. 문화예술의 경쟁력이 곧 지역의 경쟁력이 된다는 말이다. 문화예술의 시대에 문화가 자원화되어 고부가가치를 창출하는 주요한 산업으로 부상하게 되면서 지역경쟁력의 원천이 되는 관광객 유치, 지역주민의 삶의 질과 아울러 지역브랜드 가치를 향상시키는 수단으로서 축제를 인식하게 된 것이다. 문화예술의 시대에 지역경쟁력의 원천이 되고 지역주민의 삶의 질을 향상시키고 지역경제활성화에 기여하는 것이 바로 축제다. 지금 우리는 축제더미 속에 묻혀 살고 있다. 시기마다 지역마다 갖가지 축제들이 매일같이 열리고 있다. 축제는 한 지역의 전통과 문화, 예술 등 삶을 총체적으로 담아낸다. 지역에서 전승된 전통문화유산을 축제화한 지역문화제, 예술제, 스포츠대회부터 계절의 특성을 살린 꽃 축제와 각종 제철 먹거리(특산물) 축제 그리고 각종 테마 축제까지 다양하다. 축제는 지역의 일자리 창출, 관광객 확보, 지역 특산물 판매 등의 지역경제활성화에 기여하게 될 뿐만 아니라 지역 주민의 자긍심, 지역 브랜드 강화까지 지역경쟁력을 증진시킬 수 있는 도구의 역할을 한다. 지역 내에서의 이러한 효과 외에도 좋은 축제는 국민의 문화생활을 풍요롭게 하고 문화향유의 기회를 제공할 뿐만 아니라 건전한 여가문화정착에 이바지한다. 축제의 이러한 긍정적인 효과는 전국 지자체에서 수많은 새로운 축제가 계속해서 만들어지고 있는 원인이 되고 있다. 하지만 축제가 주는 이러한 긍정적인 효과에도 불구하고 우후죽순처럼 생겨나고 있는 대부분의 지역축제는 뚜렷하지 못한 컨셉에 하나같이 비슷한 프로그램으로 예산만 낭비하고 전시성 행사가 되고 있는 문제점이 발생하고 있다. 이는 지역 고유의 특색을 무시한 채 타 지역의 인기 있는 축제를 그대로 모방하는 일이 흔하게 되면서 생겨난 현상이다.

축제에서 가장 중요한 것은 해당 지역고유의 특색을 축제의 주제와 프로그램에 창의적으로 담아내야 한다는 점이다. 또한 지역주민들을 축제에 참여시킴으로써 공감대를 형성하고 자긍심을 높여주는 역할을 하는 것도 필요하다. 하지만 실상은 지역민과 공감대 형성이 제대로 이루어지지 않고 축제에 참여하지 못한 채 일부 무관심 속에 이루어지고 있는 것이 국내 지역축제의 현실이다. 또한 전국에서 개최되고 있는 축제 대부분은 비슷하고 특징이 별로 없다. 지역 타이틀만 제외하면 어느 곳에서나 볼 수 있는 흔한 소재와 프로그램들이 난무한다. 이는 지역의 특색과 축제에 대한 충분한 고려 없이 단순히 보여주기식 행사로 기획하여 주민들의 참여 없는 일회적인 행사에 그치고 있기 때문이다. 문화체육관광부에 따르면 2013년 기준 42

개 국내 지역축제의 경제적 파급효과는 총 1조 6422억 원을 기록했다고 밝혔다. 성공적인 지역축제는 비단 경제적 효과만으로 평가받지 않는다. 해당 지역의 긍정적인 이미지를 대외적으로 알림으로써 그 지역에 대한 이미지를 개선하는 효과도 있다. 또한 축제를 통해 지역민의 결속력이 강화되고, 지역에 대한 긍지를 향상시키는 효과를 가져다주는 등 전반적으로 지역발전을 도모할 수 있는 좋은 수단이 된다.

이러한 현상은 축제의 규모에 상관없이 대형축제에서부터 소규모 마을축제에까지 모든 경우에 해당된다. 우리 농촌의 경우도 마찬가지다. 농촌에서 성공적인 축제는 그 지역에 큰 동력이 될 정도로 큰 파급효과를 가져온다. 구체적으로 전통문화를 보존 및 전승하고 주민소득 및 지역소득 창출뿐만 아니라 주민의 결속력을 증진시켜 화합을 이끌어내고 정주의식을 강화시키는데 기여하는 긍정적인 효과를 내고 있다. 이에 정부에서도 2008년부터 농어촌지역의 활력증진과 도농교류를 촉진하기 위한 목적으로 새로운 축제를 발굴하는 것을 적극 지원해오고 있다. 하지만 성공한 몇몇 축제를 제외하고는 대부분이 프로그램의 내용이나 운영 모두 부실하고 축제의 전문적인 인력이 부족하며 홍보가 제대로 되지 않아 지역민이나 관광객들로부터 외면당하는 등의 부작용이 속출하고 있어 애초 축제의 목적에서 벗어나기 일쑤다. 대부분의 사정이 이러해서 농어촌지역에서 개최되는 소규모축제가 내실화될 수 있는 방안을 마련할 필요성이 절실히 요구되고 있는 실정이다. 농어촌지역의 축제는 대형축제와는 달리 일반적으로 마을단위의 소형축제로서 마을의 규모에 맞게 기획과 운영이 이루어져야 한다. 마을 곳곳에 산재된 자원을 축제의 소재로 잘 발굴하여 이를 타 축제와 차별화 할 수 있는 독창적인 방안을 모색하여 지속적으로 개최되는 해당 마을만의 축제를 만들 수 있도록 해야 한다.

그렇다면 성공적인 축제를 위해서 준비해야할 사항들은 어떤 것들이 있을까. 가장 먼저 고민할 것은 축제의 본질을 파악하는 일이다. 축제의 본질을 파악한다는 것은 지역의 특색과 축제의 색깔을 제대로 이해하고 있다는 말이다. 이것이 전제가 되어야 축제의 모든 준비사항들이 축제의 본질적 주제와 일관된 연관성을 갖게 된다. 지역마다 독특한 전통과 풍습 그리고 특산물 등 지역고유의 특징을 가지고 있는데, 이를 반영한 그 지역만의 독특한 축제를 개발하는 것이 중요하다. 국내외의 성공적인 축제들을 놓고 볼 때 하나같이 전부 저마다의 특색을 지니고 있다. 따라서 축제의 본질적 주제와 관계없는 단순공연 위주의 일회성 이벤트와 어느 축제에서나 흔히 볼 수 있는 천편일률적인 프로그램들을 지양하고 지역적 특색이 드러나는 참여형 체험프로그램으로 축제의 내실을 다져야 한다. 가장 한국적인 것이 가장 세계적인 것처럼 가장 지역적인 것이 국내에서도 세계무대에서도 인정받을 수 있음을 말이다. 다시 말하면 축제의 본질을 잃지 않는 것부터가 경쟁력 있는 축제를 만드는 첫걸음임을 잊지 말아야 한다. 경쟁력 있는 축제, 성공하는 축제는 반드시 독창적인 아이디어가 바탕에 깔린 주제와 프로그램을 갖추고 있다. 지역만의 창의적인 아디이어를 발굴하고 실현가능성을 검토하여 반영하기 전까지 철저한 준비과정을 거쳐야 하는데, 그 과정에는 반드시 축제 전문가와 지역주민의 참석을 통해 충분한 공감의 시간을 가져야 한다. 추진조직 구성에 있어서도 국내 축제들이 대부분 그렇듯 축제운영 전문 인력들로 구성한다기보다는 직접적으로 관련이 없는 유명인사나 행정기관장, 외부인력들로 구성하는 것이 보편적인데 이렇게 되다보니 원활한 축제운영에 무리가 따르는 건 당연한 일이다. 축제 성공의 중요한 부분을 차지하는 축제조직은 꼭 민간전문가 중심으로 구성하여 성공적인 축제가 정착되도록 해야 한다. 성공적인 축제는 지역의 브랜드 가치를 높여주기도 하지만 경제적인 측면에서 지역경제활성화에 기여한다. 그러기 위해서는 생산적인 축제가 되어야 하는데, 행정기관의 예산지원에만 축제 사업비 조달을 의존하지 말고 축제 행사장 입장권 판매수익이나 참여부스 임대 등의 수익사업 그리고 축제기념품 및 특산물 판매 등 자체 수입창출 방안도 필히 고려해야 한다. 끝으로 축제에 대한 전문가의 객관적인 평가가 있어야 한다. 축제방문객수 뿐만 아니라 축제에 대한 만족도, 경제적인 효과 그리고 개선사항에 대한 철저한 조사는 다음 축제를 한 단계 더 업그레이드 시키는 밑거름이 된다. 객관적인 축제평가를 통해서 축제는 해를 거듭할수록 더 발전된 수준이 될 뿐만 아니라 축제의 지속적인 생명을 보장하는 역할을 한다.

국내에서 지방자치가 실시된 후로는 전국 각지에서 많은 지역축제가 개최되고 있다. 이러한 현상이 꾸준히 계속되고 있는 것은 최근 국민들의 여가 트렌드와 맞아 떨어지기 때문이다. 이러한 필요성에 의해 앞으로도 지역축제는 계속해서 증가하게 될 것이며 관광객들을 유치하기 위한 지자체들의 경쟁은 더욱 심화될 것이다. 축제더미 속에서 살아남기 위해 축제는 그 지역만의 독특한 장소성을 띠고 창조적인 아이디어가 중심이 되어 차별화에 집중해야 한다. 대부분의 지자체에서 무조건 성공한 축제만을 쫓아 벤치마킹하면서 많은 지역축제 프로그램 내용이 유사하고 특징이 없어진다는 평가가 많은 것이 현실이다. 따라서 지속가능한 축제를 위해서는 우선 지역 내 산재한 모든 자원을 검토하여 축제기획에서 운영, 평가 그리고 관광객유치를 위한 국내외 홍보, 관광상품개발, 재원확보에 이르기까지 하나의 축제가 만들어지기까지의 전 과정을 전략적으로 추진하려는 노력이 필요하다. 브라질의 리우 카니발[9], 독일의 옥토버페스트[10], 일본의 삿포로 눈 축제[11], 세계 3대 축제로 손꼽히는 이들 축제의 공통점은 흉내 낼 수 없는 해당 지역만의 경쟁력 있고 독창적인 자산을 발굴하여 이를 자신만의 고유한 색깔로 표현, 해를 거듭할수록 축제 고유의 멋을 지켜나가면서 축제를 찾는 모든 이들에게 잊지 못할 추억을 선물하고 있다는 점이다. 이는 장기적인 안목으로 많은 사람들의 노력이 뒷받침되었기 때문에 가능한 일이었다. 그동안 양적 성장만 거듭해온 국내 지역축제, 이제는 한 단계 업그레이드해야 할 때다. 다시 말해서 우리 지역을 살리는 성공적인 축제를 만들기 위한 노력에 대한 제대로 된 검토가 있어야 할 시점이라는 얘기다. 근본적인 변화가 이루어질 때 비로소 우리 지역의 축제가 곧 세계적인 축제가 될 수 있다.

■ 농촌의 또 다른 이름, 치유 공간

어수선한 사회적 분위기, 나날이 각박해져만 가는 인관관계, 갈수록 심해지는 경제난, 극도로 피폐해진 건강상태, 치열한 경쟁구도가 초래한 각종 스트레스와 불안증세, 우울증으로 대한민국 국민들은 하나같이 심신이 힘든 시간을 보내고 있는 중이다. 기술의 발전과 산업고도화는 우리에게 물질적인 풍요로움을 주었지만 삶이 편리해

9 리우데자네이루에서 매년 사순절(부활절 전까지 여섯 번의 주일을 제외한 40일 동안의 기간) 전날까지 5일간 개최되는 카니발

10 남부 바이에른 주 뮌헨에서 매년 9월 말부터 10월 초까지 열리는 세계에서 가장 큰 맥주축제

11 홋카이도 삿포로에서 매년 2월에 7일간 열리는 겨울축제

진만큼 치열한 경쟁과 갈등 속에서 각종 정신적 스트레스에 노출되어 있는 것이 일상이 되었다. 그러고 보면 현재를 살고 있는 우리의 삶이 참 많이도 팍팍해졌다는 느낌이 든다. OECD 국가들 가운데 자살률이 가장 높다는 불명예를 안고 있는 우리에게 대책마련이 시급해 보인다.

그래서일까. 유난히 '치유healing'라는 단어가 여기저기에서 자주 눈에 띄는 것 같다. 그만큼 몸과 마음이 병든 사람들이 많다는 뜻일 거다. 이는 비단 우리에게만 닥친 시련이 아닌 세계 공통적으로 나타나는 현상이다. 세계적으로 문제가 되고 있는 이러한 현상에 대처할 수 있는 대안으로 떠오르는 것이 '치유healing'이다. 사회전반에 걸쳐 정신적으로 휴식을 필요로 하는 분위기 때문에 '치유'는 어느 분야를 막론하고 제일 첫 번째로 다뤄지는 트렌드 키워드로 자리 잡게 되었다. 이러한 때에 '맑은 공기', '드넓은 자연경관', '몸에 좋은 건강한 먹거리', '동식물과의 접촉을 통한 교감'으로 치유의 기능을 인정받게 되면서 농촌은 그 존재 자체만으로 치유공간으로서의 관심을 받기 시작했다. 농촌을 치유공간으로 보기 시작한 제2차 세계대전 무렵이지만 2000년대 이후 유럽을 중심으로 본격화되면서 농업·농촌의 새로운 비즈니스로 떠오르게 되었다. 일찍이 유럽의 선진농업국들은 자국 국민들의 신체와 정신의 건강을 증진하기 위한 목적으로 민간 농장과 농촌경관을 이용한 농촌체험활동을 적극 권장해왔다. 치유공간으로서 중요한 기능을 갖고 있는 농촌의 가치를 이미 인지하고 있었기 때문이다.

남들보다 더 좋은 성적을 받고 더 좋은 대학을 가고 더 좋은 직장에 입사해서 더 나은 연봉에 더 넓고 좋은 집에 산다는 이 경쟁개념이 더 이상 나의 행복한 삶을 보장해 주는 유일무이한 조건이 아님을 조금씩 깨달아 갈 때 즈음 사람들의 몸과 마음은 어느새 지칠 데로 지쳐 상처투성이가 되었다. 생각만으로도 푸근하고 여유로움이 느끼지는 농촌을 찾아 심신을 위로 받고 싶어 하는 사람들이 갈수록 늘고 있는 것은 어쩌면 자연스러운 현상이 아닐까하는 생각이 든다. 심신의 건강을 통해 삶의 행복을 찾으려는 사람들이 자연과 더불어 치유의 기회를 만나기를 희망하고 있다.

이렇게 심신이 지친 현대인들을 치유할 수 있는 공간으로 최근 '농촌'이라는 무대가 주목받고 있다. 이에 우리 농촌도 아름다운 자연경관과 곳곳에 숨어 있는 자원들이 치유농업이라는 부가가치 산업으로 새롭게 각광받고 있다는 사실에 주목하고 있다. 산업전반에 걸쳐 모든 이슈는 '치유'의 개념에 초점을 맞추고 있지만 그 중에서도 특히나 관광산업에 큰 변화가 일어났다. 기존의 관광산업이 단순 관광목적이었다면 이후 '치유'의 개념이 들어간 관광은 자연을 벗 삼아 직접 느끼고 체험하는 등 심신을 치유하는 목적으로 바뀌고 있다. 정신적인 안정과 휴식을 필요로 하는 사회적인 현상과 함께 우리 사회의 주요 이슈로 부상하게 된 이 개념은 이제 '치유'라고 하면 자연스레 자연과 농촌을 동시에 떠오르도록 했다. 이는 농촌이라는 무대가 생명을 키워내는 농업이 주를 이루는 곳으로 인간의 정신건강에 긍정적인 효과로 작용하기 때문이다. 생명을 키우고 보살피는 일을 하게 되면 심신이 건강해지고 소중한 농촌경관을 보존하는데 기여하게 됨으로써 이는 나아가 농업농촌의 공익적인 가치측면에서도 큰 의미를 갖기 때문에 매우 중요한 일이라고 할 수 있다. 이러한 이유로 국민의 건강과 농촌의 체험프로그램을 연계하는 치유농업에 대한 활발한 움직임이 일고 있다. 이는 '치유농업'이 물질적인 풍요를 쫓기보다 건강한 삶을 지향하는 사회분위기와 맞아 떨어져 자연스럽게 농촌이 가진 새로운 가치에 시선이 집중되면서 나타나게 된 현상이다. 즉, 치유농업이 현대인들의 과도한 스트레스, 우울증 등 치유에 도움을 주기 때문에 정서적 안정에 효과적이라는 평가를 받는다. 이로 대표되는 치유농업은 농촌이 가진 모든 자원을 활용하여 심신의 건강을 회복하기 위한 모든 활동을 의미한다, 사회분위기가

그림 3-5. 전남 보성

이렇다 보니 치유농업은 농촌의 새로운 기회를 제공하게 되었다. 치유농업을 통해 신규소득을 창출할 수 있게 되고 크게는 농업의 다원적 가치를 증대시키는데 기여하면서 말이다.

'치유Healing'라는 말의 사전적 의미는 치료하여 병을 낫게 한다는

뜻이다. 무엇보다 심리적으로 안정감을 준다는 의미가 크다. 지금을 살고 있는 우리들은 누구나 할 것 없이 스트레스와 불안에 노출되어 있다. 환경이 그렇다보니 누구나 마음의 병을 갖고 있다. 그 비중이 큰지 작은지에 대한 차이만 있을 뿐이다. 농업활동을 통해 몸도 건강해질 뿐만 아니라 생명에 대한 소중함 그리고 생명을 직접 가꾸게 되면서 느끼는 자존감까지 정서적 안정감을 찾게 된다. 그래서 과거에는 존재하지조차 않았던 분야였던 농업의 치유기능이 이제 농촌 활성화의 새로운 대안으로 부상하게 된 것을 보면 우리 사회의 현실과 미래농업의 나아갈 방향을 예측해 볼 수 있다. 이처럼 치유공간인 농촌에서 치유를 목적으로 하는 농업활동을 치유농업이라고 부른다. 치유농업care farming은 각종 스트레스에 노출된 현대사회에서 심신이 건강하지 않아 치료가 필요한 사람들에게 농촌을 무대로 농업 생산 활동과 농촌경관을 활용해 교육적 혜택을 제공하는 역할을 수행하는 농업활동을 의미한다. 이는 농업을 통해 의료, 교육, 복지의 효과를 아우르는 신농업분야로 심신치유에 탁월한 효과가 있다. 최근 들어 이러한 니즈가 갈수록 커지게 되면서 치유농업에 대한 관심도 커지고 있다. 농촌진흥청 연구조사에 따르면, 치유농업의 사회경제적 가치 평가액은 1조 5,599억 원에 달하는 것으로 나타났다.(2013년 기준)

유럽에서 먼저 시작된 이러한 움직임은 수많은 체험농장에서 진행 하고 있다. 이미 유럽 등 농업선진국에서는 스트레스에 지친 심신을 치유하는 방안으로서 치유농업이 확산되고 있는 분위기다. 이는 또 농촌 활성화의 새로운 대안으로서 농산업의 새로운 비즈니스의 가치에 주목하고 국가차원에서 적극적으로 지원에 나서고 있다. 이미 농업선진국인 프랑스, 네덜란드, 스위스, 스웨덴 등에서는 이러한 치유농업이 보편화되어 있으며 유럽의 여러 국가들 역시 신농업 분야로 지정하고 적극 육성하고 있다. 그 형태도 농장체험, 반려동물 매개치료, 원예치료까지 다양하게 적용되고 있다. 네덜란드에는 치유농장이 많고 독일은 동물매개치료, 영국은 원예치료의 형태로 치유농업이 활발하다. 스트레스에 노출된 사람들, 치매노인, 어린이까지 고객맞춤 프로그램을 제공하는 네덜란드 바헤닝언의 헷 파라디이스 치유농장, 심신의 장애를 겪고 있는 사람들이 농장에서 함께 일하며 치유의 경험을 가질 수 있는 캐나다 서쪽 브리티쉬 컬럼비아주 벤쿠버섬 작은 마을 던컨에 위치한 프로비던스팜, 수용자들이 직접 사육하고 직접 재배하는 그리스의 카산드라 농장 교도소까지 치유농업은 세계 곳곳에서 다양한 형태로 진행되고 있다.

이에 비해 국내에서는 아직까지 걸음마 단계로 원예치료 중심의 치유농업을 진행하고 있는 수준이다. 대부분이 원예활동과 정원 가꾸기 등의 원예치료를 통해 심신의 회복을 유도하는 프로그램들이다. 국내에서는 2013년 농촌진흥청이 법무부와 협력해 청소년 수형자들을 대상으로 텃밭 가꾸기 활동을 진행하였는데, 이후 수형자들이 기존에 보였던 불안한 정서가 크게 개선된 사례가 있다. 앞으로는 교정시설의 수형자나 치매환자를 대상으로 하는 원예프로그램으로 구성된 치유농업에만 그치지 않고 마약중독자나 청소년, 노인, 장애인, 우울증 환자 등 정신적 혹은 신체적 장애 그리고 사회 부적응 등 그 대상 폭을 계속해서 확장하여 교육에 중점을 두고 적용해 나가는 방안을 추진해 나갈 것이라고 한다. 또한 치유농업지도자과정도 적극적으로 운영해 전문가를 양성하는 것에도 힘쓰고 있다. 실제로 치유농업으로 원예프로그램을 운영하면서 특수학교와 사회복지시설에서 원예치료를 시행하고 있는 경산의 뜨락원예치료센터 그리고 영주시에서는 원예치유, 중독치유, 동물매개치유가 모두 가능한 국립녹색농업치유단지까지 조성 중에 있다.

국내에서도 이처럼 활발한 움직임이 일고 있는 치유농업은 농업 활동으로 개인과 사회가 소통할 수 있는 농업과 사회의 새로운 상생 모델이라는 해석도 나오고 있다. 이처럼 우리 농촌에도 부가가치 산업의 새로운 기회가 찾아 온 것이다. 이제 더 이상 농촌을 식량생산의 공간이 아닌 전통문화와 아름다운 경관, 나아가 치유공간으로서의 무한한 잠재적 가치를 지닌 대상으로 인식하게 된 것이다. 치유농업은 낯설고 치열한 현재를 살고 있는 우리들에게 건강한 삶을 선물하고 농가에는 6차 산업의 부가가치를 올릴 수 있는 새로운 소득원으로 자리매김하게 될 것이다. 치유농업의 성공적인 정착을 위해서는 정부차원에서의 제도적·정책적 지원의 뒷받침과 다양한 지원이 무엇보다 필요하며 농가에서도 상담과 교육 분야의 다양한 전문지식과 경험을 고루 겸비한 전문가 양성에 힘써야 하며, 참여하는 도시민에게 꼭 필요한 프로그램을 개발하여 새로운 부가가치 창출의 기회로 삼고 준비하는 자세가 마련되어야겠다.

치유농업이라는 농업의 새로운 기능을 통해서 농업의 범위가 확대되고 활력 넘치는 농촌을 통해 우리 농촌이 지닌 가치에 대해서도 재조명을 받고 있다. 농업활동을 통해서 타인의 삶을 건강하게 하는데 도움을 줄 수 있다는 사실만으로도 보람과 만족감을 얻고 자연스럽게 이어지는 도농교류를 통해 농촌도 마찬가지로 소외감과 고립감이 사라지는 효과를 얻을 수 있다. 농촌에서의 치유농업이 현재는 원예, 농장체험, 동물매개 등으로만 시행되고 있는 한계가 있지만 앞으로는 그 더욱 다양하게 적용될 것이다. 농가에서 함께 음식을 준비하고 식사를 하는 것 또한 또 다른 치유농업이 될 수 있다. 기존의 팜스테이나 팜핑, 농사체험 등을 한 단계 더 발전시켜서 치유농업에 적용해 보는 것도 방법이다. 이처럼 치유농업의 소재가 될 수 있는 자원은 농촌 곳곳에 산재해 있다. 이를 발굴하여 신 개념의 치유농업을 실현시키려는 노력이 필요하다. 이처럼 치유농업은 이제 미래 농업·농촌의 역할이 안전한 농산물을 안정적으로 공급하는 일에만 그치지 않는다는 것을 보여주고 있다. 농촌은 편안한 전원생활과 아름다운 휴식 공간, 전통문화의 계승 등으로 그 역할이 확대되고 농민은 높은 소득을 얻을 수 있으며 도시민들은 아름다운 농촌에서 건강한 삶을 얻을 수 있기에 치유농업은 농촌과 도시민 그리고 농가 모두에게 긍정적인 효과를 가져다준다.

치유농업을 준비하는 우리 농촌은 기존의 농촌관광숙박시설과 같은 인프라와 농촌에 존재하는 다양한 컨텐츠를 연계하여 다양하게 상품화하는 방안을 마련하고 이를 농촌에 잘 정착할 수 있도록 노력하는 자세가 필요하다. 치유농업을 통해 농가에서는 고부가가치를 창출할 수 있고 참여하는 도시민들은 지친 심신을 치유하면서 건강을 되찾을 수 있다. 이렇게 농촌에서 치유농업이라는 새로운 분야가 활성화되면 농촌에는 새로운 일자리가 만들어지게 되고 이는 농촌 경제 활성화에도 기여하게 된다. 또한 이 모든 활동은 우리 농촌이 갖고 있는 아름다운 자연환경을 지속적으로 유지할 수 있도록 하는 데 기여하게 된다. 이처럼 치유농업은 주로 농촌에서 농장의 형태로 농사체험과 문화체험을 통해 우리 농촌의 새로운 가치를 도시민 스스로 발견할 수 있는 기회가 될 뿐 아니라 농촌지역 농가들의 체험 프로그램 서비스 수준을 향상시켜 지역사회 공동체에 긍정적인 영향을 줄 것으로 기대를 모으고 있는 농촌이 가진 또 하나의 중요한 기능이다.

Chapter 4

느림의 美學, 천천히 가는 마을

계절은 자연의 순리대로 어김없이 되풀이된다. 오랜 시간을 같은 자리에서 묵묵히 세월의 풍파를 이겨낸 위대한 대자연 앞에 서 있노라면 그 장엄한 광경에 세상 그 누구도 숙연해지지 않을 수 없을 것이다. 그동안 왜 그렇게 팍팍하게 앞만 보고 달렸는지 잠깐의 여유도 부릴 틈 없이 바삐 지낸 어제까지의 내 삶이 마냥 허무해지기도 하고 이를 핑계로 정작 가까이에 있는 소중한 사람들에게는 소홀했던 기억이 하나 둘 떠오르면서 우리는 자연이라는 거대한 품안에서 한없이 작아만 진다. '자연은 가장 큰 스승이다.'라는 말을 몸소 느끼기에 충분하다.

21세기를 살고 있는 우리들은 어쩌면 급변하는 세상의 속도조차 무감각해졌을 만큼 여유라는 게 없는 생활을 하고 있는지 모른다. 과거에는 생각조차 할 수 없었던 세계라는 무대가 일일생활권에 들어섰고, 당일 배송을 기본으로 하는 속도경쟁 쇼핑문화에, 손에 쥔 스마트폰 하나면 은행, 회사 등 각종업무가 간단히 해결되고 심지어 인간관계도 SNS를 통해 이루어지는 시대에 우리는 살고 있다. 우리의 생활은 보다 빠르고 편리해진 만큼 겉으로는 아주 풍요로워만 보인다. 부모님 세대도 그렇고 우리들 세대에도 대한민국에서 지금을 살고 있는 한국인에게 빠름(속도)은 최고의 경쟁력이었으며 곧 자부심으로 대변되어 왔다. 1964년 수출액 1억 달러에서 1995년 1,000억 달러로 껑충 뛰었고, 2008년에는 4,000억 달러, 2011년에 5,000억 달러를 달성하는 쾌거를 이룬 한국의 이 무서운 성장속도를 세계인들은 세계 최빈국이 이룬 한강의 기적이라고 평가했으니 말이다. 덕분에 우리는 경제적인 풍요로움과 빠름 그리고 편리함이라는 혜택을 누릴 수 있었지만 그 이면에 늘 속도경쟁이라는 틀 속에서 어느덧 피로감과 스트레스로 지치게 되었고 이로 인한 문제점들도 하나 둘 생겨나나게 되었다.

이제 사람들은 거침없이 앞만 보고 달려왔던 속도를 조금 늦추고 천천히 가는 삶에 관심을 돌리기 시작했다. 이는 비단 한국에서만 나타나고 있는 현상이 아닌 세계적으로 확인되고 있는 공통된 현상이다. 느림에서 삶의 행복을 찾는 이들이 생겨나기 시작한 것이다. 이는 속도는 빨라졌지만 우리 삶의 여유, 건강, 관계는 이전보다 오히려 못하게 되었다고 스스로 깨닫기 시작한 것과 연관된다.

그렇다면 진정한 행복은 과연 어디서 오는 걸까. 이러한 고민에 착안해 이탈리아의 한 작은 마을에서 새로운 움직임이 일기 시작했다. 자연을 훼손시키지 않고 보호하면서 전통문화를 계승해 나가는 느린 삶을 추구하는 것은 결국 인간의 삶의 질을 향상시킬 수 있다는 것으로 이는 바로 이 운동의 기본 취지다. '자연 속에서 느리게 살자'를 모토로 하고 있는 '슬로시티slow city운동'은 1999년 이탈리아 중북부에 위치한 그레베 인 키안티Greve in Chiantti에서 출발하였다. '슬로시티'라는 말은 '유유자적한 도시, 풍요로운 마을'이라는 의미의 이탈리아어 '치타슬로cittaslow'의 영어식 표현이다. 이곳에서는 전통음식이나 지역에서 나는 제철의 신선한 농산물로 직접 천천히 조리해 먹는 슬로푸드slow food가 건강한 삶을 위해 실천해야할 덕목으로 강조되고 있다. 이처럼 지역의 먹을거리와 고유의 독특한 문화를 보존하고 자연환경 속에서 자연을 느끼며 살아가는 삶을 표방한다. '느린 삶으로의 회귀'라는 이 운동은 전 세계적으로 확산되었고 이러한 분위기에 힘입어 국내에도 2007년 12월, 4개 지역이 아시아 최초로 국제연맹에 가입하게 되면서 슬로시티운동의 시작을 알리게 되었다. 그런데 국내의 슬로시티운동은 이 운동이 갖고 있는 본래의 취지와는 사뭇 다르게 관광브랜드의 하나로 여기며 지자체 간의 치열한 경쟁으로 퇴색된 것처럼 보인다. 이는 필시 슬로시티운동의 가치를 잘못 이해한 것으로 생각된다. 이 운동이 지향하는 본래의 목적을 벗어났다는 이유로 슬로시티 재인증에서 탈락되는 곳이 나오고 유보되는 곳도 생겨났다. 이러한 사실로만 미루어보더라도 이 운동 자체를 지자체의 관광객 유치 전략의 하나쯤으로 여긴 것은 아닌지 하는 안타까운 생각마저 든다. 지금이라도 슬로시티운동을 바라보는 잘못된 관점들 즉, 지자체의 양적 성과주의나 이벤트성 행사, 관광객 끌어 모으기 식의 개발은 과감히 버리고, 슬로시티 본래 취지를 제대로 알고 지자체 고유의 전통과 어메니티를 최대한 살려 지역민과 함께 보존하고 가꾸어 나가야 할 것이다. 그래야만 지역의 소중한 자산을 계승할 수 있고 이러한 삶을 동경하는 도시민들에게 가장 한국적인 슬로시티의 가치를 제공할 수 있기 때문이다.

최근 들어 느린 공간, 느린 삶, 느린 음식, 느린 마음에 대한 인간의 갈망이 짙어지면서 우리 농촌을 바라보는 도시민들의 기대도 예전과는 많이 달라졌다. 농촌 그곳은 '동심을 일깨워 주는 곳', '잃어버린 자신을 찾을 수 있는 곳', '지치고 상처받은 마음을 위로 받을 수 있는 곳', '여유로움을 만끽할 수 있는 곳', '소박함이 넉넉함이 되어주는 곳'으로 자리잡아가고 있으며 다른 한편으로는 그런 공간이 되어주길 바라고 있는 것이다. 그래서 우리에게는 조금은 느리지만 또 조금은 불편하지만 그래도 낯선 이 여유로움이 농촌을 찾게 하는 이유가 되어버렸다. 그동안 참 많이도 '빨리!, 빨리!'를 외쳐댔었다. 그런 그들이 이제는 '느리게, 느리게'를 동경하고 있다.

■ 세월을 고스란히 담은 자연

'신은 촌락을 만들었고 인간은 도시를 만들었다God made the country, and man made the town.' 18세기 영국의 시인 윌리엄 쿠퍼William Cowper(1731.11.26~1800.4.25)의 시다. 얼핏 인간이 만든 도시의 가치를 신의 창조물과 동등하게 견주는 듯 보이지만 이는 자연적인 촌락을 뛰어넘지 못하는 인위적인 도시의 한계를 지적하는 말이다. 그동안 인류가 무분별한 개발과 자원남용을 일삼으면서 이로 인해 자연은 황폐해지기 시작했다. 세상에서 가장 아름다운 것은 자연이다. 인간이 만든 그 어떤 위대한 건축물도 자연 그대로의 아름다움을 초월할 수 없다. 최근 들어 무자비하게 추진하던 개발을 멈추고 다시 자연을 돌아보자는 목소리가 커지고 있다. 그런 의미에서 우리 농촌의 어메니티 자원은 무궁무진하다. 그 중 자연은 단연 흉내 낼 수 없는 영역이다. 꽃향기 가득한 신록의 계절을 맞으면 농촌의 얼굴은 또 새로워진다.

각박한 도시생활에 지친 사람들은 상대적으로 한적하고 여유로운 곳을 찾아 그동안 누리지 못했던 산책과 독서, 몸에 좋은 건강식을 통해서 휴식을 취하고 치유 받기를 원한다. 어른들에게는 아련한 향수를 아이들에게는 넉넉한 시골인심과 생명의 신비를 느낄 수 있는 곳, 바로 우리의 농촌이다. 발전이라는 명분아래 무분별한 개발을 일삼았던 지난 시간을 반성이라도 하듯 요즘은 자연경관을 파괴하지 않는 범위 내에서 농촌이 가진 어메니티를 발굴해야 한다는 것에 목소리를 높이고 있다. 지역마다 특색 있는 전통과 문화 정겨움, 따스함, 순박함, 여유로움으로 도시민을 반기고 있는 관광형태로 변화하고 있다. 도시에서는 좀처럼 들을 수 없는 풀벌레 소리, 개구리 울음소리, 새소리, 개울가의 물 흐르는 소리, 고요한 밤을 밝히는 반딧불, 풍요로운 달빛, 하늘을 빼곡히 수놓은 반짝이는 별, 초록 풀 냄새, 이 모든 것이 소중한 자원이 된다. 그러면서 농촌지역 특유의 자연환경, 전통문화, 지역특산물 등 지역의 정체성과 농촌다움을 바탕으로 도시민에게 즐겁고 쾌적한 감성을 제공하고 있는 모든 유·무형의 자원을 의미하는 어메니티에 관심이 모이게 되었다. 과거에는 개발에서 제외되어 낙후된 이미지로 낙인찍혔던 곳이 이제는 환경문제가 심각해지고 천천히 가는 느린 삶이 관심을 받게 되면서 지속가능한 성장의 새로운 대안이 되고 있는 것이다.

그동안 산업도 관광분야도 온통 발전이라는 명분아래 무분별한 난개발을 일삼았던 것이 사실이다. 이로 인해 점차 환경훼손이 악화되었고 환경파괴를 최소화하자는 움직임이 일게 되었다. 관광분야에서도 이러한 움직임에 영향을 받아 생태관광, 에코투어리즘, 그린투어리즘, 루럴투어리즘, 애그리투어리즘 등 그 용어는 다소 차이가 있지만 추구하는 관광형태는 모두 자연파괴를 최소화하고 농촌 본래의 어메니티를 최대한 활용한다는데 뜻을 함께 하고 있다.

유럽에는 오래전부터 전해져 내려오는 문화유산과 자연환경을 수백 년이라는 긴 시간동안 그대로 보전해 오고 있는 몇몇 도시들이 있다. 이곳에는 관광객들을 위한 그 흔한 편의시설 하나 찾아볼 수 없다. 음식도 숙박도 어느 것 하나 옛날 방식을 따르지 않는 것이 없다. 어찌 보면 편리함에 익숙해진 우리들에게는 이 모든 것이 낯설고 불편함 그 자체다. 하지만 이렇게 느리게 사는 이들의 삶이 우리들과는 대조적이기에 오히려 매력으로 다가온다. 도시에서 여기저기 개발이 성행할 때 이와는 반대로 그들만의 고유한 전통유산을 고수하고 있는 곳들이 있다.

세계 3대 미항 나폴리, 이태리 패션의 본고장 밀라노, 르네상스 시대를 간직한 피렌체, 장구한 역사의 도시 로마, 낭만적인 수상도시 베네치아 ... 이탈리아에는 유난히 아름다운 도시가 많다. 이탈리아에는 잘 알려진 이러한 도시들 외에도 작지만 자연그대로의 아름다움을 간직하고 있는 도시들이 많다.

로마와 피렌체 중간에 위치한 움브리아주Umbria의 오르비에토Orvieto가 대표적인 곳인데, 이곳은 로마에서 북쪽으로 약 120km 떨어져 해발 195m에 바위산에 자리 잡고 있는 전형적인 농업도시이다. 수직으로 우뚝 솟은 바위(화산암) 위에 도시가 있는 셈이다. 이곳은 중세시대 교통과 군사요충지였으며 900년 된 성벽에 둘러싸여 있는 곳으로 고대 에트루리아Etruria 이래 3,000년의 오랜 역사를 자랑하고 있다. 구시가에 펼쳐지는 오랜 마을은 골목골목마다 중세의 아름다운 풍광을 그대로 간직하고 있다. 거미줄처럼 얽혀 있는 골목의 바닥은 작은 돌로 촘촘하게 이어져 운치 있는 길을 만들고 있는데 마치 관광객에게 산책이라도 하라고 유혹하는 듯하다. 오르비에토는 1999년 슬로시티 선포 이후, 슬로시티 국제연맹 본부가 이곳에 위치하고 있어 슬로시티 운동의 발원지가 된 곳으로 알려지게 되었다. 이곳은 타 도시들처럼 하드웨어적인 개발사업을 진행하기 보다는 주민들이 보다 인간적인 삶을 영위할 수 있도록 하는데 정부도 주민들도 노력하고 있는 곳이다. 시차원의 노력도 도시 곳곳에서 엿볼 수 있다. 지하 동굴이 많은 지역적 특성을 고려해 차량통행을 제한하고 도심에서는 전기버스를 이용하게 함으로써 친환경적인 교통시스템을 구축했다. 또한 의료 관련 필수시설의 사인물 외에는 네온사인을 설치할 수 없게 규정하고 오랜 전통과 자부심으로 대를 이어온 마을의 생업은 그대로 유지하도록 하여 오랜 전통을 그대로 살리도록 함으로써 중세도시의 특색을 고스란히 남겨두고자 노력하였다. 이곳의 두오모 광장Piazza del Duomo과 대성당은 '볼세나의 기적Miracolo di Bolsena'으로 불리는 13세기 성체포(聖體布)가 보관된 곳이고, 16세기 교황이 지시해 팠다는 깊이 62m의 성 파트리치오 우물Pozzo di San Patrizio 등 많은 유적을 품고 있다.

이곳을 '지구상 가장 아름다운 언덕 위의 도시'로 만드는데 가장 큰 기여를 한 것은 바로 두오모 성당이다. 성당은 높은 언덕 마을 정중앙에 웅장한 규모를 자랑하듯 우뚝 서서 이 작은 도시를 내려다보고 있다. 1370년경 완공된 이 성당은 석회암과 현무암이 줄무늬 형태로 보이도록 디자인되어 있어 고딕건축의 화려함을 자랑하고 있는데, 이는 고딕건축의 보석이라는 건축학적으로 매우 높은 평가를 받고 있다. 이곳의 또 다른 특징은 지하도시sotterranea다. 지상의 구시가지보다 넓은 면적으로 고대 로마의 토착세력인 에트루리아인이 만든 도시로, 사유지를 포함해 매우 광범위하게 만들어져 있다. 고대

에트루리아 이래 식품보관 등을 위해 만든 것이 지하굴이라는 이야기도 있는데 그 수가 무려 1,200여 개에 달한다고 한다. 하루 두 번 관광객 대상으로 투어가 허용되는데, 내부로 들어가면 동굴 벽에 네모난 작은 구멍들을 볼 수 있다. 이는 '콜룸바리오columbario'라는 비둘기를 식용으로 기르는 장소가 있다. 이때부터 먹던 비둘기 요리는 지금도 오르비에토 레스토랑에서 맛 볼 수 있다. 마치 시간이 멈춘 듯 도시 곳곳에 중세 유적을 고스란히 간직하고 있는 이곳은 편의시설도 부족해 보이고 차도 잘 보이지 않아 당장은 많이 불편해 보여서 잠시 머무르기도 힘들 것 같지만 그래서 오히려 천천히 걸을 수 있고 여유로움을 만끽할 수 있어 또 다른 즐거움을 누릴 수 있는 것이 아닐까. 우리의 삶이 바쁘면 바쁠수록 또 복잡하면 더 복잡해질수록 이곳은 더 소중한 존재가 될 것이다.

오르비에토와 마찬가지로 국내의 경우에도 최대한 자연환경을 훼손하지 않고 보존하는 방법으로 친환경적 관광을 추구하는 지속가능한 관광에 집중하고 있는 모습이다. 이런 의미에서 '유유자적한 도시, 풍요로운 마을'을 뜻하는 '치타슬로cittaslow'는 이에 가장 근접한 개념이 아닐까하는 생각이 든다. 파란 바다와 푸른 산 그리고 골목골목 구불구불 돌담과 소박한 농가가 조화롭게 아름다움을 자아내고 있는 이곳은 아시아 최초의 슬로시티로 인증 받은 청산도다. 이곳은 산, 바다, 하늘이 모두 푸르러 청산(靑山)이라는 지명이 붙여진 섬이다. 전라남도 완도에서 19.2km 떨어진 다도해 최남단에 자리한 섬으로 완도항에서 배로 1시간 정도 더 들어가야 만날 수 있다. 오래전부터 청산도는 청산여수(靑山麗水)로 지칭할 만큼 수려한 풍광을 자랑했다. 그 빼어난 절경의 정도가 신선들이 노닐 정도로 아름답다고 하여 선산(仙山), 선원(仙源)에 빗댈 정도였다. 청산도는 자연그대로의 아름다움을 간직하고 있는 곳이다. 푸르른 바다와 산이 맞닿아 있는 곳, 걷고 싶게 만드는 나지막한 돌담장과 구들장 논이 소리 없이 아름다움을 자아내면서 청산도만의 매력으로 일상에 지친 우리들에게 손짓하고 있다.

인간은 자연을 떠나서는 단 한 순간도 생존자체가 불가능하다. 그러한 자연을 지키는 것도 파괴하는 것도 모두 우리 인간이 하는 일이다. 자연은 그동안 인간의 욕심에 의해 무분별하게 훼손되는 일이 많았다. 자연의 훼손이 인간을 병들게 하자 비로소 자연의 소중함을 깨닫게 된 우리는 이제야 자연을 되돌아보기 시작했다. 이 작은 노력의 시작이 자연이 주는 그 많은 혜택들에 대한 뒤늦은 깨달음이 아니길 바래본다.

그림 3-6. 농촌의 봄

■ 온전히 이어온 전통

우리는 자신이 하고 있는 일에 전념하거나 한 가지 기술을 전공하여 그 일에 정통한 이를 가리켜 '장인(匠人)'이라고 부르고 그러한 직업정신을 가리켜 '장인정신(匠人精神)'이라고 말한다. 장인정신이라는 말 자체가 왠지 요즘 우리 사회와는 거리가 먼 느낌이다. 무언가 하나에 몰두해 완성시키기까지 오랜 시간과 정성으로 열정을 쏟아내는 결정체가 지금의 양산품시대와는 어찌 어울리지 않기 때문이다. 하지만 대량생산품시대의 몰개성화 현상에 염증을 느끼게 되면서 '개성'과 '프리미엄'이 중요한 키워드로 떠오르게 되었고 다시 진정한 명품을 찾는 사람들이 많아졌다. 언제부터인가 명품의 의미가 유명 브랜드가 되었지만, 진정한 명품은 장인정신이 깃든 가치

그림 3-7. 곡성 지푸라기 공예가

있는 완성품이다. 진정한 명품이 인정받는 사회는 먼저 장인이 대우받는 사회이고 명품의 진정한 가치도 제대로 인정받는 사회여야만 한다. 명품을 지킨다는 것은 전통을 지킨다는 의미고 또한 민족의 얼을 지키고 한 나라의 뿌리를 지킨다는 의미다. 이 이유만으로도 충분히 중요한 일이다.

가치소비의 시대를 살고 있는 우리들은 언제 어디서나 누구나 살 수 있는 흔한 물건 대신 자신의 취향에 맞게 특별하게 만들어진 물건에 열광한다. 시간과 장소에 구애받지 않고 비교적 어렵지 않게 구할 수 있는 똑 같은 물건들에 더 이상 만족하지 않는다. 비용을 더 들여서라도 기존 제품과는 확연히 차별화되는 프리미엄 가치를 경험하고자 하는 소비시대가 온 것이다. 이러한 소비풍토는 자연스럽게 명품에 대한 관심을 불러일으키고 있다. 명품에는 상징성, 희소성, 우수성, 전통성, 명성, 독창성, 정체성, 튼튼한 스토리가 존재한다. 공급이 희소할지라도 수요는 확실하고 그만큼 충성도도 높기에 소장가치가 있는 것, 바로 명품이다. 이러한 명품을 창조해 내는 이들은 누구일까. 제품에 차별성을 부여하는 주체가 바로 장인이다. 이처럼 투철한 장인정신으로 전통의 맥을 이어가며 외길인생을 묵묵히 걷고 있는 이들이 있기에 가능한 일이다. 어떤 분야에서 기예가 뛰어나 유명한 사람을 일컬어 우리는 '장인'이라고 부른다. 중세의 건축, 미술, 음악에서부터 현대의 명품이라 불리는 프리미엄 브랜드들까지 세계의 문화예술을 이끌어온 주역은 모두 장인들이었다. 대량생산이 보편화되면서 장인정신이라는 말이 무색해진 오늘이지만 과거에는 일생을 바쳐 혼신의 노력을 다 하는 장신정신으로 명품을 만드는 것을 가장 큰 보람으로 여기는 장인이 있었다.

일찍이 유럽에서는 특정 분야의 최고 전문가를 장인으로 부르고 그들의 공적에 상을 수여하고 격을 높여 대우해 주는 제도가 존재했다. 정교한 시계산업이 나라경제의 핵심인 스위스의 마이스터 제도는 모든 제품을 수작업으로 만드는 고집과 오랜 세월 전수되어 온 정교하고 섬세한 기술 덕분에 피렌체 가죽학교가 최고급 수제 가죽제품의 발상지로 성장하는 것이 가능했다. 마이스터의 나라로 잘 알려진 독일은 15세기부터 도제제도[12]를 발전시켜 왔으며 관련 분야가 무려 350가지에 이른다. 이러한 도제시스템의 제도적 정착은 인적자원중심의 시스템을 갖추고 있음을 의미하는 것이므로 곧 국가경쟁력과도 직결된다. 프랑스는 1924년부터 4년마다 각 분야의 최고장인을 선발하는 대회를 개최하고 있다. 1994년부터 프랑스 문화부가 공신 인정하는 'Master of Art' 제도가 도입되어 다양한 장인지원제도를 운영하고 있다. 장인에 대한 이러한 문화와 제도적 지원 그리고 우수한 실력을 갖춘 장인이 있기 때문에 명품의 브랜드 가치뿐만 아니라 국격을 높이는 것이 가능했다.

이러한 유럽과는 달리 우리의 경우에는 시대와 무관하게 기술과 관련된 직업을 천시해 왔던 것이 사실이다. 조선시대만 하더라도 성리학적 명분론에 입각한 사농공상(士農工商)의 질서에 따른 직업관으로 상공업을 천시하는 풍토가 만연했기 때문이다. 하지만 우리에게도 유구한 역사를 자랑하는 정교한 기술들이 많다. 특히 장인과 기술의 나라, 백제의 경우가 그랬다. 철기공방의 갑옷과 칼, 환두대도, 뛰어난 금속공예기술을 확인할 수 있는 금, 은 청동으로 만드는 공예품, 금동대향로, 각종무의의 벽돌, 불상들, 석탑 등 수많은 백제

12 도제(apprentice)는 장인(master)을 지망해 해당 분야에서 훈련받는 사람을 의미하며 도제제도는 유럽 중세도시의 수공업자 조합인 길드(guild)에서 후계자 양성을 위해 만든 것이 그 시초이다.

의 유산들이 이를 증명해 준다. 그 후로도 쭉 우리 장인들은 그 가치를 제대로 인정받지 못하다가 임진왜란 때 강제로 일본으로 이주되면서 오히려 그 명성이 알려지게 되었다. 그런데 이후 대량생산이 보편화되면서 장인들의 기술은 몇몇만 겨우 명맥을 유지하게 되었고 사라진 기술도 많다. 다행인 것은 최근 들어 국내에도 장인을 중시하고 육성하려는 정부와 민간차원의 다양한 움직임이 일고 있다는 것이다. 중요무형문화재로 문화재청에서 중요 무형문화재를, 농림축산식품부에서는 식품명인을, 농진청에서는 대한민국 최고농업기술명인을, 고용노동부에서는 대한민국 명장을 국가차원에서 지정하고 보호하려는 움직임이 시작되었기 때문이다. 또한 마이스터고를 설립하여 산업계의 명인명장을 육성하기 위한 노력도 본격화되고 있다. 이처럼 장인에 대한 사회적 인식이 낮음에도 불구하고 우리에게는 묵묵히 장인정신으로 전통을 계승하고 창조활동을 이어온 훌륭한 장인들이 존재한다. 어렵고 힘든 환경 속에서도 꿋꿋이 꽃을 피어온 이들의 정신을 우리는 소중히 이어나가야만 한다. 그 누구도 흉내 낼 수 없는 오랜 역사의 장인정신이 곳곳에서 살아 숨 쉬고 있는 것은 참 고마운 일이다. 이는 값으로 따질 수 없는 장인의 땀과 열정으로 고집스럽게 전통을 고수해 나가고 있기에 가능한 것이다.

지역과 계층을 불문하고 한민족의 생활에 밀착되어 우리민족의 삶의 역사와 늘 함께 해온 존재로 옹기만한 것이 있을까. 옹기는 세계에서 유일하게 한민족에게만 있는 특별한 음식을 담는 그릇이다. 유일하게 국내에서만 생산되는 이 옹기를 만드는 기술을 가진 장인들이 있다. '옹기(甕器)'의 '옹'은 순수 우리말로 '독'을 의미한다. 선사시대부터 현대에 이르기까지 가장 긴 전통을 이어 온 한국인의 삶의 역사로 전통 옹기는 영원히 지켜나가야 할 우리의 소중한 문화유산이다. 옹기의 오랜 역사는 선사시대로 거슬러 올라가는데, 진흙을 빚고 열을 가해서 최초의 그릇을 만들었고 그것이 나아가 오늘의 옹기가 되었다. 점점 쇠퇴해 가는 전통 옹기를 보존하기 위해서 정부는 1990년 5월에 옹기인간문화재로 지정하는 옹기보호책을 내놓기에 이르렀다. 옹기 장인을 일컫는 옹장(瓮匠)은 공조(工曹)에 13인 외에 13개소에 91인이 있다. 세계 유일한 옹기생산국가에서 국내 최대 규모의 옹기집산지는 외고산 옹기마을이다. 외고산 옹기마을은 1950년대부터의 옹기를 굽기 시작해 왔고 현재 40여 가구가 이 업에 종사하면서 국내 절반이상의 옹기를 생산해 내고 있으며 해외수출까지 진행하고 있는 곳이다. 매년 5월이면 옹기축제를 개최해 '옹기'의 우수성을 대내외로 널리 알리고 다채로운 볼거리를 제공함으로써 전통을 지키고 발전시키려 노력하고 있다.

우리민족의 삶의 역사와 함께 해온 존재로 심신을 단련하고 호연지기를 기르는 '각궁'도 빼놓을 수 없다. 한민족과 활은 서로 떼어놓고 이야기할 수 없을 정도로 밀접한 관련이 있다. 예로부터 중국에서는 우리민족을 가리켜 동이족(동쪽에서 활 잘 쏘는 민족)이라 불렀다. 중『사기』와 『삼국지』에는 당나라 왕이 신라에서는 화살이 1,000보가 나가는 노를 만들어 쓰는 것을 보고 이를 가르쳐주기를 청했다는 기록이 나오는데, 이로써 우리 민족의 활 만드는 솜씨가 정말 우수했다는 것을 알 수 있다. 이처럼 아주 오래 전부터 우리는 활을 만들고 쏘아 왔다는 것을 짐작할 수 있다. 또 이성계를 비롯해 조선의 모든 왕들은 하나같이 신궁으로 알려져 있다. 왕뿐만 아니라 선비와 일반 백성들 역시 활쏘기를 생활화할 정도로 우리의 역사는 늘 활과 함께 해왔다고 볼 수 있다. 우리의 각궁은 원래 서양의 양궁이 아니라 국궁으로 무예를 단련해 왔다. 이처럼 활쏘기는 우리 민족의 전통 무예 중 하나로 자리 잡게 되었고 그 활쏘기 실력에 대한 명성은 오늘날에도 크게 다르지 않다. 올림픽 무대에서도 매번 세계무대를 제패하고 있는 한국 양궁은 그야말로 백발백중, 동이족의 명성을 그대로 보여주기에 여념이 없다. 각궁이 우리 민족에게 특별한 존재였던 것만큼 이는 만드는 기술 또한 단연 세계 최고였다. 각궁은 명성이 높고 독특한 물소의 뿔과 소의 힘줄로 만들어 탄력성을 극대화한 것으로 작고 가벼운 것이 특징인 전통 활이다. 조선 궁극제작의 요지라 불렸던 경북 예천은 400년이라는 전통의 명맥을 이어온 고장이다. 전국에서 활동하는 조궁술 궁장의 대부분이 이 지역 출신이라고 할 정도로 우리의 전통 활문화를 제대로 전승하고 있는 곳이라고 할 수 있다. 이곳에 조궁술이 전해진 정확한 시기는 확실치 않지만 권율 장군의 직계손이던 계황이 조선 숙종 때 개성에서 예천 왕산골로 이주한 뒤부터 지금까지 그 명맥을 이어가고 있다고 전해진다. 이곳의 국궁전수관은 선사시대부터 지금까지 내려오는 국궁의 모든 이야기를 만나볼 수 있는 곳이다. 또한 이곳은 국가 중요 무형문화재 제 47호인 궁장과 궁시장을 보유하고 있는 활의 고장으로서 한국 전통 활 문화를 고스란히 전승하면서 그 가치를 확산시켜 나가고 있다. 우리의 각궁은 중국의 창과 일본의 칼처럼 과거에는 수렵 도구로 전쟁의 무기로 그리고 현재는 심신을 수련하는 전통무예로 사용되어 왔다. 우리민족의 삶의 역사와 함께 해온 활, 그 문화를 지켜내는 것과 각궁을 만드는 일은 우리의 자랑스러운 전통문화 정신을 지키는 매우 중요한 일이다.

이 외에도 벼루를 만드는 기술을 가진 벼루장, 누비옷을 만드는 누비장, 천연염료옷감을 물들이는 염색장, 목가구를 제작하는 소목장, 전통목공기술을 가진 대목장, 전통가죽신을 만드는 화혜장, 대장

기술을 가진 야장, 전통악기를 만드는 악기장, 조각하는 일은 맡았던 조각장까지 국내에는 무형문화재로 선정된 한국의 얼과 정신을 이어가는 우수한 장인들이 많다. 우리는 이들이 있기에 풍요로운 오늘을 살 수 있음을 잊어서는 안 될 것이다. 우리의 오늘은 선조들이 만든 값으로 매길 수 없는 소중한 전통에서 비롯된 것임을 말이다.

세계사적으로 보면 세계의 문화를 선도하고 그것에 가치를 불어넣는 모든 일은 장인의 손끝에서 시작되었다. 진정한 선진국도 진정한 강국도 문화를 제외하고는 어려운 일이다. 문화강국이 되는 길은 소중한 전통문화의 가치를 제대로 알고 장인을 대우하고 이를 뒷받침할 수 있는 다양한 제도적 장치가 마련되어야 한다. 그 무엇보다 우선시 되어야 할 점은 장인들을 바라보는 우리들의 인식의 변화다. 그들은 우리의 소중한 전통문화를 지켜내고 국격을 높여주는 역할을 하고 있는 존재라는 사회적 인식을 통해 스스로 자부심을 갖도록 하는 것이 중요하다. 이와 더불어 기술이 강한 유럽에서처럼 우리도 각 분야의 장인을 발굴하고 우수한 기술은 계승할 수 있도록 국가차원에서 이를 관리하는 제도적 시스템이 안정적으로 정착되는 것이 필요하다. 진정한 명품은 수치로 매겨지는 것이 아니라 오랜 시간이 지나도 그 가치가 사라지지 않고 오히려 지속될 때 인정받을 수 있기에 우리의 소중한 문화자산을 지켜내는 일에 모두가 동참해야 할 것이다.

■ 기다림이 낳은 맛

전자레인지에 딱 30초! 1분도 안 되는 시간에 한 끼 식사가 준비된다는 게 요즘 우리에게 낯설지 않은 풍경이다. 우리는 언제부터인가 일상이 바쁘고 여유가 없어서 간편하고 빨리 준비되는 걸 선호하게 되었다. 그러다 보니 시간은 절약할 수 있었는지 모르겠지만 건강과 행복은 보장되지 않은 것처럼 보인다. 하루하루 다르게 쏟아져 나오는 패스트푸드들은 하나같이 영양성분이 부족한 고지방·고당분 음식으로 중독성이 강해 비만과 각종 질병을 불러오기 쉽다는 것이 알려지면서 이는 우리가 먹는 음식에 대해 다시 한 번 생각하도록 했다. 빠른 것에 염증을 느낀 현대인들은 차츰 느린 것에 관심을 돌리기 시작했다. 자연의 순리대로 나고 자라는 식재료와 긴 시간이 걸리더라도 정성을 들인 음식, 그 음식을 대하는 이들의 감사하는 마음까지.

우리는 누구나 매일 음식을 먹는다. 음식은 단순히 인간이 몸을 움직이는데 필요한 열량을 공급해 주는 역할에 그치지 않는다. 식재료를 손수 기르고 수확하는 일에서부터 음식을 준비하는 데서 오는 행복감뿐만 아니라 음식을 먹는 즐거움은 함께 하는 이들의 관계를 이어주기도 하고 이 모든 것을 추억으로 묶어주는 역할까지 하기 때문이다. 좋은 음식은 사람을 변화시키고 휴식을 주며 때로는 위로와 감동이 되기도 한다. 이처럼 음식은 가장 기본적인 것이면서 동시에 가장 복잡한 문화다.

의학의 아버지'라 불리는 히포크라테스는 "우리가 먹는 것이 곧 우리 자신이 된다You are what you eat."라는 말을 남겼다. 즉, 좋은 음식을 먹어 건강한 신체를 유지해야 된다는 말을 한 것인데, 과연 우리는 좋은 음식을 먹고 있는지 생각해볼 문제다. 바쁜 현대인들은 늘 시간이 부족하다. 걸핏하면 식사를 거르거나 그나마 하는 식사는 불규칙적이기 일쑤다. 그래서 간편하고 빨리 끼니를 해결할 수 있는 음식, 일명 패스트푸드는 암암리에 현대인들의 즐겨찾기가 되지 오래다. 그러는 사이 성인병이 만연해지고 어린이 비만이 급증하게 되었다. 이는 세계 공통으로 볼 수 있는 현상이다. 이렇게 모두가 빠른 변화를 쫓아가기 급급할 때 이와는 대조적으로 패스트푸드를 멀리하고 식사와 미각의 즐거움을 보존해 보자는 취지의 슬로푸드운동 Slow Food Movement이 이탈리아의 작은 마을에서 시작되었다(1986). 당시 패스트푸드 회사들은 엄청난 예산을 광고에 쏟아 부으면서 대대적인 광고를 하던 시기였고 이러한 영향으로 국적불문의 음식이 점차 식탁을 점령하게 되면서 이는 지역 고유의 전통 음식이 설자리를 위협하기 시작했고 이로 인해 결국엔 국민들의 건강에 영향을 미치게 되었다. 이러한 문제점을 해결하기 위해 시작된 슬로푸드운동은 각국 고유한 전통음식의 식재료에 대해 다시 한 번 생각해 보게 하고 시간과 정성을 들여 제대로 만든 음식의 가치를 일깨워 주게 되었다. 내가 먹는 음식이 어디서 어떻게 온 건지 누가 만든 것인지 안다면 이는 곧 좋은 음식이라고 할 수 있다. 슬로푸드운동은 패스트푸드가 위협하고 있는 전통적인 음식을 보호하고 국민들에게 바

그림 3-8. 김기응고택 전통부엌

르고 건강한 미각교육을 알리는데 그 목적을 둔다. 카를로 페트리니 Carlo Petrini 국제슬로푸드협회장은 슬로푸드 운동은 음식을 넘어 농업에 대한 운동이어야 한다고 강조했다.

그렇다면 한국의 경우는 어떨까. 패스트푸드와 가공식품이 만연해 있는 현실에서 벗어나 아주 오래전으로 거슬러 올라가봐야 가능한 이야기겠지만 한국인이 먹어왔던 전통음식들이야말로 하나같이 음식을 준비하는 사람이 온 마음으로 정성을 다해 긴 기다림 끝에 맛볼 수 있는 음식으로 세계 어느 곳에서도 보기 드문 슬로푸드라고 할 수 있다. 음식의 간을 맞추고 풍미를 더하도록 돕는 장류, 밥상에 절대 빠지지 않고 오르는 약과 같은 으뜸 찬, 김치류 모두 한국 전통 발효과학이 낳은 최고의 유산이다.

"친구와 장맛은 오래될수록 좋다."는 속담이 있을 정도로 장은 긴 시간의 기다림의 끝에 만날 수 있는 느린 음식이다. 우리의 전통장은 1년 동안 준비하는 지혜와 정성이 필요한 한국을 대표하는 슬로푸드다. 이외에도 "뚝배기보다 장맛이 좋다.", "구더기 무서워서 장 못 담글까.", "장맛 보고 딸 준다.", "콩으로 메주를 쑨대도 곧이듣지 않는다." "한 고을의 정치는 술맛으로 알고, 한 집안의 일은 장맛으로 안다."등 장은 우리 일상생활과 밀접히 관계를 맺고 있다. 모든 맛의 으뜸이자 식생활의 가장 기본이 되는 것은 바로 '장'이다. 그래서 장 담그는 일은 한 집안의 한 해를 놓고 볼 때, 가장 중요한 일로 여겨 '1년 장 농사'라고도 불렀다. 우리 선조들은 1년 장을 망치면 집안에 우환이 있다고 여길 정도로 장을 중요하게 여겼기 때문에 장 담그기에 정성을 다했다.

장은 간장, 된장, 고추장, 청국장 등을 통틀어서 일컫는 말로 음식의 맛을 내거나 간을 맞출 때 조미료로 사용한다. 우리의 전통장은 콩으로 만든 것인데, 『삼국지 위지동이전』은 '고구려인들이 발효식품을 잘 만든다.'라고 표기되어 있는데, 이는 일찍부터 장을 담가 먹기 시작했음을 시사하고 있다고 하겠다. 장에 대한 기록은 『삼국사기(三國史記)』 신라본기 신문왕조에 처음 등장하는데, 신문왕 3년(683)에 왕비를 맞이하면서 장(醬)과 시(豉)를 납채(納采) 품목으로 보냈다는 내용으로 보아 오래 전부터 장을 담가왔음을 알 수 있다. 또

그림 3-9. 김기응 고택의 장독대

한 『고려사지』(1018년)와 『동국이상국집』(1200년)에서 여름에 장을 먹었다는 기록이 있으며, 『증보산림경제』(1766)의 동국장법에는 현재의 메주 제조법과 유사하게 만든 메주를 이용하여 재래식 된장과 간장을 얻는 과정이 기록되어 있는데, 이 방법이 오늘날까지 이어져 우리 고유의 재래식 장 담그기의 기본을 이루고 있다. 1809년 빙허각 이씨가 엮은 가정살림에 관한 내용이 담긴 『규합총서』[13]에 이런

구절이 나온다. "하루에 두 번씩 냉수로 정성껏 씻되 물기가 남으면 벌레가 나기 쉬우니 조심해서 해라. 담근지 삼칠일 안에는 상가나 애를 출산한 집에 가지 말고 생리 중에 있는 여자나 잡인을 근처에 오지 말게 해야 한다."라고 할 정도로 장을 중요하게 여겼음을 알 수 있다.

음력 10월 혹은 11월에 메주콩을 물에 불린 후 절구에 찧어서 이를 네모난 목침모양이나 구형으로 만들어 볏짚으로 묶어 온돌방에서 겨우내 띄우는데, 그러면 곰팡이가 번식해 노란 옷을 입게 된다. 봄이 되면 잘 띄운 메주를 물로 깨끗이 씻어 말리고 소금물에 담그는데 그 시기에 따라 일월장, 이월장, 삼월장이라 불렀다. 장위에는 고추나 숯을 띄우는데, 이는 살균효과와 더불어 부정한 것을 막아주는 주술적 효과가 있다고 믿었기 때문이다. 이 상태로 장독 뚜껑을 닫아 볕이 잘 드는 곳에 두고 매일 뚜껑을 열어 볕을 쪼이면서 일정기간 발효를 시킨다. 40~50일쯤 지나면 단백질 등 주요 성분이 가수분해 되면서 맛과 향이 우러나고 동시에 숙성이 되면서 비로소 어우러진 장맛이 완성된다. 이렇게 익힌 메주 덩어리는 꺼내서 고운체에 잘 거르면 간장을 얻을 수 있다. 간장은 열을 가해 달이면 불필요한 단백질이 응고되면서 빛깔은 맑아지고 좋지 않은 냄새도 없앨 수 있다. 간장을 떠내고 남은 메주는 소금을 넣고 주물러서 장독에 채우고 얇은 망사를 씌워 매일 볕을 쬐어서 일정기간 더 익힌 다음 보관하면 된장이 된다. 여기에 찹쌀이나 쌀, 보리, 밀가루 같은 곡물의 전분에 엿기름과 메주가루, 고춧가루를 넣고 버무린 다음 소금으로 간을 하여 발효시키면 고추장이 된다. 이 모든 것이 기다림으로 완

13 1809년(순조 9) 빙허각(憑虛閣) 이씨(李氏)가 엮은 가정살림에 관한 내용의 책으로 이 책의 「주사의」에는 장담그기, 술빚기, 밥·떡·과줄·반찬만들기가 수록되어 있다.

성된 발효의 맛이다. 요즘엔 마트에 가면 흔히 볼 수 있는 것이 장이지만 간장, 된장, 고추장이라고 해서 모두 같은 장이라 할 수 없다. 이렇게 제대로 만든 자연 발효시킨 재래식 장은 시중에 유통되는 개량 장과는 확연히 차이가 있다. 전통방식으로 빚어진 것이 아니라 대량생산으로 넘어가면서 정성과 시간은 줄고 인공첨가물은 더해졌기 때문이다. 한국인의 밥상에 매 끼니마다 오르는 음식은 모두 장이 그 맛을 지배한다. 장맛이 깊고 풍부하면 음식솜씨를 자랑하는데 손색이 없다. 좋은 장은 자연과 인간의 합작품이다. 맑은 공기, 따뜻한 볕, 시원한 바람이 잘 드는 곳에 깨끗한 물과 좋은 소금이 한데 어우러져 장독 안에서 숨을 쉰다. 장은 시간과 함께 익어간다. 시간이 지나면 지날수록 맛과 향은 더욱 깊어 간다. 장은 이렇게 기다림이 주는 선물이다.

몸에 좋은 슬로푸드를 구지 멀리서 찾을 필요가 있을까. 가만히 보면 우리 가까이에서 쉽게 발견할 수 있는 것들이 생각보다 많다. 그중 하나가 바로 '김치'가 아닐까. 김치는 한국을 대표하는 식문화이자 한국을 대표해온 음식 이상의 음식이다. 한국인이면 누구나 김치를 좋아한다. 물론 그렇지 않은 사람도 있을 수 있겠지만 대게는 직접 만들지는 못하더라도 김치와 김치요리는 대부분의 사람들이 좋아한다. 그만큼 김치는 한국인의 밥상에 빠지지 않고 매번 등장하는 반찬이다. 이렇게 우리와는 떼려야 뗄 수 없는 존재인 김치는 멀리 삼국시대에서 그 유래를 찾아 볼 수 있다. 『동국이상국집』(1200년)에는 '무를 소금에 절여 구동지에 대비한다.'는 구절에서 확인 되듯이 처음 김장이 시작된 시기를 미루어 짐작해 볼 수 있고, 김장이 일반화된 시기는 『동국세시기』(1849년)에는 '봄의 장 담그기와 겨울의 김장하기는 가정의 중요한 일 년 계획'이라는 구절과 '농가월령가'의 기록에 근거해 조선 후기로 추정하고 있다.

여기서도 우리 선조들의 지혜를 엿볼 수 있다. 예로부터 우리는 농경사회였기 때문에 탄수화물이 주된 영양분이었다. 그래서 곡류에서 부족한 영양소를 채소에서 섭취하고자 하였는데, 4계절이 뚜렷한 우리나라의 특성상 겨울이 되면 채소를 먹을 수가 없기 때문에 염이나 초에 절여 먹기 시작한 것에서 김치의 시작을 찾아 볼 수 있다. 곡식은 말리지 않아도 보존이 가능하지만 어육류와 채소는 건조를 하거나 염장처리는 필수였기 때문이다. 당시 김치를 일컫는 말로 순우리말 '지' 또는 '채소를 소금물에 담근다'라는 의미의 '침채(沈菜)'라고 하였던 것으로 추정하고 있다. '침채'는 '팀채' 혹은 '딤채'로 발음되는데 이것이 구개음화로 인해 '짐치'가 되었다가 오늘의 '김치'가 된 것으로 보고 있다. 또 하나의 설은 '소금물로 처리된 채소'라는 뜻의 '함채(鹹菜)'라는 말이 있는데, 이를 중국어 발음으로 하면 '함차이Hahm Tasy' 또는 '감차이Kahm Tasy'이며 이것이 우리말로 옮겨지는 과정에서 '김치'로 발음된 것으로 보고 있다. 삼국유사에 의하면 김치는 삼국시대서부터 만들어진 것으로 확인되고 있다. 비록 김치를 만드는 방법은 중국에서 음식을 만드는 '저(菹)'의 유래로 시작되었지만 통일신라시대, 고려시대, 조선시대로 이어져 내려오면서 지금의 김치로 변하게 된다.

초기의 김치는 지금의 김치와는 많이 다른 모습이다. 고추가 우리나라에 들어온 것은 임진왜란 이후이며 고추가 우리나라에 수입됨으로 기존 소금과 후추 등을 이용한 김장법에서 현재의 김장법과 많이 흡사한 모습으로 많이 변화하게 된다. 또한 김장을 하는 방법에서 17세기 이전과 확연하게 달라진 것은 기존 소금만을 사용한 김장법에서 마늘과 파, 생강 등도 함께 사용을 했다는 점이다. 김치 양념으로 쓰이는 고추는 임진왜란 이후인 조선 중기, 중국 청나라와 일본으로부터 국내에 유입되었다. 김치를 만드는 방법은 삼국시대에서부터 통일신라, 고려시대에 이르기까지 점차 변천되어 왔다고 전해진다. 이때까지만 해도 김치류는 무를 주원료로 동치미, 짠지, 장아찌가 대부분이었다. 그동안 우리의 선조가 먹었던 김치가 단순히 채소를 먹기 위한 겨울용 저장식품의 의미를 지녔다면, 고려시대서부턴 당시의 조미료를 이용한 김치의 변천과정이 이루어졌다는 것을 짐작할 수 있다. 현재 우리들의 밥상에 오르고 있는 김치는 조선 중, 후기에 완성되었다고 볼 수 있다. 고추가 처음 국내에 유입돼 갖가지 음식에 사용되었다가 김치에 적용되기 시작한 것은 약 200년이 지난 18세기에 이르러서야 김치의 양념으로 고추와 홍고추가 사용되었다. 그 종류도 한두 가지를 놓고 얘기하기가 어려울 정도로 매우 다양하다.

김치의 주재료는 주로 배추, 무, 깻잎, 갓, 오이와 같은 채소이며 한 가지 종류의 김치라도 사용하는 젓갈에 따라 맛이 확연히 달라진다. 양념도 지역별로 그리고 집집마다 그 맛이 차이가 있지만 대략 20여 가지가 넘는 재료가 들어간다. 남쪽으로 갈수록 소금과 고춧가루, 젓갈류를 많이 쓰는데 이는 비교적 높은 온도에 대비해 김치의 간을 맞춘 선조들의 지혜이다. 보통 지역별로 해당 지역의 특산물과 만나 그 지역만의 특색 있는 김치를 볼 수 있다. 배추김치, 오이김치, 보쌈김치는 서울, 씨도리김치, 보쌈김치는 경기도, 오징어김치, 해물김치, 더덕김치는 강원도, 호박김치, 가지김치, 나박김치는 충청도, 깻잎김치, 콩잎김치, 부추김치는 경상도, 갓김치, 고들빼기김치, 동치미는 전라도, 톳김치, 해물김치는 제주도, 이렇게 김치의 종류와 특성은 지역마다 지역성을 담은 독특한 형태를 보이고 있다.

한국인에게 이처럼 중요한 김치는 겨울로 접어드는 늦가을 무렵이 되면 집집마다 월동준비 하듯 김장이라는 큰 행사를 치른다. 김장은 보통 11월말이나 12월 초를 좋은 시기로 정하는데, 평균기온이 4℃ 이하로 유지되는 입동 전후 5일 내외가 김장을 하면 김치 맛이 제일 좋다고 하여 약속이나 한 듯 이 시기가 되면 모두가 김장에 들어간다. 전통적으로 김장김치는 집안의 여자들은 김치를 만드는 일에 그리고 남자들은 땅을 파고 김장독을 묻어 저장하는 일을 나누어서 했다. 김장날 온 가족들이 모여서 배추를 절이고 김치 속을 만들고 이것을 버무려 김치를 담근다. 부모가 자식에게, 자식이 그 자식에게 또 그 자식이 자식의 자식에게 이렇게 여러 세대에 걸쳐 가정에서 전해졌다. 이렇듯 우리의 김장문화는 지역별로 또 집집마다 다소 방식의 차이는 있지만 온 가족과 이웃이 다 함께 김치를 담그고 저장하는 이 문화는 이렇게 집안 대대로 이어져 내려온 우리의 삶의 모습이자 오래된 소중한 문화자산이다. 채소 절임 음식은 다른 문화권에도 많지만 김장처럼 겨울이 다가오기 직전에 전 국민이 약속이라도 한 듯 집중적으로 음식을 만들어 저장해두는 풍속은 세계 어디에서도 찾아보기 힘든 우리만의 문화다. 또한 김장문화에는 단지 음식을 장만하는 것뿐만 아니라 공동체 아이덴티티의 나눔이라는 상징적 정서가 숨어 있다. 2013년 12월 2일부터 7일까지 아제르바이잔의 수도 바쿠에서 열린 제8차 유네스코 무형유산보호 정부간위원회에서 '김장, 한국의 김치를 담그고 나누는 문화Kimjang; Making and Sharing Kimchi in the Republic of Korea'를 유네스코 인류무형유산으로 등재하는 것을 최종 확정한 것이다. 이로써 한국의 대표적인 식문화인 '김장문화'가 전 세계인이 함께 보호하고 전승하는 문화유산으로 자리매김하게 됐다. 우리에게는 일 년 중 하나의 큰 행사이기도 하면서 지구촌 어디에서도 볼 수 없는 독특한 문화를 형성하고 있는 김치가 그 우수한 효능까지 알려지게 되면서 세계적인 관심을 한 몸에 받고 있다. 김치에서 우리는 지역적 특색을 느낄 수도 있고 풍요로운 계절의 맛도 느낄 수 있다. 오랜 시간을 이어온 슬로푸드 김치, 그 문화와 전통을 잘 이어나갈 수 있도록 노력해야 할 것이다.

이외에도 우리나라는 지역별로 심신에 모두 좋은 다양한 향토음식들이 많다. 지역마다 다른 지형과 기후의 영향을 받아 산간지방, 해안지방의 주된 식재료와 이를 보관하는 방법이 발달해 고스란히 향토음식에 반영된다. 산간지방은 육류와 생선을 구하기가 쉽지 않아 주로 말리거나 염장 처리하여 만든 음식이 많고, 해안지방의 주된 식재료는 생선, 조개류, 해초류 등으로 이를 활용한 음식이 많았다. 평균기온이 높은 남부지방은 젓갈, 소금, 고춧가루 양념이 발달했는데, 이는 높은 온도에 음식이 상하지 않도록 하는 역할을 했고 이에 비해 북부지방의 음식은 심심한 편이다. 지역별 특산물을 식재료로 활용하고 또한 전통적으로 내려오는 조리법도 다양하지만 모두 몸에 좋은 음식들이다. 향토음식은 우리의 역사와 전통, 문화, 얼이 모두 반영되어 있는 또 하나의 소중한 자산으로서 가치를 지닌다. 따라서 이러한 향토음식의 가치를 전략적으로 육성하여 전통적인 음식문화를 살려서 세계적인 음식과 문화로 인정받을 수 있도록 하는 방안을 마련해야 한다. 이렇게 우리에게는 시간과 노력을 들여서 음식을 제대로 만들고, 이렇게 만들어진 음식을 함께 즐기는 소중한 음식문화가 있다. 몸과 마음 모두에 좋은 우리 고유의 전통음식을 소중히 지키고 또 널리 알리고 계승해 나가려는 노력이 절실히 필요하다.

나와 내 가족이 먹는 음식의 출처가 불안하고 잘 먹고 잘 사는 건강한 삶에 대한 바람이 커짐에 따라 좋은 먹거리의 중요성에 대한 사람들의 관심이 유난히 증가하고 있는 요즘이다. 얼마나 좋은 음식을 먹느냐가 중요해지는 시대가 되었다. 우리의 농업과 농촌이 중요한 이유도 바로 여기에 있다. 소비자들은 현명한 소비를 위한 먹거리 선택 시, 원산지를 꼼꼼하게 살피고 건강을 위해 조금 더 비싸더라도 친환경, 유기농 제품을 선택한다. 그래서 품질이 우수하고 건강에도 좋은 우리 전통식품을 육성하고 적극적으로 홍보해 소비가 확산될 수 있도록 해야 한다. 이를 위한 첫걸음으로는 국립농산물품질관리원NAQS에서 인증하는 전통식품 품질인증마크를 소비자들에게 잘 알려서 이에 대한 인식을 확산시키는 것부터 시작해야 할 것이다. 그리고 전통식품에 대한 기존의 오해를 바로 잡아나가는 일 또한 필요하다. 사실 한국의 전통음식 대부분이 맵고 짜서 나트륨을 과다 섭취할 수 있다는 우려 섞인 시선이 많았었는데, 과학적 근거를 통해서 그동안의 잘못된 인식을 바로 잡고 영양학적 우수성에 대해 제대로 알려줌으로써 대국민 전통식품 소비활성화에 기여할 수 있도록 노력해야 할 것이다.

Part 4.

농업·농촌을 브랜딩하다

Chapter 1

창의적인 아이디어로 승부한다

■ 1x2x3=발상의 전환

6차 산업은 우리 농업에 활기를 불어넣는 역할을 톡톡히 하고 있다. 그동안 1차 산업에만 머물렀던 농가들도 이제는 너나 할 것 없이 6차 산업을 실행하고 있거나 추진 중에 있다. 그만큼 6차 산업이 가지고 오는 효과는 그동안의 성과로 충분히 입증되었고 기대이상이었기 때문이다. 우리 농업·농촌이 처해 있는 현실적 상황과 현시점의 사회적 트렌드를 고려해 볼 때 앞으로 반드시 필요한 것이 바로 6차 산업이다.

80년대까지만 해도 문경은 탄광촌으로 이름을 알렸던 지역이었다. 1960~70년대 석탄과 시멘트 산업이 호황을 누리던 당시, 이곳 문경은 36개 탄광에서 연간 300만 톤이라는 어마어마한 양의 석탄을 생산하는 국내의 대표적인 탄광도시였다. 하지만 에너지 소비패턴이 석탄에서 석유로 옮겨가는 변화를 겪으면서 지역 내 모든 탄광이 폐광되었고 이내 도시는 쇠락의 길로 접어들게 되었다. 시는 이에 대한 해결책으로 관광산업에 집중함으로써 폐광의 흔적을 하나씩 지워갔다. 관광도시로 새 출발을 하고 있는 이곳을 부촌으로 이끈 일등공신은 다름 아닌 바로 '오미자'다. 문경은 오미자를 통해 부유했던 도시의 지난 영예를 되찾게 된 셈이다.

붉은 빛깔의 고운 자태를 뽐내는 오미자(五味子)는 그 이름에서도 알 수 있듯이 쓰고, 시고, 달고, 맵고, 짠 5가지 맛을 갖고 있다. 잘 익은 그 열매는 그 껍질에서 단맛이 나고 열매과육에는 신맛이 나며 그 씨는 짜고 맵고 쓴 맛이 오묘하게 난다고 하여 붙은 이름이다. 정작 오미자 열매의 맛을 본 저자는 5가지 맛 가운데 단맛과 신맛만 느낄 수 있었다. 오미자는 기관지 질환이나 심장과 폐기능을 강하게 하고 혈압을 내려주며 면역력을 높여주는 기능을 가지고 있어 예로부터 특히 가을 오미자는 감초처럼 한약 조제에 많이 쓰는 약재였다. 이렇게 과거 한약재로만 쓰였던 오미자가 현대의 발효기술과 접목하면서 다양한 가공 상품으로 변신하기 시작했다. 특히 식품과 음료를 선보이기 시작하면서 국민적 관심을 받기 시작하였는데 이후로 빠른 속도로 오미자 재배면적을 늘려가게 되었다. 버려진 땅을 활용하여 새로운 소득 작목을 개발하는 시범사업으로 1996년에 시작된 오미자 재배(당시 0.2ha의 규모)는 2014년 기준 1000ha의 재배면적에서 연간 5,500톤의 오미자를 생산하여 전국 오미자 생산량의 45%를 점유하는 제 1의 주산지로 자리를 잡게 되었다. 정부로부터 국내 유일의 '문경오미자 산업특구(2006년 6월)'로 지정 받았고, 2009년에는 지리적 표시 특산물로 등록되었다.

문경이 전국 제1의 오미자 고장으로 자리매김할 수 있었던 것은 무엇보다 해발 300~700m 준고냉지 산간지역으로서 기후, 일조량, 강수량 등 오미자 재배의 최적의 조건을 갖추었기 때문이다. 여기에 선진화 재배기술이 더해져 오늘의 문경 오미자를 탄생시킨 것이다. 한국영양학회 자료에 따르면, 오미자에는 단백질, 인, 철, 칼슘, 비타민B_1 등이 있고, 특히 칼륨과 비타민C의 함량이 많으며 유기산인 구연산, 사과산, 주석산이 많아 신맛이 강해서 피로회복을 돕고 폴리페놀이 들어 있어 항산화 기능이 있으며 노화예방과 항암작용을 돕기도 하고 두뇌작용에 좋은 성분이 있어서 졸음도 쫓고 과로로 인한 시력감퇴를 개선하는 데도 도움이 된다고 한다.[1] 이처럼 오미자가 몸에 좋은 효능을 지니고 있다는 것이 알려지면서 식품과 음료로 만들어지기 시작했고 전국으로 그 소비가 점차 확대되었다. 현재 국내에서 소비자들의 사랑을 한 몸에 받고 있는 오미자 가공품들은 무려 60여종이나 될 정도로 다양하다. 오미자주스에서부터 오미자빵, 오미자청, 오미자와인, 오미자 막걸리까지.

문경시가 오미자 성공신화를 이룰 수 있었던 가장 핵심적인 요인은 바로 1차 산업에 안주하지 않고 가공 산업과 축제, 체험활동 등의 6차 산업으로 확장했다는 데에 있다. 가공 및 유통부분이 특히 기여한 바가 크다고 할 수 있는데, 오랜 시간 동안 약재로 사용되어 왔지만 그 고정 틀을 과감히 깨고 농산물에 기술을 접목하면서 부가가치를 높이는 식품으로 개발한 것이다. 오미자의 6차 산업으로의 확산은 매출에도 크게 영향을 미쳤다. 생산한 열매만 판매하던 때 매출액은 40억 원(2005년 기준, 300여 농가)이었던 것에 비해 가공식품으

1 『내 몸을 살리는 식물영양소: 누구나 알지만 아무도 모르는 과일과 채소의 힘』 (공)저: 한국영양학회

로 확대했던 895억원(2012년 기준, 1000여 농가)으로 무려 22배가 증가했고, 2014년에는 1,050억원(연간 농가소득 550억원, 가공 상품 판매 500억원)에 이르렀다. 또한 매년 오미자 축제를 개최하고 있는데, 지난 2016년에는 10만 여명의 관광객들이 축제를 찾았다. 축제 개최기간동안 오미자 약 67톤의 판매실적을 올렸는데 이를 통해 지역경제 활성화에도 크게 기여하게 되었다.

1996년 시범사업으로 시작해 1000억원이 넘는 매출신화를 기록하기까지 '문경오미자의 세계화'를 위한 모든 이들의 꿈과 노력이 있었다. 오미자는 약재라는 고정관념을 깨고 세계최초로 음료, 식품으로 개발을 통해 새로운 소비시장을 창출했다. 또한 재배농가와 연계를 통해 체험마을을 운영하여 농외소득을 향상시켰으며 외식과 숙박 인프라를 확충하고 축제를 찾는 관광객을 맞이할 채비를 함으로써 성공적인 6차 산업의 초석을 마련하였다. 농가와 관공서, 학계 모두가 하나가 되어 오미자로 대표되는 문경만의 독특한 식문화 형성에 이바지하고 있으며 이 모든 것은 문경의 오미자가 세계무대로 승승장구할 수 있도록 하는 원동력이 되고 있다.

먹거리, 특히 가공 전 단계의 1차 농산물의 경우에는 보관, 저장의 문제는 과거에나 지금이나 가장 큰 비중을 차지하는 농민들의 대표적인 근심거리였다. 물론 수확 후 유통까지 신선도를 유지해야만 하는 신선채소나 과일의 경우에는 가장 시급한 문제이긴 하지만 다른 농산물의 경우에도 저장문제만큼은 예외가 될 수 없다. 충남 서산시 대산읍 운산리에는 이러한 문제를 해결하고 6차 산업에 성공한 농원이 있어 좋은 본보기가 되고 있다. 늙은 호박은 아주 오래전부터 식용과 약용으로 널리 이용되어왔다. 한방에서는 산후조리와 중풍 그리고 냉증에 효력이 있는 치료약으로 이용하였다고 알려져 있다. 특히 노폐물과 독소를 배출하고 이뇨작용을 도우며 지방의 축적을 막아주는데다가 저칼로리 다이어트 건강식품이어서 요즘 트렌드에 딱 들어맞았기 때문에 인기가 많다. 이렇게 늙은 호박의 효능이 알려지게 되면서 다양한 가공식품으로 소비자들의 인기를 끌고 있는데, 이를 취급하는 농가에서는 늘 저장방법이 고민거리였다. 참샘골 호박 농원의 경우도 마찬가지였다. 늙은 호박의 특성상 저장이 쉽지 않았고 그래서 출하시기인 가을철과 이듬해 봄의 가격차가 5배 이상 났으며 여름까지 보관할 수 있는 새로운 저장법이 필요했다. 이 농원은 수차례 시행착오 끝에 1990년이 되던 해 드디어 전국 최초로 늙은 호박의 장기저장기술 개발에 성공했다. 10℃ 내외의 온도, 60%의 건습상태, 0.02ppm이하의 에틸렌 가스농도는 늙은 호박을 저장하는데 있어서 최상의 저장환경이다. 165m^2 규모의 저장실에는 자동조절 시스템을 통해 잘 관리된 늙은 호박은 4계절 내내 단단하고 싱싱한 상태를 유지할 수 있다. 이곳의 늙은 호박은 그 생김새 때문에 맷돌호박으로도 불리는데 비타민A, 비타민B_{12}, 비타민C, 식이섬유 그리고 베타카로틴 등 항상화 성분이 풍부해서 날로 인기가 높아지고 있다. 연간 80~100t 규모의 늙은 호박이 호박즙, 호박죽과 같은 가공식품으로 새롭게 태어나고 있다. 이곳의 모든 제품은 인터넷 직거래로 거래되고 있으며 참샘골 농원의 홈페이지 회원 수는 2만 여명에 이른다. 이곳은 2000년에 농진청에서 무료 홈페이지를 개설해 준 농업인 1호로 홈페이지를 구축한 곳이다. 쇼핑몰을 운영하면서 판매뿐만 아니라 고객들의 다양한 의견을 수렴하면서 늙은 호박의 가공산업에 대한 새로운 아이디어에 적극 반영하는 등 고객들과 소통하고 있다. 이곳은 규모가 커지게 되면서 지역농민 여러 가구와 10만m^2 규모로 재배 계약을 하고 수매한 호박을 이용해 가공식품을 만들고 있다. 점점 이용 고객이 늘어나게 되면서 맷돌호박을 재배하는 인근 계약 농가도 더 많아지게 되었다. 이곳 농장은 호박 따기 수확체험 활동과 호박을 이용한 요리체험활동인 호박칼국수, 호박피자 만들기 등 다양한 체험프로그램을 마련해 방문객들을 맞이하고 있다. 지난 2013년에는 농림축산식품부에서 개최한 6차 산업 경진대회에서 대상을 수상하기도 했다. 농업인의 열정적인 도전정신과 끈질긴 노력 그리고 모두 하나가 된 마을주민들의 적극적인 협조가 1차 산업에 머물러 있던 농업을 융복합 6차 산업으로 성공시킬 수 있었다.

사과하면 떠오르는 지역은 어디가 있을까. 과거에는 이러한 질문 자체가 무색할 만큼 바로 지역명이 사과 앞에 따라붙었다. 하지만 요즘은 사과 주산지라고 말하고 있는 곳이 많다. 청송, 장성, 풍기, 예산 등 한 두 군데가 아니다. '나주 배'와 같이 지역 대표 특산물로 브랜딩하던 시기는 이제 지난 것처럼 보인다. 이러한 현실을 직시하고 6차 산업 실현에 발 빠르게 대처한 곳이 있다. 사과산지로 잘 알려진 충남 예산에 위치한 은성농원은 약 2만평 규모의 사과밭에 6,000그루 사과나무가 있는 사과농장이다. 황토 땅에서 서해에서 부는 해풍 덕에 당도 높은 사과재배지로 최적이다. 이곳에서 '추사'를 브랜드로 한 사과와인과 브랜디를 생산하고 판매하고 있는데, 추사 애플와인은 그 어떤 첨가물 하나 없이 오로지 예산 황토사과만으로 만든다. 그리고 이와 연계하여 카페테리아, 숙소를 마련하여 방문객들에게 편의를 제공하고 있다. 또한 교육체험장을 통해 사과파이 만들기, 사과잼 만들기 등 체험프로그램을 운영하여 방문객들의 참여를 유도하여 6차 산업을 실현함으로써 예산사과의 브랜드 가치를 높이고 있다.

■ 우리 몸엔 우리 디저트

우리에게는 오래전부터 식후에 차와 과일이라는 디저트, '후식문화'가 있다. 현대에 들어와서 주로 커피로 보편화 되었던 것이 요즘은 그 종류만 해도 점점 다양해지고 있다. 최근 디저트 시장을 보면 경기불황이라는 말이 무색할 정도로 급성장을 하고 있는 모습이다. 언제부터 대한민국에 디저트 바람이 불기 시작했을까. 보도 자료에 의하면, 국내 디저트 시장의 연간 매출액은 2013년 기준 3천억원에서 2014년 8천억원, 2015년 1조5천억원으로 놀랄만한 성장세를 보여주고 있다. 이러한 현상은 주 소비층의 소비 트렌드 변화와 무관하지 않다. 주식도 아닌 후식시장이 이렇게 무서운 속도로 성장하고 있는 것은 어떻게 보면 소비자들 스스로 자신에게 투자하는 일정범위의 사치에 대해서는 관대하다는 것을 보여주는 단편적인 예라고 할 수 있다. 앞서 살펴본 가치소비성향이 이에 해당한다고 볼 수 있다. 소비자 스스로 만족한다면 합리적인 선에서 과감히 소비하는 것 그리고 프리미엄 브랜드에 열광하는 소비성향이 디저트시장의 규모를 점점 더 키워가고 있는 것이다. 또한 현대인들의 점점 늘어만 가는 스트레스 지수도 달달함을 전하는 디저트를 찾을 수 밖에 없도록 만

그림 4-1. 디저트

드는 이유에 한 몫을 더하고 있다. 커피전문점에서 조각 케이크, 쿠키 정도의 수준에 머물렀던 디저트문화가 이제 디저트만을 전문적으로 취급하는 디저트전문카페가 낯설지 않을 만큼 발전했다. 브런치 카페, 베이커리전문 카페, 초콜릿전문 카페, 빙수전문 카페, 아이스크림전문 카페 등등 그 종류만 해도 한두 가지가 아니다. 이들 디저트 카페에서는 하루가 다르게 신 메뉴가 등장하고 있고 날을 거듭할수록 화려해지고 있다. 이들 디저트 카페의 최근 공통된 이슈는 '건강함'과 '고급스러움'이다. 좋은 재료, 신선한 재료를 엄선해서 사용하고 있고 유명 셰프의 디저트를 코스로 즐길 수도 있다. 케이크, 타르트, 쿠키, 마카롱, 에끌레어, 와플, 푸딩 등등 서구적인 스타일이 지배적이다.

그렇다면 우리 고유의 전통 디저트, 후식은 과연 어땠는지가 궁금해진다. 종류도 맛도 무한한 디저트의 세계, 과거 우리 선조들은 어떤 디저트를 먹었을까. 식혜, 수정과, 떡, 과일, 약과, 한과 정도가 아니었을까. 한과의 경우에는 삼국시대부터 조선시대에 이르기까지 우리 국민의 대표적인 기호식품이었다. 이렇게 우리에게는 오래전부터 내려오는 다식문화가 있었다. 이는 차(茶)문화의 발전과 연관이 깊다. 차는 불교문화와 시기를 같이 하였기 때문에 고려시대에 특히 차

그림 4-2. 디저트

문화가 성행했는데, 당시 차와 함께 다과를 즐기는 다식문화가 발전했다. 과정류(菓飣類)는 크게 유밀과(油蜜菓)·다식(茶食)·강정류(糠飣類)·밀전류(蜜煎類)로 나눌 수 있다. 다식은 밤가루, 송홧가루, 콩가루, 녹말가루, 참깨가루, 멥쌀가루 등을 꿀과 함께 반복하여 무늬가 새겨진 다식판에 박아서 만든 전통간식이다. 강정은 밀가루와 꿀 참살가구를 반죽하여 썰어 말렸다가 기름에 튀겨서 내놓은 과자다. 유밀과는 밀가루나 쌀가루 반죽을 넓적하게 또는 둥글게 여러 모양으로 조각내어 꿀과 기름에 흠뻑 지져내는 것으로 일반적으로 약과(藥菓)라고 부른다. 견과류나 생과일, 생강, 연근, 인삼 등을 꿀에 조리거나 재어서 만든 정과도 있다. 정과는 명절이나 중요한 손님접대용 다과상에 올리는 고급간식이다. 사계절이 뚜렷한 우리나라의 특징을 살려 조상의 간식과 후식에도 반영하고 있다. 봄철에는 진달래꽃의 꽃술을 제거하고 화전을 만들어 먹었고 여름엔 멥쌀가루로 흰

그림 4-3. 우리 농산물을 활용한 스낵류

떡을 쳐서 잘게 썬 것에 녹말가루를 묻혀 찬물에 헹구고 오미잣물에 띄워 먹는 화채를 일컫는 수단을 즐겼으며 가을에는 노란 국화잎으로 화전을 만들어 먹었고 겨울에는 팥죽과 수정과, 견병이라고도 하는 강정을 즐겼다.

필자는 주말이면 집 앞 커피전문점에서 가족들과 함께 시간을 보낼 때가 종종 있다. 그럴 때면 이곳에서 네 살배기 조카가 찾는 단골 메뉴가 있는데, 군고구마 말랭이가 그것. 먹기 좋은 크기에 말랑말랑한 식감이 아이들이 먹기에 안성맞춤이다. 이곳의 '군고구마 말랭이'는 무방부제, 무감미료, 무색소의 국내산 호박고구마로 만들었다고 알려지면서 재료까지 꼼꼼하게 따지는 까다로운 엄마들이 안심하고 선택하는 디저트 메뉴다. 가족들이 모인 카페에서 군고구마 말랭이는 어린 조카에게 제법 괜찮은 디저트 아이템이다. 이처럼 최근 유명카페나 브랜드 커피체인점에서 우리 농산물로 만든 디저트 아이템들이 속속 눈에 띈다. 스타벅스의 '리얼 후르츠'에 들어가는 사과, 배, 귤 그리고 '한입에 쏙 고구마'에 들어가는 호박고구마와 자색고구마 또 '우리나라 옥고감'의 옥수수, 고구마, 감자 모두 100% 국내산 농산물이다. 그리고 스타벅스는 지난 2016년 견과류 및 건조 과일, 고구마 등 건강한 컨셉의 다양한 간식 6종을 하나의 포장 꾸러미에 담은 '별별 꾸러미'를 출시했다. 건강한 메뉴 컨셉으로 우리 땅에서 자란 식자재로 만들어 영양을 보충할 수 있는 간식과 식사대용 상품을 지속적으로 출시하고 있다.

넘쳐나는 디저트 카페들 사이에서 유독 눈길을 끄는 곳이 있다. 설빙은 현재 한국을 넘어 중국, 일본, 동남아로 진출하고 있는 한국식 디저트 카페다. 이곳이 수많은 디저트 카페들 틈에서 고공행진할 수 있었던 비결은 기존 빙수와 차별화되는 메뉴를 개발한 것인데,

빙수는 꼭 팥이 들어가야 한다는 고정관념을 깨고 고소한 콩고물과 쫄깃한 인절미를 올린 인절미 설빙을 출시함으로써 건강한 한국식 디저트를 세계화 시키는 것을 목표로 소비자들의 마음을 사로잡는데 성공했기 때문이다.

농림축산식품부와 한국농수산식품유통공사aT의 조사결과에 의하면 지난 2016년 국내 디저트 외식시장 규모는 매출액 기준 8조 9760억원으로 전년에 비해 13.9% 증가했으며 올해 전체 디저트 시장규모는 2조원대에 이를 것으로 내다보고 있다. 자신을 위한 작은 사치를 의미하는 스몰럭셔리 열풍으로 프리미엄 디저트들이 속속 선보이고 있다. 각국의 대표적인 디저트 상품들이 국내에 상륙한 것뿐만 아니라 국내 브랜드 커피체인점에 우리 농산물을 활용한 디저트 상품을 출시하고 있다. 요즘 디저트시장의 특징은 먹기 아까울 정도의 예술적 비주얼을 자랑하고 있다. 또한 건강을 염려하는 소비자들의 심리는 안전한 국내산 농산물을 활용한 디저트시장의 분위기를 바꿔 놓았다. 이에 우리 농업도 이러한 디저트시장의 트렌드 변화를 숙지하고 대처하는 자세가 필요하다. 개별농가 혹은 영농조합 단위로 디저트시장의 수요에 맞는 상품을 개발하는 것이 무엇보다 필요하고 이와 더불어 농가와 기업이 상생협력으로 히트상품을 개발하는 방안을 마련하는 것도 필요하다. 기존 수입 감자를 사용했던 감자칩을 벗어나 국내생산 수미감자의 특성을 살려 진공저온공법을 개발 적용해 감자칩의 풍미를 살려서 인기를 끌고 있는 농심의 수미칩이 그 예다. 농심은 개인, 영농조합법인, 농협과 계약재배를 하고 건강스낵이라는 차별화 전략을 세워 국내산 수미감자를 활용해 마니아층을 형성하는데 성공했다. 앞서 살펴본 탐앤탐스와 스타벅스의 경우도 마찬가지다. 앞으로 우리 농업은 점점 커지고 있는 디저트

시장의 트렌드에 발맞추어 우리 고유의 전통디저트문화를 살리고 우리 농산물을 100% 활용한 건강한 먹거리를 만들어 제대로 알리고 함께 즐기는 일에 동참해야 할 것이다.

■ 이웃 농부의 도시락

요즘 때 아닌 도시락이 붐이 일고 있다. 편의점 도시락 코너가 점점 공간을 넓혀가고 있고, 각종 도시락 업체가 하루가 다르게 오픈하는 등 도시락산업이 그야말로 성행하고 있는 진풍경이 계속되고 있다. 점심시간이면 맛집 골목은 직장인들의 줄 행렬로 북새통을 이루는 게 정석인데 요즘은 꼭 그렇지만은 않다. 과거에는 회의실에서 도시락을 먹는 모습은 어쩌다 한 번씩이었지만 요즘 흔한 광경이 되었다. 물론 바쁜 일정에 시간이 여의치 않아 회의 하면서 먹는 도시락도 있지만 도시락을 선택하는 이유는 비교적 저렴하기도 하고 다양한 메뉴를 골라먹을 수 있는 재미도 느낄 수 있기 때문이다. 가정에서도 도시락을 먹는 풍경은 더 이상 낯설지 않다. 1인 가구가 증가하면서 집으로 도시락을 배달해 주는 도시락 전문 업체도 덩달아 증가하는 추세다.

그림 4-4. 컵밥

지금 이렇게 편리함을 주는 하나의 식문화로 정착해 가고 있는 도시락은 과거 우리에게는 곧 학창 시절의 추억이다. 급식이 보편된 요즘 학생들에겐 생소한 이야기겠지만 학창시절 도시락을 접해본 이들이라면 모두 공감할 추억이다. 보리밥에 귀한 계란 프라이를 덮은 양은도시락부터 알록달록 밑반찬을 가지런히 담은 김 모락모락 나는 보온도시락까지 세대를 막론하고 도시락에 깃든 이야기가 참 많다. 가장 인기 있었던 도시락 반찬이 뭐였다는 얘기서부터 단 한 번도 점심시간에 맞춰 제때 먹지 않았던 웃지 못 할 일까지 도시락에 얽힌 에피소드는 끝이 없다. 이렇게 우리에게 도시락은 학교에서 먹는 집밥이기도 했고 소풍가서 먹는 김밥이기도 했다.

이런 도시락이 이제는 온전한 한 끼 식사로 자리 잡아 가고 있다. 편의점에서는 하루가 다르게 도시락 신 메뉴가 속속 등장하고 있고, 그동안 매출의 일등공신이었던 술과 우유를 제치고 1등자리를 차지했다고 하니 그 인기가 어느 정도인지 실감할만하다. 유명연예인이 광고하는 도시락에서부터 전문가의 손길이 깃든 셰프의 도시락, 이

그림 4-5. 트렌드 도시락

전엔 전무했던 국물도시락, 평범한 도시락을 거부하며 고급화를 추구하는 프리미엄 도시락까지 진화에 진화를 거듭하고 있는 편의점 도시락은 초창기 편의점의 간편 도시락과는 완전히 다른 모습이다. 눈에 띄는 가장 큰 특징은 품질의 변화이다. 도시락이 처음 등장했을 당시만 하더라도 패스트푸드의 느낌이 강했던 반면, 요즘 도시락은 패스트푸드의 이미지를 벗으려고 많은 노력을 기울였다는 것을 엿볼 수 있다. 11가지나 되는 반찬 가짓수와 건강에 민감한 요즘 트렌드에 맞춰 영양가를 생각한 잡곡밥 구성에 밥의 양은 줄이고 반찬을 고루 준비해 밥 양에 비해 상대적으로 그 양을 늘렸다. 그리고 젊은 세대의 입맛을 고려해 준비한 다양한 종류의 도시락이 골라먹는 재미까지 선사하고 있다.

가장 대중적인 편의점 도시락 외에도 도시락 전문점들도 꾸준히 생겨나고 인기를 끌고 있다. 편의점 도시락열풍은 대형마트와 백화점에 반찬도시락 카페를 선보이게 하는 등의 영향을 미치고 있다. 한식도시락 케이터링, 다이어트 도시락, 건강도시락, 맞춤도시락 등 테마별 도시락 전문점들이 계속해서 늘어나고 있다. 간편하게 대충 끼니를 때운다는 의미에서 벗어나 제대로 된 한 끼 식사로 자리잡아가게 되면서 무엇보다 신경 쓰는 부분은 영양적인 면이다. 건강을 생각해서 몸에 좋은 것을 선호하는 현대인들에게는 도시락 또한 패스트푸드가 아닌 건강식이었으면 하는 바람은 당연한 이치라고 볼 수 있다. 이런 측면에서 신선한 식재료를 공수해 건강은 물론이고 맛도 좋은 로컬푸드 도시락도 속속 등장하고 있다. 하루 딱 20인 분량만 판매하는 완주로컬푸드직매장의 도시락과 동계올림픽을 겨냥해 선보인 강원로컬푸드 도시락 '강원만찬'이 그 대표적 예다. 지역별 로컬푸드 활성화 측면에서도 지역의 특성을 살려 로컬푸드 도시

그림 4-6. 대형마트의 다양한 도시락

락을 상품화하는 것도 좋은 방법이다. 가까운 일본에는 '벤또 문화'가 잘 발달되어 있는 것으로 유명하다. 일명 '에끼벤(えきべん)'으로 불리는 이것은 '역(驛)'이라는 의미의 '에끼(えき)'의 '에'와 '벤또(べんとう)'의 '벤'의 합성어다. 에끼벤은 일본 내에서 대략 3천여 종류가 있는데, 에끼벤을 먹기 위해 기차여행을 하는 사람도 있을 정도니 그 인기가 어느 정도일지는 짐작이 가고도 남는다. 에도시대로 거슬러 올라갈 만큼 오랜 역사를 자랑하는 에끼벤의 시작은 주먹밥과 단무지를 대나무 껍질에 싼 형태였다고 한다. 1885년 우츠노미야역을 시작으로 1890년 히메이지역에서 판매를 하게 되면서 본격적인 에끼벤 시대의 막이 열리게 되었다고 전해진다. 에끼벤은 모양도 맛도 하나같이 감탄을 자아낼 만큼 감동을 주고 있지만 무엇보다 각 지방의 문화를 알리는데 큰 역할을 해내고 있다.

현재 국내 로컬푸드 도시락은 지역의 신선한 식재료로 건강한 먹거리를 제공한다는 것에 지나지 않는다. 건강한 도시락의 이미지를 뛰어넘는 전략이 우리에게도 필요하다. 대한민국 전국 8도 곳곳에는 몸에 좋고 맛도 좋은 숨은 보석과 같은 식재료들이 많다. 양구의 향긋한 곰취나물, 광천의 입맛 돋우는 젓갈, 통영의 싱싱한 굴, 톡 쏘는 맛이 일품인 여수 갓김치, 밥도둑 영광의 굴비... 누구나 아는 것만 나열하자면 끝이 없겠다. 지역의 특산물을 활용해서 충분히 그 지역만의 특색 있는 도시락을 만들 수 있다. 이는 또 하나의 지역 경쟁력을 키우는 요소가 될 수 있다. 이렇게 도시락을 지역의 식문화와 접목시켜 발전시켜본다면 그 지역만의 전략사업이 될 수 있다. 시간에 쫓겨 역사(驛舍)에서 한 끼 때우는 용으로 선택하는 컨셉없는 도시락이 아니라 그 도시락 하나를 맛보기 위해 그 곳에 가는 일이 생기도록 말이다. 그렇게 되면, 우리 농촌은 시즌별 먹거리 축제, 꽃놀이, 단풍놀이 등 특정 행사가 있을 때에만 인파로 북적대는 것이 아니라 그 지역만의 특색 있는 인기 도시락으로 사시사철 관광객들의 발길을 유혹할 수 있다.

■ 같은 값이면 다홍치마

同價紅裳, 여럿 중에서도 모양 좋고 보기 좋은 것을 선택하겠다는 의미로 흔히들 사용하는 말이다. 요즘같이 선택의 폭이 다양해진 환경에서 누구나 결정을 앞두고 염두에 두는 부분이 아닐까 하는 생각이 든다. 모든 조건이 비슷비슷하다면 이왕이면 더 보기 좋은 것에 지갑을 여는 것은 지극히 당연한 이치다. 그래서 상품의 가치를 높이는 디자인의 역할에 큰 관심이 쏠리고 있는 것처럼 말이다. 그중 가장 큰 부분을 차지하고 있는 것은 패키지 디자인이 아닐까 하는 생각이 든다. 패키징이 내용물을 보호하면서 생산자의 의도나 상품의 기능을 전달하는 커뮤니케이션 도구의 역할까지 가능하게 되면서 디자인을 그만큼 더 중요하게 인식하게 되었다. 기술의 눈부신 발전으로 말미암아 제품이 가진 기능적인 면에서 별 차이가 없어진 것은 사실이며 이로 인해 디자인의 역할이 상대적으로 커진 것만은 분명해 보인다.

산업 전반에서 디자인 붐이 일고 있지만 가장 활발한 분야는 식품업계가 아닌가 하는 생각이 든다. 급격히 변화하는 사회 트렌드와 소비자들의 성향에 주목해 팩키징에 반영하고 있기 때문이다. 패키징 디자인은 제품과 소비자와의 첫 만남에 중요한 역할을 한다. 때문에 패키징 디자인은 짧은 시간 안에 첫인상을 좋은 이미지로 전달하고 제품이 가진 기능과 특징을 효과적으로 커뮤니케이션할 수 있어야 한다. 까다로운 소비자의 시선을 사로잡기 위해 소재선택에서부터 형태디자인을 포함해 저마다 개성 있는 표현을 패키징 디자인에 담아내고자 한다.

지난봄에 필자는 브랜드디자인컨설팅 자문차 중국의 다시마전문 식품기업을 방문했었다. 이곳은 다시마 하나로 연 2조의 매출을 올리고 있었는데, 현재 사용하고 있는 제품의 패키징 디자인에 변화를 주고 싶어 했다. 자국 내에서 유통하는 데는 큰 문제가 없었지만 해외 수출을 앞두고 전반적으로 변화가 필요하다는 것이 기업의 입장이었다. 대표상품의 패키징 디자인에는 첫째, 내용물이 무엇인지 전혀 알 수가 없도록 되어 있다는 점. 둘째, 중국어로만 표기되어 있어 자국민이라 할지라도 글을 모르거나 중국어를 모르는 외국인은 전혀 읽을 수 없도록 되어 있다는 점. 셋째, 타깃을 고려하지 않고 용도에 적합하지 않은 팩키징 용기라는 점. 이렇게 개선해야할 내용을 크게 3가지로 요약해 볼 수 있었다.

전체적으로 환경, 기술, 디자인 트렌드 측면에서의 환경 분석과 현재 대표상품 패키징 디자인이 가지고 있는 문제점을 통해 새로운 패키징 디자인에 반영할 전략방안을 도출하였다. 현재 대표상품의 패키징디자인의 문제점으로 도출한 3가지 사안에 대해 제시한 개선방안은 다음과 같다.

그림 4-7. HAIZHIBAO PREVIOUS PACKAGE DESIGN

첫째, 패키징에 '다시마'가 주된 내용물임을 알리는 다자인적 요소를 가미해서 확실한 제품의 아이덴티티를 부여한다.

둘째, 중국어로만 표기되어 있는 내용물에 대한 설명을 영어와 중국어를 혼용해서 간결하게 표기하고 맛 구별 등의 표기는 식별이 용이하게 아이콘화해서 표현한다. 그리고 조리법 표기의 경우에도 기존에는 표기 자체를 하지 않았는데, 이 또한 조리법 예시를 간결하게 이미지화해서 제품 사용을 용이하게 한다.

셋째, 튀각제품의 경우에는 젊은 층을 타깃으로 스낵시장에 진입을 계획하고 있기 때문에, 현재 사용하기 불편한 알루미늄 캔 뚜껑이 장착된 용기를 앞으로 젊은 층에서 언제 어디서나 캐주얼하게 즐길 수 있도록 스탠드파우치 형태로 변경하는 것이 용도에 보다 더 적합할 것으로 판단된다.

그림 4-8. HAIZHIBAO NEW PACKAGE DESIGN

이 식품기업의 경우만 보도라도 자사 제품의 우수한 품질을 자랑하면서도 현재의 패키징디자인에 한계가 있음을 너무나도 잘 인지하고 있었다. 그래서 무엇보다 디자인의 중요성을 실감함으로써 이를 실천에 옮기기 위해 노력하고 있는 것이다. 이처럼 기업의 입장에서 보면 제품의 품질향상도 중요하고 히트상품 개발도 중요하다. 하지만 기술은 점점 더 상향평준화 되고 있고 동일 종류의 다양한 상품들이 하루가 다르게 대량으로 쏟아져 나오고 있는 현실에서 이를 효과적으로 전달하는 방법인 디자인에서 승패를 가리는 키가 있다는 것은 부인할 수 없다. 그 중심에 바로 디자인이 있다.

이러한 현상은 농업의 경우에도 다르지 않다. 농산물의 경우도 공급과잉은 마찬가지다. 농업기술의 발전과 싸고 다양한 수입농산물들을 쉽게 접할 수 있기 때문이다. 오로지 최상의 품질과 맛으로 승부를 걸어왔던 그동안의 농산물 마케팅에도 이제 방법을 달리해야할 때가 온 것이다. 요즘 농식품 패키징을 보면 예전과는 확실히 달라졌다는 것을 쉽게 발견할 수 있다. 톡톡 튀는 재미있는 아이디어 상품들도 눈에 띄고 마치 패션을 그대로 입혀 놓은 듯 세련된 디자인도 눈에 띈다. 모두가 과거 농식품 패키징디자인에서는 상상도 못할 일들이다. 대부분이 천편일률적인 포장지에 담기기 일쑤였으니 말이다. 이제 '강원도 감자', '제주도 귤', '가평 잣'처럼 '지역대표특산물=농산물'만으로 승부를 걸기엔 뭔가 부족하다는 것을 모두가 알고 있다. 농산물이라서 세련될 필요가 없다는 것은 더 이상 통하지 않는 얘기가 됐다. 소비자에게 좀 더 감성적으로 다가가고 진정성 있는 이야기를 들려줄 수 있는 살아있는 패키징 디자인이 필요하다. 그동안 디자인과는 거리가 멀다고만 생각했던 농산물의 패키징디자인 과연 어디까지 왔는지 몇몇 사례를 통해 만나본다.

재래시장에서 고등어 한 마리를 주문하면 포장으로는 늘 검은 비닐봉지에 담아 주기 일쑤였다. 마트에서도 크게 다르지 않다. 다만 좀 더 정돈된 느낌일 뿐이다. 이런 획일적이고 밋밋한 옷을 벗고 산뜻한 옷을 갈아입은 수산물이 있다. 누군가에게 선물하고 싶은 마음이 들 정도로 말이다. 수산물 브랜드 피쉬앤피쉬Fish n Fishy는 먹기 쉽게 손질한 냉동생선에 현대적인 감각의 디자인을 접목했다는 새로운 시도에 관심을 받았다. 평범하지 않는 컬러풀한 색상이 먼저 눈길을 사로잡고 바다 물결을 연상시키는 패턴이 모던하고 세련된 느낌을 준다. 이 패키지의 가장 큰 특징은 디자인의 변화 이외에도 주 소비층의 소비 트렌드를 겨냥해서 구성품까지 신경 썼다는데 있다. 간편하게 손질된 소포장 규격, 덤으로 구성된 취향대로 고를 수 있도록 다양하게 준비된 시즈닝 파우더, 소중한 이들에게 선물하고 싶게끔 구성된 기프트 세트까지 1인 가족증가와 이에 따른 간편 식

그림 4-9. 피쉬앤피쉬 패키지, 이미지출처: www.eloquence.co.kr

그림 4-10. 파파사과 패키지, 이미지 출처:www.farmersparty.co.kr

품에 대한 수요가 증가하고 있는 추세에 맞춘 세심한 노력이 엿보이는 부분이다.

'산 좋고 물 좋고 공기 좋은 천혜의 자연환경에서 일교차가 크고 일조량이 풍부한 덕에 빛깔이 곱고 당도가 높으며 육질이 단단하고 씹는 맛이 좋아 풍미가 뛰어날 뿐만 아니라 영양까지 만점입니다. 아침에 이거 하나면 의사가 필요 없어요.'

자, 여기까지는 어디서 한번쯤은 봄직한 평범하기 짝이 없는 사과 홍보에 지나지 않는다. 사과로 좀 알려진 곳이라면 어디에나 해당되는 소개글이기 때문이다. 하지만 이 평범한 사과에 이름을 붙이고 옷을 입히는 작업을 한다면 얘기가 달라진다. 파파사과(FaPa Apple)는 기존의 지역 특산물 팩키징 디자인에서 흔하게 볼 수 있는 지역명도 인증마크도 하나 없이 오로지 파파사과 브랜드만을 보여주고 있다. 새하얀 화이트컬러 배경에 강렬한 레드컬러로 사과그림과 글씨가 심플하면서도 식욕을 자극하기에 충분하다. 그리고 이 디자인은 이야기

그림 4-11. 농부로부터 선물꾸러미 출처:www.fromfarmers.co.kr

하고 있다. 파파사과는 껍질째 먹어도 될 만큼 안전하고 한번 맛보면 잊지 못해 또 찾게 될 거라는 농부의 진솔한 마음을 말이다.

낙서처럼 보이는 글씨가 삐뚤삐뚤 써진 바닥, 정리된 듯 안된 듯 꾸며진 인테리어가 정겹기 그지없다. 식품매장에 들어온 건지 시골 장터에 온 건지 구별이 가지 않는 이곳은 전 쌈지 천호균 대표가 운영하는 유기농식품매장, '농부로부터'다. 전체적으로 편안한 매장분위기에 다소 소박함과 익살스러움마저 느껴진다. 꾸미지 않는 멋, 그래서 더 멋스러운 것. 우리 농산물과도 참 많이 닮았다는 생각이 든다. 패키지 디자인 역시 우리 농산물의 소박한 멋을 그대로 담아내고 있다. 성실함과 정직함이 그대로 느껴지는 글씨체에 그 어떤 화려한 컬러도 없는 오가닉스러운 디자인에서 포장 속 우리 농산물의 건강함이 전해져 온다.

Chapter 2

불편함과 촌스러움을 판다

■ 못난 사과의 꿈

나는 가슴이 막 뛰었어요. 내가 쓰레기통에 버려지지 않을 수 있는 마지막 기회라고 생각됐어요.

"응 그건 썩은 사과야. 그래도 괜찮니?"

"네. 괜찮아요."

"그럼 그냥 가져가거라."

"그냥요?"

"그래, 그래도 많이 썩지는 않았으니 먹을 만할 거다." 여자아이는 잠깐 망설이는 듯하더니 주인아저씨한테 다시 말했어요.

"아저씨, 그러면요 저 사과는 그냥 주시고요. 썩지 않은 사과 몇 개 주세요. 엄마가 제사상에 올릴 거래요."

사흘이 지나도 난이와 난이 엄마는 서로 미루고 나를 먹지 않았어요. 잘못하다가는 내가 너무 썩어 버려 아무도 먹을 수 없는 사과가 될 수도 있었어요. '이제 사과로 존재할 수 있는 시간이 얼마 남지 않았어. 나를 먹게 할 무슨 좋은 수가 없을까?' 나는 곰곰 생각해 보다가 문든 이런 생각이 들었어요. '그래, 맞아! 맛있는 향기를 내는 거야. 나를 먹지 않고는 배길 수 없는, 그런 사과 향기를 내는 거야.'

이 글은 우리에게 '외로우니까 사람이다'로 잘 알려진 정호승 시인의 동화책 '못난 사과의 꿈'에 나오는 이야기다. 주인공 못난 사과는 작고 못생겨서 사람들에게 인기가 없었다. 사람들이 사가지 않자 사과는 점점 썩어갔다. 눈이 소복이 내리던 어느 날, 드디어 못난 사과는 난이라는 소녀의 눈에 띄어 노점을 떠나게 되었다. 예쁜 사과들은 이모들이 다 먹어버렸지만, 못난이 사과는 며칠째 난이의 책상 위에 남아 있게 되었다. 이러다가 너무 썩게 되면 아무도 먹을 수 없게 될지도 모른다는 걱정에 못난 사과는 세상에서 가장 맛있는 사과

그림 4-12. 못난 사과의 꿈

향기를 내뿜는다. 난이와 엄마는 썩은 부분을 도려내고 반쪽씩 나눠 먹으면서 그 맛에 감탄한다. 사과로 태어난 이상 누군가 자신을 맛있게 먹어 주었으면 하는 바람이 꿈이었던 못난 사과는 기쁨에 겨운 채로 마지막 순간을 맞는다는 이야기다. 못난 사과 이야기는 비록 겉모습은 볼품없어도 마음속에 꿈을 간직하고 노력하며 살면 언젠가 바라던 바를 이룰 수 있다는 메시지를 전하고 있다.

꿈을 향한 희망의 메시지를 전하는 동화 속 못난 사과처럼 현실 농업에서도 못난이들의 고공행진이 우리 농업·농촌의 효자노릇을 톡톡히 해내고 있다. 솔직히 그동안 못난이 농산물들은 하나같이 미운오리새끼 취급을 받았던 게 사실이다. 외형이 매끈하지 못하고 울퉁불퉁하거나 여기저기 벌레 먹은 흔적이 있거나 멍들었거나 또 선명한 색을 갖지 못하고 흐릿해서 선택받지 못하고 버려지는 농산물은 해마다 농민들의 가장 큰 근심거리였다. '보기 좋은 떡이 먹기에도 좋다.', '이왕이면 다홍치마'라는 우리의 오래된 인식 때문에 누구나 생김새가 예쁜 농산물만 찾았으니 말이다. 겉모습이 좋으면 왠지 맛도 영양도 더 좋다고 생각했다. 아이러니 하게도 우리가 예쁜 농산물을 찾으면 찾을수록 못난이 농산물도 그만큼 늘어난다. 물론 본래 자연적으로 생산에서부터 못난이 농산물도 있고 태풍 등의 자연재해로 인해 흠집이 나서 못난이 농산물이 되는 경우도 있다. 이런 경우는 불가항력이지만 이 경우와는 다르게 유통과정에서 흠집이 나서 못난이로 전락하는 경우가 그보다 훨씬 더 많다. 일반적인 유통시스템이라면 산지를 떠나 우리의 식탁에 오르기 전까지 무수히 많은 선별과정을 거치고 거쳐야 하는 농산물의 운명이 못난이를 낳고 또 낳게 하는 결과를 초래하고 있는 것이다. 먼 길을 돌고 돌아 그나마 좋은 상태를 유지한 채로 소비자 가까이 접근했을 때, 동네

청과상에서 그리고 마트에서 예쁘고 잘 생긴 것을 사기 위해 들었다 놨다 해가며 요리조리 비교해 보느라 고르고 또 고르는 우리들의 손끝에서도 또 못난이들이 탄생하기 때문이다. 이렇게 선택받지 못한 못난이 농산물들은 한해 땀 흘려 지은 농민의 노고를 뒤로한 채, 그대로 밭에 묻히거나 울며 겨자 먹기로 헐값에 처분해야하는 애물단지 취급을 받기 일쑤였다.

그런데 이런 못난이들에게 드디어 그들의 꿈을 펼칠 수 있는 기회가 온 것이다. 전 세계가 못난이 농산물들을 다시 보기 시작했는데, 그 취지가 흥미롭다. 세계적으로 환경과 건강에 대한 관심이 커지면서 농약을 사용하지 않고 유기농법으로 재배한 건강한 먹거리에 대한 관심이 커지고 있는 추세다. 유기농법으로 재배한 농산물은 마치 기계로 찍어낸 모조품처럼 크기도 색깔도 고른 A급 농산물과는 달리 외형이 고르지 않은 모양을 하고 있다는 것이 알려지게 되면서 똑똑한 소비를 추구하는 현명한 소비자들이 많이 생겨나고 있기 때문이다. 또한 못난이 농산물이 맛도 영양도 절대 뒤지지 않고 비용 측면에서도 합리적이라는 것에 매력을 느끼고 체면보다는 실속을 챙기는 소비자들이 늘고 있는 추세도 이러한 현상에 영향을 미친 것으로 보인다. 이처럼 못난이 농산물이 인기를 끌게 되자 국내에서도 이들만 전문으로 판매하는 쇼핑몰이 등장하게 되었고, 기존 인터넷 쇼핑몰에서도 못난이 농산물만 묶어 별도로 분류해 판매하기 시작했다.

해외에서는 우리보다 먼저 이 못난이 농산물에 관심을 갖기 시작했다. 식량낭비라는 차원을 넘어 환경과 윤리적인 측면에서도 영향을 미치기 때문에 이로써 못난이 농산물을 소비해야 하는 타당한 이유를 공유하기 위해 노력하고 있다. 못난이 농산물은 단지 외형만 완벽한 형태를 갖추지 못했을 뿐이지 영양적인 면에서도 맛에서도 전혀 문제가 되지 않는다는 사실 또한 충분히 매력적인 대상이다. 유엔식량농업기구FAO(Food and Agriculture Organization of the United Nations에 따르면 세계 각국에서 버려지는 음식물의 3분의 1은 표준 규격에서 부족하다는 이유(외형이 울퉁불퉁하거나 벌레 먹은 농산물)로 수확단계에서 선별돼 버려지는 농산물이라고 한다.[2] 머지않은 미래에 식량부족사태의 심각성을 우리는 잘 알고 있기에 멀쩡한 먹거리를 이렇게 폐기처분한다는 것은 바람직하지 못하다. 매립지에 폐기처분된 못난이 농산물은 부패하여 메탄을 내뿜게 되는데, 알려진 것처럼 이 메탄은 이산화탄소보다 열을 가두는 힘이 21배나 높아 지구온난화에 심각한 영향을 미친다. 어차피 먹지도 않고 그냥 폐기처분할 못난이 농산물을 생산하기 위해 소비되는 막대한 물과 에너지는 또 어떤가. 지구 저편에서는 먹을 식량이 부족하고 마실 물이 마땅치 않아 힘든 하루하루를 보내고 있는데, 또 다른 지구 한편에서는 맛과 영양은 아무문제 없지만 단지 못생겼다는 이유로 외면당하고 있는 멀쩡한 농산물들을 폐기처분 하는 문제가 또 골칫거리라고 하니 이러한 불균형은 깊이 반성하고 행동해야할 부분이 아닐 수 없다. 다행히도 이를 바로잡고자 노력하는 사람들이 하나둘 생겨나면서 못난이 농산물도 하나의 고마운 먹거리로 인식하는 사회적 분위기가 차츰 조성되기 시작했다.

이러한 움직임은 가장 먼저 유럽을 시작으로 점차 세계 곳곳으로 확대되는 경향을 보이고 있다. 영국의 대형 유통업체인 테스코Tesco도 4년 전인 2013년부터 못난이 농산물ugly and misshapen fruit and veg

2 2014.7.31. 유엔식량농업기구(FAO) 발표자료

소비를 촉진하기 위한 캠페인에 동참했다. 페어쉐어FareShare[3], 푸드클라우드FoodCloud[4]와 같은 자선단체와 음식재분배에 대한 협약을 맺고 노숙자와 빈곤층의 자녀들을 대상으로 매년 3만 톤에 달하는 양을 기부하고 있다. 테스코에서는 기부 가능한 식자재에 대한 정보를 이 두 단체의 앱App을 통해 제공하고 있는데 필요한 이들에게 공급하고 있을 뿐 아니라 무분별 하게 낭비되는 음식물쓰레기를 줄이는데 기여하고 있다. 또한 앞서 'Part 2. 내 몸과 지구를 살리는 선택'에서 학교급식 개선에 앞장섰던 영국의 스타 쉐프 제이미Jamie Oliver가 지난해 영국의 대형 유통업체 아스다Asda와 함께 못난이 농산물의 소비를 촉진하는 캠페인wonky veg을 추진했는데, 이는 그동안 무차별적으로 버려졌던 먹거리에 대한 경각심을 일깨웠다. 많은 영국인들이 빈곤층을 위한 급식소인 푸드 뱅크에 의존하고 있는 사실을 잘 알고 있었던 제이미는 멀쩡한 과일과 채소가 폐기처분 되고 있는 현실을 반성하고 모양이 완벽하지 않은 대신 비교적 저렴한 가격에 맛과 영양에서는 전혀 손색이 없는 농산물들을 소비하도록 캠페인을 추진해 나갔다. 가디언[5]에 따르면, 영국 내 총 26종의 과채류 판매심의규정에 따라 모양과 크기에 어긋나면 판매자체를 불가능하게 했던 유럽연합의 조치가 폐지된 2009년까지 전체 생산량의 20~40%의 양이 해마다 버려지고 있었다는 사실이 알려지게 되었다. 이후 유럽연합은 2014년을 '식량 낭비를 막는 해A Year Against Food Waste'로 공표하고 더 이상 멀쩡한 식재료가 낭비되지 않도록 캠페인을 추진했다.

3 기아와 음식물 쓰레기 관련한 NGO, 영국음식재분배단체(UK Food redistribution charity)
4 아일랜드 사회적 기업
5 1821년에 창간된 영국의 대표적인 진보성향의 신문

프랑스의 경우도 크게 다르지 않았다. 2014년 대형슈퍼마켓 인터마르셰Intermarché는 '못난이 과일과 채소'를 의미하는 'Les Fruits & Légumes Moches' 캠페인을 통해서 그동안 정해놓은 모양과 크기라는 외형의 기준에 맞지 않다고 해서 버려졌던 먹거리에 대한 소비자들의 인식을 바꾸려 노력했다. 캠페인 무료시식에서 직접 못난이 과일과 채소를 접한 소비자들은 정상상품들과 비교했을 때 맛에는 전혀 차이가 없음을 직접 확인할 수 있었다. 맛과 영양에는 아무 문제가 없는 못난이 농산물들을 30% 더 저렴한 가격에 만나볼 수 있는 기회가 소비자들의 관심을 끌게 되었고 나아가 못난이 농산물에 대한 인식을 바꿀 수 있는 계기를 마련하게 되어 결국 구매선택으로까지 그들의 마음을 움직이는 결과를 이끌어 낼 수 있었다. 무료시식회와 더불어 인터마르셰는 못난이 농산물의 1차 생산물뿐만 아니라 2차 가공품까지 만들어 'Les Fruits & Légumes Moches'라는 자체 브랜드를 만들어 판매한 결과, 첫 이틀 동안 매장 한 곳당 거의 매진에 가까운 1.2톤의 양을 판매하는 기록을 세웠다고 한다. 캠페인을 통해서 그동안 무분별하게 버려진 음식물 쓰레기양이 확연히 줄어들게 되었고 외적인 잣대로만 평가했었던 상품에 대한 인식을 바꾸는 계기를 갖게 되었다.

푸드 디자이너 까자스터아이저스Katja Gruijters의 "mooi van nature" 프로젝트도 이와 같은 맥락의 움직임이라고 볼 수 있다. 네덜란드 출신의 그녀는 자연 그대로의 모습에 가치를 두자는 취지의 행사를 개최했다. 개성 있는 생김새를 한 채소를 있는 그대로 전시해 놓기도 하고 이를 건조시키거나 가공처리해서 행사 참가자들이 직접 맛볼 수 있도록 했다. 그녀 역시 이런 못난이 농산물을 자연 그대로의 아름다움을 인정한다면 우리의 삶이 지속가능한 발전을 이룰 수 있다고 메시지를 전하고 있다.

못난이 농산물에 대한 유럽의 이러한 움직임은 미국으로까지 확산되었다. 임퍼펙트 프로듀스Imperfect Produce는 못난이 농산물만 전문적으로 취급하는 곳인데, 레일리즈Raley's, 홀푸드Whole Foods와 함께 '쓰레기 제로zero waste'를 목표로 못난이 농산물 판매촉진을 위해 애쓰고 있다. 자이언트 이글Giant Eagle의 경우도 마찬가지로 못난이 농산물을 할인된 가격에 판매함으로써 캠페인에 동참하고 있다. 슈퍼마켓, 식료품 업체 외에 레스토랑도 캠페인을 함께 했다. 블루힐Blue Hill과 스위트그린Sweet Green은 셰프 댄 바버Dan Barber와 손을 잡고 'westED'라는 프로그램을 진행했다. 못난이 농산물이나 일반적으로는 잘 사용하지 않는 부위들(보통은 버려진다)을 사용해서 멋진 요리로 선보임으로써 음식물 쓰레기도 줄이고 못난이 농산물에 대한 인식을 바꾸는데도 영향을 주었다.

캐나다도 마찬가지다. 이곳 역시 대규모 슈퍼마켓 체인인 로블로Loblaw에서 'No name naturally imperfect' 라인을 출시해 못난이 농산물을 일반 상품보다 30% 할인가에 판매하고 있다.

못난이 농산물 소비 촉진 캠페인은 아시아에서도 예외는 아니다. 가까운 일본에서도 로컬푸드 운동으로 유명한 메케몬 히로바(廣場)가 그 역할을 제대로 해내고 있다. 와카야마현 기노카와시에 위치한 이곳은 일본에서 농산물 직매장 판매 1위를 기록하고 있는 잘 알려진 곳이다. 특히 작은 규모로 농사를 짓는 농부들에게는 좋은 판로 역할을 해 주고 있다. 다른 곳에서는 울퉁불퉁 못생겨서 외면당하기 일쑤인 못난이 농산물들이 이곳에서는 인기 상품으로 날개 돋치듯 팔린다. 못난이 농산물이 맛과 영양에는 전혀 문제가 되지 않는다는 사실을 소비자들이 익히 잘 알고 있기 때문이다.

국내에서도 못난이 농산물에 대한 관심이 커지고 있다. 기존 상품의 등급을 매기는 평가기준으로만 본다면, 못난이 농산물의 상품가치가 떨어지는 것은 분명한 사실이다. 하지만 맛과 영양에는 하등의 문제가 없다는 사실 또한 잘 알고 있다. 해외의 경우처럼 국내 또한 못난이 농산물을 여러 가지 방법으로 판매를 시도하고 있다. 일반상품에 비해 할인된 착한가격으로 제공하는 방법에서부터 스토리텔링을 통해 리사이클링Recycling해서 판매하는 방법과 완전히 다른 새 상품으로 업사이클링Upcycling[6]해서 판매하는 방법으로까지 계속해서 진화하고 있는 모습이다.

파머스페이스는 못난이 농산물로 틈새시장을 개척한 대표적인 사례로 꼽힌다. 이곳은 대형마트로 나가지 못하는 B급 농산물을 수매해 온라인으로 저렴하게 판매하거나 부산에서 직접 운영하고 있는 카페에서 생과일주스로 가공해 판매하고 있다. 이러한 사회적 기업 외에도 인터넷 쇼핑몰에서도 못난이 농산물만 전문적으로 판매하는 온라인 사이트도 증가하고 있다.

경기가 좋지 못한 상황에서도 못난이 상품의 인기가 꾸준한 이유는 어쩌면 당연한 이치인지도 모른다. 소비자는 맛과 영양 면에서 전혀 손색없는 상품을 싼 가격에 살 수 있어 좋고 농가는 새로운 유통 판로를 통해 추가 소득을 얻는 효과를 거둘 수 있기 때문이다. 못난이 농산물 판매 캠페인은 이처럼 소비자에게는 경제적인 혜택을 줄 수 있고 또 농가에게는 이익 증대, 상인에게는 판매 증가와 음식물 쓰레기 감소라는 혜택을 줄 수 있다.

여기에 하나를 덧붙이고 싶다. 더 이상 못난이 농산물을 '못난이'

6 업사이클링은 기존에 버려지는 제품을 단순히 재활용하는 리사이클링 차원을 넘어 디자인 등을 통해 새로운 가치를 창출하여 새로운 제품으로 재탄생시키는 것을 의미함

라는 이름에 가둬둘 것이 아니라 날개를 달아보는 것 말이다. 일반 농산물의 경우에서도 입증되었듯이 1차 농산물은 가공품으로 거듭날 때 상상이상의 무한한 가치를 창출할 수 있다. 이와 마찬가지로 못생긴 외형을 가공이라는 수단을 통해 충분히 아름다움을 갖출 수 있다. 맛과 영양에서 전혀 문제가 되지 않는 미운 오리새끼는 가공이라는 예쁜 옷을 입고 백조로 다시 태어날 수 있다. 이렇게 되면 맛과 영양에 멋진 외모까지 갖추는 셈이 되니까 몸값도 몇 배로 뛰게 된다. 여기에 정직한 브랜드 스토리가 더해진다면 금상첨화! 여기서 중요한 건 조금 못생긴 외형을 가진 대신 맛도 영양도 안전도 그 어느 것 하나 빠지는 것 없이 완벽해야만 한다는 것 잊지 말아야 한다.

못 생긴 것은 조금 다른 것일 뿐이고 조금 다르게 생긴 것은 못생긴 것이 아니라 개성이라는 것! 그래서 특별하다는 것! 이렇게 되면 버려지는 것이 아니라 그 가치를 제대로 인정받을 수 있다. 오늘부터 우리 밭에 있는 못난이들에게 소중한 이름과 그들만의 이야기를 만들어 주도록 하자.

■ 불편함을 찾는 사람들

세상은 점점 편리한 것에 초점을 맞춰 무서운 속도로 변해가고 있다. 버튼 하나로 모든 것을 해결하는 삶에 모두가 익숙해져 있다. 그래서 생각과 몸에 익은 이러한 생활패턴에서 조금이라도 비켜나면 불편함을 호소하기도 한다. 그런데 편리함에 편리함을 더해 조금 더 편리하게를 병적으로 외치던 이들이 오히려 불편함을 찾아 나서고 이를 체험하기 위해 기꺼이 지갑을 열고 있으니 참 아이러니한 광경이 아닐 수 없다. 인류의 편리함을 위해 빠르게 변하고 있는 세상 속에서 이에 역행이라도 하듯 불편함을 찾아 떠나는 사람들이 늘어나는 이유는 무엇일까. 그들은 '불편함'에서 무엇을 찾고 있는 것일까.

그림 4-13. 곡성

표준국어대사전에 '불편'이라는 단어를 찾아보면, 뜻은 이렇다.

① 어떤 것을 사용하거나 이용하는 것이 거북하거나 괴로움.

② 몸이나 마음이 편하지 아니하고 괴로움.

③ 다른 사람과의 관계 따위가 편하지 않음.

일반적으로 '불편'이라는 단어는 표준국어대사전에서 말하는 것처럼 긍정적이라기보다는 다소 부적적인 의미가 다분하다. 물론 불편한 것에도 정도의 차이는 존재한다. 치명적인 불편이 아니라면, 이를 통해 더 큰 가치가 자신에게 주어진다면 아주 다른 얘기가 된다. 이 부분 역시 현대인들의 성향과 밀접한 관계가 있어 보인다. 남과 다른 것을 추구하고 자신만의 취향을 존중받길 원한다. 그래서 아주 어렵게라도 구할 수만 있다면 시간, 노력, 비용을 아낌없이 투자해 얻으려고 애쓴다. 불편하지만 남과 다른 희소성이 있는 경험에서 얻는 만족도는 쉽고 빨리 얻는 것에 대한 만족도에 비교할 수 없을 만큼의 더 큰 가치를 매기기 때문이다. 이러한 현상은 개인의 생활패턴뿐만 아니라 문화, 예술, 스포츠, 사회, 경제를 막론하고 전 분야에서 적잖이 나타나고 있다.

불편함을 즐기는 가장 좋은 예는 바로 캠핑이 아닐까 싶다. 지금은 캠핑인구 500만 시대, 바야흐로 캠핑의 시대라고 해도 과언이 아니다. 현재 전국에서 운영되고 있는 캠핑장 수가 무려 1,200개에 달하며 그 시장은 6,000억 원이 넘는 규모라고 한다.(문화체육관광부) 패션업계에 아웃도어 브랜드가 차지하는 비중이 점점 더 높아지고 있고, 각종 캠핑용품이 하루가 다르게 출시되는가 하면 식품분야에서도 야외에서 손쉽게 조리가 가능한 간편식이 불티나게 팔리고 있는 현상이 이러한 사실을 충분히 설명해 주고 있다. 주말이라는 시간적 여유와 이동의 자유로움 그리고 점점 커지는 현실의 스트레스 무게가 캠핑의 인기를 더욱 가중시키고 있다. 놀라운 것은 캠핑이 전 국민적 사랑을 받게 되면서 편의시설을 다 갖추고 있어서 몸만 가면 되는 캠핑장도 많이 생겼지만 이렇게 편한 곳을 마다하고 구지 외진 곳으로 떠나는 이들이 많이 생겨나고 있다는 사실이다. 이들을 가리켜 전기를 쓰지 않는 캠핑족이라고 해서 언플러그드 캠핑족이라고도 부른다. 불편을 감수해서라도 불편함이 주는 낭만과 여유라는 아날로그적 감성으로 자연을 제대로 즐기겠다는 게 이들이 추구하는 캠핑의 취지다. 전기가 없기 때문에 불편한 점이 한두 가지가 아니지만 그것마저도 이들에겐 소중한 추억이 된다. 덕분에 북적이는 캠핑촌에서는 누릴 수 없는 고요함을 즐길 수 있고 동행자들과 더 많은 시간을 함께 보낼 수도 있으며 자신에게 진정한 휴식을 줄 수도 있다. 인천에서 1시간가량 배를 타고 덕적도 진리 선착장에 도착하면 거기서 다시 배를 갈아타고 2시간 남짓 더 들어가면 세상과는 단절된 것만 같은 신세계를 만날 수 있다. 간월재, 선자령과 함께 국내 백팩킹의 3대 성지로 알려져 있는 굴업도가 그 주인공이다. 그 가치를 입증이라도 하듯 접근 자체도 참 만만치 않은 곳이다. 지금은 많이 알려진 탓에 주말 같은 경우에는 몇 달 전에 배표를 예약해야할 정도로 명소가 되었다. 벌써 오래전부터 백팩커들 사이에서는 '한국의 갈라파고스'로 통할 정도로 신비롭고 비밀스러운 곳으로 이름난 곳이다. 그들에게 왜 굴업도를 잊지 못하고 다시 찾게 되는지를 물으면 하나같이 아름다운 밤하늘에 대한 추억을 그 이유로 꼽는다.

그림 4-14. 몽골 밤하늘, Leah Kennedy, Ullanbaator

필자는 캠핑 마니아는 아니지만 오지를 찾아 떠나는 이들의 마음을 조금은 알 수 있을 것 같다. 배낭을 메고 떠날 순간만을 떠올리며 일주일 내내 금요일 퇴근시간이 오기만을 학수고대하는 사람들. 무엇이 그토록 그들로 하여금 오지를 찾아 떠나도록 열망하게 만드는지 말이다. 지난 9월에 필자는 농업컨설팅 차 몽골로 출장을 갔다. 다르항Darkhan에서 일정을 마치고 다시 울란바토르Ulaanbaatar를 향해 이동하고 있었다. 늦은 시간이라 사방이 온통 암흑 천지였고 간간히 멀리서 라이트를 밝히는 차들만 확인될 뿐이었다. 긴 시간 운전을 하던 사람도 좀 쉴 겸해서 차를 한쪽에 세우고 모두 차에서 내렸다. 먼 거리를 하루 동안 오가면서 빠듯하게 일을 처리하느라 모두들 지쳐있는 상태였다. 팔다리를 스트레칭하면서 우연히 하늘을 올라다 봤는데, 순간 한참을 아무 말도 할 수가 없었다. 학창시절 호주 배낭여행 중에 사막 한가운데서 올려다 본 밤하늘이 이보다 더 아름다웠을까. 탄식이 절로 나왔다. 그물로 저 많은 별들을 걷어낼 수 있을까. 까치발을 하고 팔을 힘껏 뻗으면 닿을 것만 같았다. 빼곡히 들어서서 반짝반짝 빛을 발하는 이 수많은 보석들은 대체 어디서 온 걸까. 마치 말을 걸어오는 것만 같아 숨죽여 귀를 기울이느라 숨조차 쉴 수가 없었다. 그렇게 한참을 멍하니 보고만 있다가 가족들에게도 보여주고 싶은 마음에 휴대폰을 꺼내 담아보지만 이 순간이 마치 거짓말인 것처럼 휴대폰 카메라로 담아내기엔 역부족이었다. 한여름 밤의 꿈처럼 말이다.

올해도 어김없이 대학수학능력시험이 다가오나 보다. 팔공산 갓바위에는 수능을 앞둔 수험생의 합격을 기원하는 이들로 장사진을 이루고 있는 걸 보면 말이다. "사업번창", "합격기원", "취업성공", "결혼", "건강기원", "득남" ... 저마다 염원을 담아 기도를 한다. 갓바위까지 끝도 없는 돌길을 오르고 오르자면 온몸은 이미 땀으로 범벅이 되기 일쑤다. 그런데 특이한 것은 앞만 보며 길을 걷는 이들의 표정은 하나같이 지쳐있기보다는 평화롭기만 하다. 실제로 이곳을 다녀가고 소원성취한 사람들의 사연이 전해지면서 절실한 마음으로 이곳을 찾는 사람들은 해를 거듭할수록 많아진다. 갓바위까지 이어진 돌계단 1,300~1,400개(오르는 이들마다 의견이 다르다)를 오르는 시간동안 되새김질 하게 되는 그 간절한 마음이라면 이루지 못할게 없다는 생각이 든다. 아마도 이곳을 찾는 이들은 '불편함'이라는 어려

그림 4-15. 컬러링북

운 고행을 통해서 자신과의 싸움에서 이기는 법을 터득하고 더불어 마음의 평화를 얻고 있는 게 아닐까.

언제부턴가 시간이 오래 걸리고 수고스럽더라도 손수 만드는 DIY[Do It Yourself]가 유행처럼 확산되기 시작했고 인기몰이를 하게 되면서부터 본격적으로 DIY산업이 각광을 받게 되었다. 셀프 인테리어는 물론이고 각종 소품들, 가구, 차 튜닝, 옷, 가방 등 분야도 다양하다. DIY에 열광하는 이들은 시간과 비용과 수고로움이 드는 불편함을 경험하기 위해 조금의 망설임도 없이 지갑을 연다. 나만의 무언가를 위해서 그 정도의 불편함은 기꺼이 감수한다는 생각이다. 세계적으로 DIY 열풍을 일으켰던 이케아[IKEA]가 드디어 2014년 12월 한국에도 오픈하게 되면서 그동안 해외직구로만 구입할 수 있어서 아쉬웠던 국내 이케아팬들에게는 굉장한 희소식이었다. 패션분야도 획일화된 기성품 보다는 시간이 오래 걸리더라도 직접 고르고 디자인해서 자신의 기호에 맞춘 나만의 향수, 나만의 쥬얼리, 나만의 백을 선호하고 있다. 이는 타인과 다른 '나'의 가치를 인정받고 싶어하는 현대인들에게 나타나는 성향과 무관하지 않다.

지난해 모든 서점에서 가장 인기 있는 아이템은 책이 아닌 컬러링북Coloring Book이었다. 때 아닌 색칠공부가 서점가를 뒤흔든 것이다. 대형서점에 들어서면 신간코너보다 컬러링북을 고르는 사람들을 더 쉽게 볼 수 있었다. 유럽에서 먼저 시작된 컬러링북 열풍은 2014년 「비밀의 정원」이 국내에서도 출간되어 소개되기 시작하면서 드라마 '프로듀사'의 신디 컬러링북으로 알려지게 되었고 이후 선풍적인 인기몰이를 하게 되었다. 복잡하게 구성된 도안을 들여다보고 있노라면 이걸 채워가는 과정이 스트레스와 우울증을 완화하는데 과연 도움을 줄 수 있을까 하는 의아한 생각마저 든다. 하지만 컬러링북을 경험해본 이들은 수십 가지의 색열필로 그 촘촘한 도안을 완성하고 있노라면 근심걱정과 잡다한 생각은 어느덧 멀리 날아가고 오로지 도안에만 집중할 수 있다고 말한다. 그렇게 한 페이지를 완성하면 일종의 성취감과 보람을 느끼게 되면서 정신적으로 자기만족에 이르게 되는 효과가 있다는 것이 전문가들의 의견이다. 아마도 그들은 이러한 효과가 주는 끌림 때문에 그 수고로운 불편함을 마다하지 않는지도 모른다.

충북 보은에 자리 잡고 있는 선애빌이라는 마을에는 '전기 없는 체험의 날'이라는 체험프로그램을 운영한다. 전기 없는 생활은 아주 잠시라도 상상조차 할 수 없지만, 이곳을 찾는 이들은 그래서 오히려 더 좋다는 이해할 수 없는 말을 한다. 이곳에서는 우리가 늘 편리하게 누리던 것들이 제한된다. 전기불도 TV도 인터넷도 사용할 수 없지만, 덕분에 생각하는 시간이 많아지고 그동안 무분별하게 남용한 에너지의 소중함도 알게 되며 또 자연과 많은 시간을 보내게 되면서 자연스레 감사하는 법도 배우게 된다. 일상의 불편함을 통해 미처 깨닫지 못했던 소중한 것들의 가치를 제대로 알 수 있기에 불편함은 어느새 사소한 것이 된다.

좀 더 편한 생활을 위해 더 많은 기술이 빠르게 발전하고 있지만, 아이러니하게도 사람들은 '불편함'을 찾아다니며 시간과 비용을 기꺼이 지불하고 있다. 불편함을 감수해서라도 그 뒤에 주어지는 경험적 가치가 훨씬 더 의미 있다고 생각하기 때문이다. 우리 농업·농촌에서도 이 '불편함'을 어떻게 상품화 할 수 있을지를 끊임없이 연구해야 한다. 그래서 예전처럼 단순한 농촌체험에만 그칠 것이 아니라 불편하기 때문에 그 가치는 두 배가 되는 무언가를 찾아야 한다. 불편함이 오히려 매력요소가 되도록 말이다.

■ 다시 쓰는 村스러움

언제부턴가 촌스러움이 여기저기서 판을 치고 있다. 특이한 것은 이전에 알고 있던 의미의 '촌스러움'이 아니라는 사실이다. 국립어학원에서 말하는 '촌스럽다'는 '어울린 맛과 세련됨이 없이 어수룩한 데가 있다.'이다. 다시 말해 유행에 뒤쳐져 세련되지 못함을 일컫는 말, 바로 우리가 익히 알고 있는 '촌스러움'의 의미다.

90년대 인기를 누렸던 틴트 선글라스가 레트로 열풍에 힘입어 재등장하고, 한때 패션테러리스트들이라고 지적받기 일쑤였던 발목양말에 힐과 샌들의 매치가 아무렇지 않으며 DJ가 있는 뮤직 박스와 추억의 도시락 집에 사람들이 즐비하고 그때 그 시절의 추억을 새록

그림 4-16. 추억의 도시락

새록 떠올리며 향수에 젖게 만든 드라마 '응답하라'시리즈가 흥행을 하는 등 온통 복고열풍이라고 해도 과언이 아니다. 점심식사를 하러 무작정 들른 식당에서 밥그릇이 아닌 양은 도시락에 계란 프라이 하나 올린 밥이 그저 신기했다. 필자의 학창시절에는 비록 구경할 수 없었지만 함께 점심식사를 하던 분들은 그때 그 시절 교실 난로에 올려놓았던 추억의 양은도시락에 얽힌 기억이 떠오른다며 한마디씩 하셨다.

이제 '촌스러움'은 '어수룩하다'는 의미가 아니라 긴 시간을 함께 해온 따뜻함과 정겨움, 여유로움이 묻어나는 의미로 받아들여지고 있는 거다. 이러한 인식의 변화에는 지난 2008년~2009년 진행되었던 캠페인도 크게 한몫했다고 볼 수. 지난 2008년 농림축산식품부에서 시작한 '촌(村)스러워서 고마워요' 캠페인이 바로 그 주인공. 이

캠페인은 우리가 잊고 있었거나 혹은 미처 알지 못했던 농어촌의 가치를 새롭게 발견하고 도시와 농어촌을 하나로 거듭나게 한다는 취지로 진행되었는데, 그동안 다소 부정적인 의미로 쓰였던 '촌스럽다'라는 말을 희망적이고 미래지향적인 의미로 재정립하자는 취지의 범국민캠페인이었다. 결국은 우리의 농어업과 농어촌의 중요성과 가치에 대해 제대로 알고 동시에 도농을 하나로 거듭나게 하자는 것이다.

그림 4-17. tvN 삼시세끼

촌스러움의 인기는 TV 방송에서도 확연히 들어났다. 모든 것이 바쁜 도심을 위주로 돌아가는 우리사회에서 전국 방방곡곡 농어촌 구석구석을 찾아다니는 방송 프로그램의 때 아닌 인기가 신기하고 놀랍기까지 하다. 1980년에 처음 시작한 KBS 1TV '전국노래자랑', 1991년부터 계속해서 방영해 오고 있는 KBS 1TV '6시 내고향', 지금은 종영된 프로그램이지만 방영당시 시청률 20%로 고공행진을 누렸던 MBC '아빠 어디가', tvN '삼시세끼', KBS 2TV '1박 2일' 최근 방송가는 프로그램 분야에 상관없이 '농촌'이라는 소재에 집중하고 있다. 누구나 한번쯤은 농촌에서의 여유로운 삶에 대한 로망을 가져봤을 것이다. 정신없이 돌아가는 도시생활과는 다르게 드넓게 펼쳐진 산과 들 그리고 푸른 하늘이 한데 어우러져 브라운관을 통해 전해지는 여유 있는 농촌의 전경을 그저 보고 있는 것만으로도 마음이 편안해지고 훈훈해진다. 이는 필시 촌스러움이 가진 힘 때문일 것이다. 그림

같이 펼쳐진 '아름다운 풍경'과 '여유로움' 단지 이것만이 농촌을 주제로 한 프로그램의 매력 전부는 아니다. 이들 프로그램들의 공통점 가운데 하나는 우리가 매일 먹는 음식이 어디서 어떻게 오고 만들어지는지에 대한 모든 과정을 보여주고 있다. 도시에서 생활하는 이들은 매일 접하는 밥상 위 찬들이 어디서 어떻게 왔는지 또 어떻게 만들어졌는지 인지하지 못하고 지내 온 게 사실이다. 한 끼를 해결하는데 뭘 저렇게까지 고생을 해야 하나 싶다고 생각하는 이들도 있겠지만, 시청자 대부분은 아마도 식재료를 직접 재배하는 일부터 손수 손질해서 요리하는 오랜 기다림 끝에 얻게 된 음식의 소중함을 새삼 느끼게 되면서 농업·농촌의 가치도 더불어 전달받고 있는 셈이다.

이렇게 TV 속 전원생활을 통해 꿈꿔온 농촌생활을 대리만족하는 이들이 있는가 하면 '촌스러움'이 좋아서 직접 농촌으로 뛰어들어 실천하는 삶을 사는 이들도 최근엔 눈에 띄게 많아졌다.

충남 홍성군 장곡면에는 농촌을 사랑하는 젊은이들이 모여 '젊은협업농장'을 일구고 있다. 2011년 세 명으로 시작한 '젊은협업농장'은 주로 유기농 쌈채소를 생산하고 있다. 홍동면에 위치하고 있는 풀무농업고등기술학교 교사와 그의 제자 둘이 모여 인근 장곡면에 자리한 200평 남짓한 하우스에서 쌈채소를 재배하기 시작하기 시작한 것이다. 이곳에서 '젊은협업농장'이라는 협동조합을 설립하고 조합원을 모으기 시작해 지금의 젊은협업농장을 만들었다. 이곳에서 생산하는 쌈채소의 대부분은 지역 내 생협으로 납품하고 있고 나머지는 직판하거나 전국 소비자들에게 배송하는 꾸러미사업 형태로운영하고 있다. 이곳이 가치 있는 또 하나의 이유는 이들처럼 귀농을 꿈꾸는 젊은이들에게 먼저 농촌을 경험하고 자립적으로 일어설 수 있도록 인큐베이팅하는 역할을 하고 있다는데 있다. 이 외에도

그림 4-18. 곡성

오직 철저한 신뢰와 정성으로 제대로 된 전통장을 고집하고 있는 고성군 개천면의 귀농부부, 삭막한 도시생활에 지쳐 다니던 건설 회사를 그만두고 완주군 삼례읍의 목수가 된 도시처녀와 홍대에서 15년 밴드생활을 청산하고 이곳에서 농사일을 하는 예술가까지 귀농·귀촌으로 농촌을 찾는 이들의 사연은 이렇게 가지각색이다.

이처럼 자연을 위대한 스승으로 여기며 농촌다움이 그저 좋아서 농촌을 찾는 이들이 해를 거듭할수록 많아지고 있다. 우리 농촌에 대한 그동안의 인식이 바뀌고 있다는 것을 곳곳에서 확인할 수 있다. 이제 '촌스러움'은 세련되지 못하다는 말의 반대말이 아니라 농촌에서만 느낄 수 있는 정겨움과 따뜻함, 여유로움이 묻어나는 매력적인 말이라는 것을 잊지 말아야겠다. 또한 분명한 것은 그동안 모두가 무턱대고 중요하다고 여겼던 '성공'이라는 두 글자를 내려놓고 삶의 진정한 '행복'을 찾고자하는 이들이 많이 생겨나게 되면서 우리 농촌이 희망의 땅으로 다시 활기를 찾고 있다는 것이다.

Chapter 3

농업한류를 꽃피우다

■ 맛, 멋, 흥이 있는 우리 술의 飛上

"천제의 아들 해모수가 하백의 세 딸이 청하(압록강)의 웅심연(雄心淵)에서 더위를 피하는 것을 보고 반해 새 궁전을 짓고 세 처녀를 초대해 술을 대접했다. 그 중 유화와 정이 들어 후에 주몽을 낳았고, 이 사람이 훗날 고구려를 세운 동명성왕이다."

제왕운기(帝王韻紀)[7]

"수로왕에게 제사를 지내기 위해 요례(醪醴)를 빚었다."

가락국기(駕洛國記)[8]

7 1287년(충렬왕 13) 이승휴가 7언시와 5언시로 지은 역사책

8 고려 문종 때 금관지주사(金官知州事)의 저술

"응신 천왕 때(270~312년) 백제사람 인번이 일본으로 건너가 청주 제조기법을 전수하였다."

고사기(古事記)[9]

"『양무여하동행기(梁武與賀東行記)』에 말하기를 단도(丹徒)에 고려산(高麗山)이 있는데 전하는 바에 의하면 옛날 고구려 여인이 이곳에 왔을 때 동해신(東海神)이 술을 가지고 와서 그 여인을 맞이하고자 하는데 이에 응하지 않자 노한 동해신이 술동이를 뒤엎어 버리니 술은 곡아호(曲阿湖)에 흘러 들어갔다. 그래서 곡아주(曲阿酒)는 맛이 좋다."

태평어람(太平御覽)[10]

"한잔의 신라주의 기운이 새벽바람에 사라질까 두렵구나(一盞 新羅酒 浚晨恐易銷)."

해동역사(海東繹史)[11]

"주류 문화와 예주 문화의 보편화로 감주(甘酒)와 점감주(粘甘酒)가 공식 연회 석상을 지배하였으며, 전통탁주인 이화주(梨花酒)와 함께 궁중의 양온 좌고(良醞左庫)에서는 청주(淸酒)와 법주(法酒)가 빚어졌고, 질항아리에 넣어 명주로 봉해서 저장해 둔다. 서민 사회에서는 막걸리가 보편화되었다." "고려인은 맛이 박하고 빛깔이 짙은 술을 마신다", "잔치 때 마시는 술은 맛이 달고 빛깔이 짙으며, 사람이 마셔도 별로 취하지 않는다."

고려도경(高麗圖經)[12]

9 일본 나라시대[奈良時代] 초기에 편찬된 천황가(天皇家)의 신화

10 중국(中國) 송(宋)나라 때의 시문집(詩文集)

11 조선후기 실학자 한치윤이 단군조선으로부터 고려시대까지의 역사를 서술한 책

12 1123년(인종 1) 고려를 다녀간 송나라 서긍(徐兢 1091~1153)의 견문록으로 정식명칭은 『선화봉사고려도경(宣和奉使高麗圖經)』 전 40권으로 구성.

물, 당, 효모가 어우러져 빚어낸 자연의 산물이 바로 술이다. 인류는 언제부터 술을 접하게 되었을까. 술이 언제부터 시작되었는지에 대한 의견은 참 다양하다. 원숭이가 과일을 저장할 목적으로 갈라진 바위틈사이에 비축해 두었는데, 이것이 우연찮게 발효가 되면서 술이 된 것을 보고 인류가 이를 따라 하기 시작했다는 이야기. 최초의 인류가 포도나무를 심고 있는데, 악마가 찾아 무엇을 하고 있는지 묻자 이 나무는 아주 달고 맛있는 열매가 열리는데 그 즙을 마시면 아주 행복해 진다고 말하자, 악마가 양, 사자, 원숭이, 돼지를 죽여 그 피를 거름으로 주었는데, 이 때문에 인간이 포도로 만든 술을 마시면 양처럼 순하다가 조금 더 마시면 사자처럼 사나와지고, 조금 더 마시면 원숭이처럼 춤추고 노래하고 이보다 조금 더 마시게 되면 돼지처럼 뒹굴며 추해지는데, 이를 가리켜 악마가 준 선물이라고 경고하는 탈무드 속 술의 이야기. 대홍수가 휩쓸고 간 땅에 노아는 포도나무를 심고 와인을 담가 마셨다는 성경 속 와인 이야기까지 술에 얽힌 이야기는 무수히 많다.

그렇다면 우리술은 언제부터 시작되었을까. '술'의 어원도 흥미롭다. 술이 익는 과정 즉, 효모가 알코올을 만드는 과정에서 나오는 탄산가스로 인해 부글부글 끓는 모습을 물에서 불이 나는듯하다고 여겨 '수불'이라고 불렀다고 한다. 이후 '수블'에서 '수울'로 그리고 지금의 '술'로 바뀌었다고 전해진다. 가을에 수확한 곡식으로 만든 고조선의 신농주(神農酒)에서부터 위에서 살펴 본 옛 문헌들 속 이야기를 통해 우리 술의 오랜 역사를 짐작해 볼 수 있다. 우리의 술 빚는 기술이 워낙 탁월하여 4세기 말 백제는 양조기술자를 일본으로 보내 우리의 주조기술을 전수해 주었다고 전해진다. 당시 우리의 찬란했던 주조기술은 이웃나라에까지 영향을 줄 정도로 명성이 자자했던 것이다. 가장 오래된 우리 고유의 술은 곡물을 주원료로 한 발효주였고, 몽골 침략 후 증류기술이 들어오게 되면서 소주가 빚어지기 시작했다. 조선시대에 이르러서는 각 가문에서 내려오는 그 집만의 고유한 술(가양주: 家釀酒) 담그는 문화가 있었다고 하니, 문헌에 기록된 것만 무려 300개가 넘는다고 한다. 탁주, 감주, 소주, 약용소주, 혼성주, 약주 등 가히 전통주의 전성기라고 칭할 만 했다. 지역마다 다른 기후와 풍토 그리고 각 가정마다 고유의 특색 있는 주조기술로 시간과 정성을 들여 술을 담갔고 이는 귀빈이 방문할 때, 조상에게 제를 올릴 때, 집안행사 때 내어 놓았다고 한다. 하지만 우리술의 이러한 전통은 일제 강점기 때, 일본은 수탈을 목적으로 우리의 양조행위에 과도한 세금을 부과하는 주세령(酒稅令)을 시행하게 되면서 우리술은 점차 그 특색을 잃게 되었고 쇠퇴의 길로 접어들게 되었다. 이후 해방 후에도 우리술의 주 재료인 곡식이 부족한 탓에 전통주는 더 이상 발전할 수 없었다. 화려한 전성기를 누렸던 자랑스러운 우리술이 일본의 가양주 탄압에 이어 보릿고개까지 겪게 되면서 격조와 풍류를 즐기던 전통의 명맥이 끊어진 현실에 많은 이들이 안타까움을 금치 못했다. 이후 1980년대 후반에 들어서면서 경제가 회복세에 접어들게 되었고, 우리의 전통주도 다시 관심을 받기 시작하였는데, 단절된 맥을 이어가기가 만만치 않았다. 그나마 다행인 것은 최근 들어 그동안 잊혔던 우리술의 가치를 되찾고 전통주의 부흥을 위해 애써야한다는 목소리가 높아지고 있다는 사실. 하지만 세계적인 술이 되기 위해 갈 길은 멀기만 하다.

최근 우리술은 어떤 모습을 하고 있을까. 다양한 모습을 선보이고 있는 우리술의 색다른 변신이 흥미롭다. 호텔출신 쉐프의 화려한 기교가 깃든 요리, 실제 양조장을 그대로 옮겨온 인테리어, 은은한 조명에 야외 테라스까지 갖추고 있는 곳은 다름 아닌 막걸리 바. 핫플레이스마다 어렵지 않게 볼 수 있다. 2시간 만에 치킨 3,000마리를 동나게 만든 요우커가 반한 치맥. 여성 소비층 확대에 기여한 알록달록 저도주 열풍. 요즘 우리술의 분위기는 이렇다. 술이란 것이 인간과 밀접한 관계를 맺고 있는 것이기에 우리가 살고 있는 이곳의 환경과 주어진 상황에 영향을 받기 마련이고 이를 즐기는 우리들의 문화에 또 영향을 주게 되면서 맛과 멋이 한데 어우러져 녹아들어 '술문화'라는 것도 형성하게 된다.

우리술의 우수한 주조기술을 이웃나라에 전파했던 화려한 전성기 때처럼, 2000년대 후반에 들어서는 다시 우리술도 한류바람을 타고 아시아를 넘어 유럽으로까지 고공행진을 이어가게 되었다. 모두가 우리술의 부흥이 시작되었다고 생각했다. 통계자료에 의하면, 2008년 당시 한해 주류출고량이 227,705㎘의 양을 전 세계 65개국에 수출했는데, 이는 전년 대비 22.9% 증가한 양이다. 우리술이 수출의 날개를 달기 시작한 것이 이때부터였다. 이때에는 특히 소주와 막걸리가 한국을 대표하는 술로 인식되었고, 한류상품의 핵심주자로 떠올랐다. 그러나 2011년부터 한류바람이 한풀 꺾이면서 다시 감소세로 전환하게 되었는데, 이러한 사실로 미루어 보면 역시 식품수출은 국제정세나 사회적 분위기의 영향을 피할 수 없다는 것을 알 수 있다. 특이한 것은 일본에서 인기를 얻게 되면서 한국으로 역수출된 막걸리열풍이다. 앞서 살펴본 것처럼 탁주, 막걸리는 우리술에서 가장 오래된 역사를 가지고 있는 한국의 고유한 술이다.

막걸리의 추억

고양이 손도
빌려야 하는
농번기

아버지
심부름으로
노랑 주전자 들고
막걸리 사러 간다

마음씨 좋은
주인아저씨
한 주전자 가득
꾹꾹 눌러 담아준다

날씨는 덥고
땀은 비 오듯
목은 타들어 가고
입은 자연히
주전자 주둥이로 간다

한 모금 두 모금
빨다 보니

알딸딸
정신이 혼미하다

아버지께
혼날까 봐
개울물이라도
채워야지

막걸릿잔 앞에 놓고
아버지 생각에
목이 멘다.

이문조 시인이 말하는 '막걸리 추억'은 우리들의 부모님 세대에서 기억하는 막걸리의 추억과 꼭 닮아 있지 않을까 생각해본다. 그동안 우리의 서민술로 대표되었던 막걸리가 열풍을 일으키면서 마니아층까지 만들어내게 된 출발점은 국내가 아닌 일본이었다. 막걸리 수출량을 보면, 2010년 한해 19,047㎘로 전년도 수출량 6,978㎘보다 178.1%가 늘어난 수치다. 수출량의 81%는 일본인데 1년 사이에 수출량이 5,205㎘에서 15,699㎘로 201.4%의 증가를 기록했다.

이 엄청난 인기는 왜 국내가 아닌 해외에서 시작된 것일까. 가장 큰 이유는 물론 한류 덕분이다. 무엇보다 한류 열풍이 우리술에까지 영향을 미치게 된 것에 이어, 세계적으로 건강한 삶을 지향하는 사회적 트렌드가 자리 잡게 되면서 막걸리의 영양학적 우수성이 새롭게 주목받게 된 것이다. 한국식품연구원에 따르면, 막걸리에서 수분과 알코올을 뺀 후 인체유래 위암 세포에 처리했을 때, 암 세포의 증식이 억제되고 종양억제유전자인 PTEN Phosphatase and tensin homolog의 발현이 증가하는 것을 확인할 수 있었는데, 이러한 결과로 보아 막걸리에는 암 세포 성장을 억제하는 효능이 있다는 점을 입증했다고 밝혔다. 영양소가 풍부하고 몸에 이로운 술이면서 도수가 낮아 여성들까지도 부담 없이 즐길 수 있다는 점이 바로 그 인기비결의 중요한 요인으로 작용했다고 볼 수 있다. 이렇게 하늘 높은지 모르고 치솟던 막걸리의 인기는 2012년부터 시들해지기 시작했다. 수출량은 2011년 35,530㎘에서 2012년 21,196㎘로 줄어들었고, 내수량 역시 2011년 400,000㎘에서 2012년에는 390,000㎘로 줄었다. 막걸리 수출의 대부분을 차지하고 있는 주요 수출국이 일본이라는 사실에서 수출 감소원인을 찾아 볼 수 있다. 아베총리의 보수우경화정책으로 일본 내 고조된 반한감정이 한일관계를 악화시키게 되면서 한류의 불을 꺼트리기에 충분했고, 당시 '엔화 약세'도 악재로 영향을 미치게 되었다. 게다가 그동안 막걸리 애호가였던 여성들이 점차 과일이나 탄산이 가미된 저도주 또는 무알콜 음료를 선호하게 된 것도 막걸리 열풍을 식힌 또 하나의 요인으로 작용했다. 주요 수출국 일본에서 막걸리 인기가 시들해지는 현상이 계속되자 막걸리 열풍을 다시 일으키기 위한 방안마련에 박차를 가하고 있지만, 쉽지 않은 일이다.

우리는 왜 프랑스하면 '와인', 일본하면 '사케', 독일하면 '맥주', 러시아하면 '보드카', 중국하면 '바이주', 영국하면 '위스키'로 떠오르는 그들의 대표술과 어깨를 나란히 할 우리술이 없을까. 오랜 역사와 문화를 자랑하는 국가들에는 하나같이 자국을 대표하는 명주가 있고 또 그들만의 고유한 술문화도 보유하고 있다. 우리에게도 집집마다 다채롭고 특색 있는 가양주를 정성스레 빚어 제사에 올리고, 길흉사엔 반드시 빠지지 않고 내어 놓았으며 귀한 손님이 찾아

오면 대접하면서 가문의 전통을 이어갔던 세계 어느 국가에도 뒤지지 않을 훌륭한 전통주 문화가 있었다는 사실이 안타까움을 더하고 있는지도 모른다. 와인, 사케, 맥주, 보드카, 바이주, 위스키가 세계적인 술로 확실한 자리매김을 한데에는 분명 그만한 이유가 있다.

국가 대표술로 만든다는 목표아래 정부, 민간 할 것 없이 모두 엄격한 품질관리부터 산업으로 집중 육성하기 위해 부단히 노력한 결과이기 때문이다. 국가 대표술 육성은 단순히 수출증대차원에서만 중요한 일이 아니다. 오랫동안 내려온 고유한 식문화 전통을 지키고 계승해 나가는 일인 동시에 우리 농산물의 소비촉진을 통해 농가의 고용창출과 소득증대까지 기여할 수 있다는 차원에서 매우 중요한 일이다. 지역마다 고유한 막걸리 주조법을 개성 있게 지켜나가면서 해외 명주들과 마찬가지로 신뢰도 확보를 위한 원산지통제명칭제도 AOC(Appellation d'Origine Contrôlée를 통해 품질관리, 주산지별 특화 브랜드를 육성하는 제도적 장비가 마련되어야 한다. 또한 정부와 민간이 화합해 우수한 우리술의 영양학적 가치와 이와 연계된 전통 식문화를 대중과 공유하는 일에도 앞장서야 할 것이다. 운치 있는 깊은 향과 맛, 넉넉함과 여유로움 그리고 정갈한 정성이 고스란히 담긴 멋 그리고 흥이 깃든 그 찬란했던 우리술의 전성기를 되찾길 바라는 마음으로 말이다.

▪ 세계로 뻗어나가는 한국농업

해외로 전파된 한국문화에 대한 선호현상을 의미하는 '한류'는 드라마에서 시작해서 K-POP, 한국영화, 한식, 의료까지 계속해서 이어지고 있다. 지난 2016년 4월에 발표된 '한류의 경제적 효과에 관한 연구' 보고서에 따르면, 한류로 인한 문화콘텐츠상품 수출의 합계가 28.2억 달러(2015년 기준)로 이는 2014년 대비 13.4% 증가한 수치다. 또한 무역협회에서 집계한 2015년 우리나라 총수출 액은 5,269억 달러로 2014년 대비 8.0% 감소했다. 한류로 인한 수출 규모는 총수출의 1% 정도에 불과하나, 수출증가율이 2.4%를 기록했다고 밝혔다. 이는 총수출이 감소하는 현 시기에 한류가 우리 경제에 중요한 기여를 하고 있음을 의미하는 것으로 시사하는 바가 크다고 할 수 있다. 이처럼 한류열풍으로 다양한 한국제품들이 해외 소비자들의 관심과 사랑을 받고 있는 가운데, 이 기운을 몰아 우리 농산물도 이에 상응하는 경쟁력을 갖추면서 한류 대열에 합류하고 있다.

선사시대 공룡의 흔적을 고스란히 간직하고 있는 도시, 경남 고성. 이곳에는 공룡보다 더 인기 있고 튤립보다 더 고운 수출효자품목이 있다. 19ha의 규모에서 총 13농가가 파프리카를 재배하고 있는데, 유난히 피가 두껍고 과즙이 풍부한 것이 특징이다. 이곳 파프리카의 품질이 우수하다는 것이 입소문이 나게 되면서 유명해지기 시작했다. 수입 농산물에 까다롭기로 유명한 일본에 전량 수출하고 있는 만큼 품질 하나는 제대로 인정받고 있는 셈이다. 고성군에 의하면, 지난 2013년부터 고품질 파프리카 생산을 위해 품질개선사업을 시작하였고, 우수한 품질을 인정받기 시작하면서 수출실적은 2013년 기준 903톤(303만 달러)에서 2015년 1,792톤(549만 달러) 그리고 2016년 4월 말 기준으로 869톤(342만7,000달러)을 달성하는 쾌거를 거두었다고 한다.

우리 민족과 3000년이라는 유구한 세월을 함께 해온 과일, 배 이 또한 세계를 무대로 나아가고 있는 효자품목 가운데 하나다. 임금님 진상품으로 올렸다는 '나주배'는 배의 고장 나주의 특산품으로 이미

국내에서는 모르는 사람이 없을 정도로 유명하다. 나주배는 1967년에 대만 수출을 시작으로 동남아, 러시아, 미국, 호주 이제는 중동과 유럽까지 진출하게 되면서 세계적인 과일로 그 명성을 높이고 있다. 나주배는 영산강을 젖줄로 양질의 토양을 토대로 연평균 14.1℃인 기온과 적당한 강수량이라는 최적의 생육조건, 그리고 오랜 경험으로 축적된 재배기술 덕분에 색이 곱고 향이 좋으며 과즙이 풍부하고 유난히 당도가 높고 연하고 부드러운 맛이 특징이다. 이러한 나주배의 특별한 맛이 외국인의 입맛까지 사로잡게 되면서 수출에 물꼬를 트게 되었다. 2009년 2,651톤(64억 원 규모), 2010년 2,684톤(70여억 원), 2011년 1,850톤(56억 원), 2012년 2,305톤(79억 원), 2013년 2,165톤(64억 원), 2014년 2,665톤(75억 원) 규모의 수출실적을 기록하고 있다. 이렇게 건강에도 좋고 맛도 좋은 나주배의 고공행진은 앞으로도 계속될 것이다.

동백화(冬栢花)

복사꽃 오얏꽃 비록 아름다워도 (桃李雖夭夭)
부박한 꽃 믿을 수 없도다. (浮花難可恃)
송백은 아리따운 맵시 없지만 (松柏無嬌顔)
추위를 견디기에 귀히 여기도다. (所貴耐寒耳)

여기에 좋은 꽃 달린 나무가 있어 (此木有好花)
눈 속에서도 능히 꽃을 피우도다. (亦能開雪裏)
곰곰 생각하니 잣나무보다 나으니 (細思勝於栢)
동백이란 이름이 옳지 않도다. (冬栢名非是)

고려시대 문인 이규보(李奎報, 1168~1241)[13]의 시(時)다. 아리따운 안색에 절개까지 겸한 동백꽃을 예찬하고 있다. 요즘 이런 동백꽃 덕분에 행복꽃이 덩달아 만개한 곳이 있는데, 바로 통영이다. 오래전 동백기름을 머리에 바른 후 머리를 빗어내려 모발을 관리해 왔다는 우리 선조들의 지혜 그대로 전해져 내려와 재탄생한 동백오일이 효자노릇을 톡톡히 하고 있기 때문이다. 동백오일에는 올레인산oleic acid이라는 성분이 풍부해 피부보습과 진정 그리고 항산화에 도움을 주는 효능이 알려지게 되면서 수출에 박차를 가하게 되었다. 2012년 첫 수출을 시작으로 다음해 2013년에 12만 달러, 2014년 13.5만 달러, 2015년 19만 달러로 매년 수출액이 꾸준히 상승하는 쾌거를 이루고 있다. 이처럼 동백오일이 국내를 넘어 해외에서도 뜨거운 관심을 받게 되면서 예로부터 동백나무가 많기로 유명한 '동백의 고장, 여수'에서도 천연정제 방식으로 추출한 고밀도 동백 정제오일을 함유한 프리미엄급 화장품으로 '동백오일'의 상품차별화를 꾀하고 있다. 상록활엽 소교목인 동백나무는 여수, 완도, 진도 등에서 많이 자라는데, 이중 전남의 동백림은 면적이 9425ha(94,250,000m^2)로, 전국 67%를 차지할 정도다. 특히 여수의 동백은 불포화지방산 중 올레인산 함량이 84% 이상 함유되어 있어 피부보습 효과가 뛰어나고 모발보호에 탁월한 효능이 있는 것으로 알려지게 되면서 구매율이 높아 해외수출에도 기대를 모으고 있다. 앞으로도 계속해서 품질과 패키지 그리고 브랜드 관리에 힘쓴다면 한국의 동백오일은 세계인이 사랑하는 아름다움의 대명사로 자리매김하게 될 것이다.

13 고려의 문장가. 초명은 인저(仁氐), 자는 춘경(春卿), 호는 백운산인(白雲山人)·백운거사, 시호는 문순(文順). 본관은 황려 (黃驪縣 : 여흥(驪興)

한국인의 밥상이라면 단 한 번의 끼니에도 빠지지 않고 매번 오르는 찬으로 김치를 떠올릴 것이다. 그렇다면 김치 다음으로는? 아마도 김이 아닐까 싶다. 고소하고 짭조름한 풍미에 바삭한 식감이 식욕을 돋게 해 이만한 밥도둑이 따로 없다. 한국인이라면 남녀노소 할 것 없이 좋아하는 이 감칠맛이 세계인의 입맛까지 사로잡을 줄은 그 누구도 예상치 못했던 일이다. 한국을 찾는 외국 관광객들 쇼핑 목록엔 언젠가부터 김은 꼭 사야하는 필수품목처럼 되었다. 해양수산부 자료에 의하면, 김 수출은 2010년 1억 달러에서 지난 2015년에는 3억 달러를 달성하였으며, 현재 세계 96개국에 수출 중이라고 밝혔다. 우리 김은 이미 세계를 무대로 그 활동범위를 넓혀가고 있다. 이런 신화가 가능했던 이유는 김이 밥반찬이라는 고정관념을 깨고 언제 어디서나 간편하게 즐길 수 있는 건강스낵이라는 새로운 시장에 뛰어든 시도가 빚어낸 결과다. 기존의 마른김과 조미김도 꾸준한 사랑을 받고 있지만, 쌀을 주식으로 하지 않는 국가로의 진출은 아무래도 한계가 있기 때문에 스낵류로의 색다른 도전은 탁월한 선택이 아닐 수 없다.

세계 주요 김 생산국으로는 한국, 중국, 일본이 있다. 중국은 가격은 저렴하지만 품질 면에서 좋지 못하다는 평가를 받고 있고 일본의 경우는 생산량 대부분을 자국민들이 소비하고 있어 상대적으로 수출물량은 적은 편이다. 특히 후쿠시마 원전사고 이후 안전성에 대한 우려가 확산되면서 이전만큼 인식이 좋지 못한 것 또한 부정할 수 없는 사실이다. 이에 비해 우리 김은 청정한 환경에서 생산되어 안전성이 보장될 뿐만 아니라 오랜 세월동안 숙련된 기술로 맛도 품질도 모두 좋다는 평가를 받고 있다.

지난 5월 필자는 브랜드디자인컨설팅차 중국의 다시마전문식품기

그림 4-19. HAIZHIBAO BRAND presentation

업을 방문했었다. 오직 '다시마' 한 가지 품목으로 연간 2조의 매출을 올리고 있는 곳이었다. 이 기업은 양식을 통해서 생산한 다시마를 다양한 상품으로 가공을 거쳐 시장에 유통하고 있었다. 다시마를 주원료로 한 인스턴트 탕류부터 면, 튀각 등 다양한 가공품을 시도했는데, 대부분이 중국 내에서 소비하고 있었다. 앞으로 판매시장을 넓혀 국내뿐만 아니라 해외시장을 목표로 패키지디자인부터 가공법 등 다양한 시도를 도모하고 있었다. 이들 역시 해외시장으로 진출하기 위해서 기존의 패키지 용기부터 디자인까지 글로벌 소비시장의 트렌드에 맞게 전환하기를 원했다. 튀각의 경우만 보더라도 현재 불편한 캔 용기에 내용물이 담겨져 있어서 간식류인 스낵시장에 진출하기는 다소 무리가 있어 보였고, 제품의 특징을 전혀 확인할 수 없

그림 4-20. 스타벅스 김스낵 '한입에 쏙 바다칩'

는 디자인에 내용이 모두 중국어로만 표기되어 있는 상태였다. 당시 한국식품기업의 스낵김을 직접 접해본 중국 담당자들은 하나같이 자사의 튀각 맛과는 완전히 달라 생소해 하면서도 몇 번 더 시도해 보더니 이내 제조방법을 궁금해 했다. 이렇게 한국김의 성공노하우를 바싹 뒤쫓는 후발주자들은 많다. 앞으로도 계속해서 생겨날 것이다. 생산량으로는 게임이 안 되는 중국에서 품질향상과 디자인, 그리고 브랜드마케팅적 감각까지 갖추게 된다면 얘기가 달라질 수 있다. 그렇게 될 경우, 한국김의 신화는 언제든지 깨질 수 있다. 지금 당장 수출 1위의 타이틀도 중요하다. 하지만 이를 잘 지켜나갈 수 있는 방안을 모색하는 것 또한 1위 자리를 고수하는 것만큼, 아니 그보다 더 중요한 일이 아닐 수 없다는 것을 명심해야 한다. 좋은 이미지는 "지켜나가기"로, 새로운 영역은 끊임없이 "도전하기"로 일관하는 것은 농업한류를 이루는 필수덕목이 아닐까. 그러면 머지않아 쇼핑 첫 번째 목록으로 한국 농산물을 선택하는 사람들을 세계 곳곳에서 만날 수 있게 되는 날이 올 것이라 믿는다.

■ 스마트 농업시대, 그래도 따뜻한 농업

흙에서 일군 땀의 결과물을 인간에게 제공하는 일, 농업! 인간이 살아가는 데 꼭 필요한 식량을 생산하는 중요한 일이다. 농업은 지구상에서 가장 먼저 시작된 인류의 원시산업이다. 그래서 누구든 '농업'이라고 하면 당연히 전통적인 산업으로만 여긴다. 전통농업과는 달리 현대농업은 농업선진국을 중심으로 식량생산의 영역에서 벗어나 1차, 2차, 3차 산업이 결합된 6차 산업으로 확대되고 있다. 농업은 그 어떤 산업보다 긴 역사를 갖고 있으며 그렇기 때문에 그 기원을 인류의 발전과정에서 찾을 수 있다. 이처럼 오랜 역사를 인간과 함께한 소중한 존재이기에 그 정의를 하나씩 살펴봐야겠다.

"농업은 식물성 및 동물성의 물질을 생산하며 때로는 그 생산물을 다시 가공하여 이익을 얻거나 금전을 얻기 위한 목적으로 하는 일종의 생업(生業)이다."

Albreht Thaer(1752-1828)

"농업은 모든 토지와 공기에 결합되어 있는 물질 및 에너지를 작물과 가축에 사용하고 유리하여 인류의 욕망을 충족시키는데 접합한 것은 만드는 작업이다."라고 하였다."

G. Krafft(1890)

"농업은 재화의 획득을 위하여 자연의 힘과 물질을 조작하고 이것을 이용하여 그 생산에 사용한 노동력과 자본의 목적에 부합하도록 노력하는 생업이다."

H. Settegast(1819~1908)

"농업은 토지에 포함되거나 토지 위에서 작용하는 자연력을 이용하여 경제적 상품, 특히 식료·기호품 그리고 각종 공업원료를 생산하는 생업이다."

T.F.von der Goltz(1902)

"농업이란 토지에서 생산을 올리는 생업인데 그 생산물은 식물과 그 생산물 가축, 그 생산물로 나눌 수 있으며 전자는 토지의 직접생산물이고 후자는 토지의 간접생산물이다."

Bailey

"농업은 가장 이익이 있는 방법으로 토지에서 인류에게 필요한 것을 될 수 있는 한 많이 생산하게 하는 기술이다."

Sagner

"농업은 인간과 그가 가지고 있는 가축이 생존하기 위해 토지에서 식물을 얻고자 하는 기술이다."

Johnson

이상은 『농업과 환경』(이기환 外 2인 저)에서 소개한 농업에 대한 정의다. 지구가 생성된 지 46억년이라는 시간이 지났다. 인류는 200만 년 이상 수렵과 채집생활에 의존해 왔다. 밭에 씨를 뿌리기 시작하면서 집을 짓고 정착하게 되었고 도구도 점차 발전하게 되는 등 인류의 생활방식에 큰 변화를 가져다주었다. 가히 '농업혁명'이라 칭할만하다.

몇 해 전 한 경제전문미디어에서 국내 농업의 진화과정을 소프트웨어 버전처럼 발전 단계에 따라 숫자를 붙여 보도한 적이 있다. 근대화 이전 전통농업을 '농업 1.0시대', 1970년 새마을 운동에 따른 농업 현대화시기를 '농업 2.0시대', 1995년 우루과이 라운드에 따른 농산물 시장 개방 시기를 '농업 3.0시대', FTA 시대를 맞아 한국 농업이 환골탈태해 세계적 경쟁력을 갖추는 국면을 의미하는 현재를 '농업 4.0시대'에 해당한다고 보았다. 농업의 패러다임이 변한 것은 분명해 보인다. 정부의 보호관할 속에서 그저 묵묵히 성실함 하나로 땅을 일구던 지난날의 우리 농업은 이제 더 이상 설 자리가 없다. 시장이 개방되고 본격적인 FTA 시대에 들어선 지금의 농업은 융합과 상생이라는 대전제 하에 새로운 농업방식을 요구하고 있다. 농업의 큰 흐름이 이렇게 바뀌고 있는 데에는 여러 가지 요인들이 있다. 지난 2015년 12월 파리에서 개최된 제21차 유엔기후변화협정UNFCCC 당사국회의에서 채택된 파리 신기후체제Paris Agreement(新氣候體制)[14]는 이번 11월 4일 발효되었는데, 여기에서 지구의 평균 온도가 산업화 이전보다 2℃ 이상 상승하지 않도록 온실가스 배출량을 줄이는 것을 목표로 하고 있다. 이는 이전에 비해 온실가스 감축에 대한 제제가 강해졌다는 것을 의미한다. 여기에 농업이라고 해서 예외가 될 수는 없다. 이에 부응할 수 있는 지속가능한 농업으로 전환해야하는 이유가 여기에 있다. 또한 FAO의 '2016 식량농업 상황보고서'에 의하면 기후변화를 세계 식량안보의 주된 위협 요인으로 평가하고 있다. 기후변화는 식량안보와 직결되며, 식량안보 유지는 생산성 증가

14 2020년 만료 예정인 교토의정서를 대체하고 2020년 이후의 기후변화 대응을 담은 기후변화협약

와 직결된다. 최근 IPCC(Intergovernmental Panel on Climate Change)의 5차 보고서에 의하면 기후변화로 인해 매 10년마다 평균 2%의 식량생산 감소에 영향을 미칠 것이고, 2050년까지 매 10년마다 14%씩 식량수요는 증가한다고 내다보았다. 유엔보고서에서도 2050년이 되기 전에 세계인구는 90억 명에 육박하는 수준이 될 것이고 그렇게 되면 식량 생산량을 지금에 비해 70%가량 증가시켜야 한다고 예측했다. 심각한 문제가 아닐 수 없다. 현재 국내 농업의 상황은 어떠한가. 젊은 층의 귀농귀촌이 한 때 붐을 이룬 것은 사실이지만 여전히 농촌은 계속되는 인구감소와 고령화로 어려움을 겪고 있다. 이로 인해 농업인력 또한 감소하고 있는 추세이고 영세한 농가는 고투입, 고비용 농업으로 시름하고 있는 것이 현실이다. 그리고 국내 곡물자급률은 2015년 기준 23.8%에 불과하다. 이는 다시 말하면 필요량의 76.2%니까 거의 80%에 가까운 양을 수입해 먹는다는 얘기가 된다. 우리들의 식단이 나날이 서구화가 되어가고 이름 모를 농산물들을 마구잡이로 받아들이면서 정작 우리 농업을 소홀히 한 결과가 아닐 수 없다.

세계는 지금 지구온난화, 해수면상승, 사막화, 태풍, 호우의 빈번한 발생 등 기후변화로 인한 식량위기 시대를 바로 눈앞에 두고 있다. 농업이 무엇보다 생산성을 높이는 것에 집중해야하는 이유다. 그래서 최근에는 농업의 생산성을 높이고 생산물의 품질 향상을 통해서 고부가가치 산업으로 만드는 스마트 팜, 스마트 농업이 관심을 끌고 있다. 이제 농업은 정보통신기술ICT(Information and Communications Technologies), 바이오기술BT(Bio Technology), 녹색기술GT(Green Technology), 나노기술NT(nano-technology), 환경기술ET(environmental technology), 문화기술CT(cultural technology) 등의 첨단기술과 융합되어 발전을 거듭하고 있다. 이는 농업이 생산의 영역에서뿐만 아니라 가공, 저장, 유통, 수출 등 다른 영역과 융복합화를 이루면서 그 어떤 산업분야보다도 활발하게 첨단화로 거듭나고 있다. 농업이 ICT 기술과 만나 첨단산업으로 도약하고 있는 것이다. 스마트 농업은 환경에 부담을 최소화하면서 안전성을 보장하고 품질은 높이면서 충분한 양을 생산할 수 있다. 지속가능한 농업을 실현하고자 하는 패러다임의 전환이 가져온 변화다. 최근 들어 세계적인 IT 기업들이 농업분야에 많은 투자를 추진하고 있는데, 애그펀더AgFunder[15]의 조사에 따르면, 지난 2015년에 한해에만 농업분야에 40억 달러 이상의 투자가 이루어졌다고 밝혔다. 네덜란드, 미국, 일본, 캐나다 등 농업선진국들은 이미 보급된 GPS, 드론, 사물인터넷IoT, 빅 데이터, 인공지능AI, 센서, 네트워크 기반의 소프트웨어 기술을 넘어서 보다 새롭고 정밀한 첨단기술로 점점 확장되고 있는 스마트 농업시장을 이끌고 있다. 첨단기술과 만난 스마트 농업은 과연 현실에서 어떻게 실현되고 있을까.

가까이 있는 일본의 경우에도 상황은 크게 다르지 않다. 농업종사자는 갈수록 고령화되고 일손은 부족하며 상대적으로 저렴한 수입 농산물과 경쟁에 놓여 있기는 우리와 마찬가지다. 이에 일본은 농산품의 고부가가치화와 생산성을 높이기 위해 지난 2011년부터 농업에 ICT를 접목해 본격적인 대응마련에 들어갔다. 야노경제연구소(矢野経済研究所)에 의하면, 일본 스마트농업시장은 2013년 기준 66억 1400만 엔에서 2020년 308억4900만 엔으로 2013년 대비 3.6배 정도 증가할 것으로 예측했다. 2009년에 농지법이 개정되면서 다른 업종에서 농업으로 진출이 가능해지면서 일반 기업의 진출이 증가하게

15 농업 온라인 투자 플랫폼, 농업 전문 조사기관

되었다. 일본 농림수산성에 의하면 농업분야에 진출한 일반 법인은 2010년 기준 175개사에서 2014년 기준 1,712개로 대폭 증가한 것으로 밝혀졌다. 그 가운데 식물공장을 추진하고 있는 NTT Facilities (NTTファシリティーズ)와 농가에 ICT 솔루션을 제공하고 있는 NEC (日本電機株式會社), 후지쯔 규슈 시스템, 후지 전기 등이 스마트 농업에 적극적으로 참여하고 있다. 일본의 스마트농업이라고 하면 가장 먼저 떠오르는 것이 유명한 식물공장이다. 요코하마 혼초에 위치하고 있는 지름 29m, 높이 5m, 내부 면적 574m^2 규모의 거대한 투명 돔형 식물공장은 기존의 식물공장과는 다르다. 기존의 식물공장이 LED를 이용하고 토양위에서 재배하는 방식과는 다르게 오직 태양광과 영양소가 들어간 물만으로 채소를 재배하고 있다는 점이 특이하다. 바로 농업회사 그란파에서 운영하는 식물공장 '그란파돔'이다. 태양광을 이용하다보니 전기료 부담이 적어 에너지효율 면에서도 기존의 LED 식물공장과는 확연히 차이가 난다. 또한 채소 재배에 대한 전문적인 지식이 없어도 운영이 가능한데, 그것은 재배기술이 표준화 되어 있기 때문이다. 돔의 정중앙에는 지름 3.2m 크기의 공간이 있는데 이곳에서 채소의 어린 싹을 심고 자라게 되면 중심에서 바깥쪽으로 이동시킴으로써 다 자란 채소는 재배판 가장자리에서 수확하는 구조로 운영된다. 돔 내부는 온습도, 수온, PH, 비료의 농도를 자동으로 조절하는 소프트웨어 장치, 센서를 장착해 매번 꾸준한 양의 채소를 안정적으로 공급할 수 있다. 무엇보다 기존 LED를 이용한 식물공장에 비해 설치비를 포함한 초기 투자비용과 유지하는데 드는 비용이 저렴해 일본 내는 물론이고 해외에서도 관심을 받고 있다.

농업선진국들 사이에서도 벤치마킹하기로 유명한 네덜란드의 경우는 어떨까. 네덜란드는 이미 스마트팜 대국으로 불리고 있다. 이들은 ICT를 제대로 활용해 양질의 작물을 대량생산하고 있는 것으로 잘 알려져 있다. 국내 면적의 절반 수준에 불과한 작은 규모의 국가지만 농산물 생산량의 절반 이상을 수출하는 대표적인 농업수출국이다. 네덜란드 농산물의 대부분은 화훼와 축산물이 차지한다. 특히 대부분의 화훼는 수출하고 있는데, 전 세계 화훼 관련 상품의 50%를 네덜란드가 차지하고 있을 정도로 수출양이 엄청난 셈이다. 정부의 아낌없는 투자와 탄탄한 유통체인 그리고 꾸준히 계속되는 첨단 연구개발이 이를 뒷받침하고 있다. ICT기반의 모든 시스템이 작물이 필요로 하는 빛, 온도, 수분, 영양분을 분석하고 관리하고 있다. 원예산업에서 에너지비용 절감은 무엇보다 큰 이슈다. 온실 지붕에 이중벽을 설치해서 물을 흐르게 함으로써 온도유지를 최적화하는 개념의 Flowdeck를 개발해 적용하고 있다. 또한 가상경매시스템을 통해 입찰이 가능한 시스템이 갖추어져 있어 인적, 물적 이동을 최소화하고 있다. 이처럼 인력과 생산량을 효율적으로 관리할 수 있는 시스템을 통해 작업효율 또한 극대화시킬 수 있도록 한 것이 인상적이다. 화훼거래에 있어서도 24시간 언제든 온라인 직거래 시스템을 이용할 수 있고 전자주문시스템을 통해 판매자와 구매자 간의 전자정보교환방식 규격의 전자납품서를 통해 거래가 가능하다. 이처럼 네덜란드는 ICT 융합 기반의 스마트팜시스템 정착으로 미국에 이어 농산품 수출국 2위를 자랑하는 농업강국으로서의 위치를 굳건히 지켜나가고 있다.

규모의 농업을 자랑하는 미국의 경우는 어떨까. 미국은 이미 90년대부터 ICT 융복합 농업으로 경쟁력을 갖춘 지속가능한 농업 솔루션을 전략적으로 설정하고 농무부USDA를 중심으로 농업과 IT를 융합한 R&D 정책을 적극적으로 추진하였다. 특히 농경관리 소프트웨어에 집중하였는데, 세계 최대 농기계 제조업체인 존디어John Deere의 시드스타 모바일SeedStar Mobile이 그 대표적인 예로 볼 수 있다. 이 소프트웨어는 모바일 디바이스를 기반으로 실시간 모니터링을 통해 파종한 씨앗 간격의 거리를 정확하게 체크할 수 있고, 전문가간의 데이터 공유가 가능하며 또한 농장 내 다른 기계정보까지 통합적으로 관리가 가능하다. 그리고 글로벌 화학기업으로 잘 알려져 있는 듀퐁DuPont은 그동안의 주력 사업이었던 화학섬유 부문을 매각하고 종자 회사인 파이오니어 하이-브레드Pioneer Hi-Bred를 인수하면서, 듀폰 파이오니어DuPont Pioneer를 통해 농업분야, 특히 종자개발 사업을 집중투자하고 있다. 듀퐁 파이오니어에서는 수십 년간 농업생산에 필요한 토양, 수질 등의 환경적 요인에 관한 정보를 바탕으로 경작지별 데이터, 실시간 농경관련 정보와 결합해 관리하는 소프트웨어 '필드360 실렉트Field360 Select'를 통해 농산물의 품질을 향상시키고 수확량을 늘리는데 기여하고 있다.

그렇다면, 우리의 경우는 과연 어떨까. 여러 가지 어려운 상황에 놓여있는 국내 농업도 농업활성화 대책으로 2008년부터 ICT를 융합한 다양한 시도가 있어왔다. 농업선진국들의 경우와 마찬가지로 농업종사인구, 농지, 이상기온에 따른 문제점들을 풀 수 있는 솔루션이 바로 '스마트 농업'에 있다고 판단했기 때문이다. 이러한 흐름에 힘입어 국내에서도 몇 해 전부터 사물인터넷IoT을 활용한 스마트팜 구축 확산에 이동통신사들이 하나 둘 뛰어들고 있다. SK텔레콤은 2014년 10월부터 세종시 연동면에 스마트폰을 통해 재배시설 개폐작동부터 시설 내 온도, 이산화탄소, 습도, 일사, 토양 등 모니터링이 가능한 '지능형 비닐하우스 관리시스템'을 구축했고, KT는 센서가 달린 IoT 기기를 통해 재배시설의 온도, 이산화탄소, 습도, 일사, 토양 등을 분석하고, 분석 결과에 따라 제어장치를 구동해 최적의 작물재배환경을 구현하는 솔루션인 '기가 스마트팜GIGA Smart Farm 사업'을 추진 중이다. 또한 카이스트를 중심으로 구성된 '스마트팜 솔루션SFS(Smart Farm Solution) 융합연구단'이 2015년 10월 출범해 '데이터 기반 농업'이라는 차별화된 접근 전략으로 스마트팜 기술을 연구 중에 있다. 이러한 움직임은 기업에서 뿐만 아니라 최근 3~4년 동안 개별 농가에서도 스마트팜을 실현하고 있는 곳이 하나 둘 생겨나고 있다. ICT를 도입해 기존의 생산성이 75% 증가해 주목을 받고 있는 농가가 있다. 충남 부여군 규암면에 위치한 4000평 규모의 방울토마토 농장은 2012년 농작물 재배환경에 필요한 온도, 습도, 영양분 공급을 종합적으로 관리할 수 있는 복합환경제어시스템을 도입해 5년째 운영해 오고 있다. 이 시스템의 가장 큰 장점은 농작물의 재배환경을 종합적으로 관리해서 생산량을 증대시킬 수 있다는 점이다. 경북 영주에 위치하고 있는 사과농장의 경우에도 ICT 기술을 통해 직접 농장에 나가지 않고도 작물의 생장환경에 대한 모니터링부터 병해충까지 미리 관찰할 수 있어 여러 가지 효과를 보고 있다.

즉, USNUbiquitous Sensor Network이라고 하는 유비쿼터스 센서 네트워크에 기반을 둔 친환경 과수생산 시스템을 갖춘 것이다. 이 시스템은 최적의 과수재배환경을 적정하게 유지, 관리하기 위한 온·습도 센서와 관수시스템을 이용한 사과 개화기 냉해방지가 핵심 기능이다. 개화기 기온이 설정 온도 아래로 떨어지면 모니터링에 의해 자동으로 미세살수가 되도록 해서 냉해 피해를 사전에 방지한다. 덕분에 잦은 기후변화로 인해 피해를 보는 일도 없게 되었고 품질향상과 수확량도 증가하는 효과를 톡톡히 보고 있는 셈이다. 또 전남 영광에 자리하고 있는 축산농가의 경우도 ICT를 만나게 되면서 모든게 달라졌다. 기존의 돈사를 스마트팜으로 재정비하였는데, 이전에 비해 사료비와 노동력이 각각 15%, 20% 줄었을 뿐만 아니라 품질이 향상되는 효과를 얻었다. 이처럼 국내 농가에 적용되고 있는 스마트팜은 주로 작물이나 가축의 생육환경을 모니터링하고 최적의 상태로 유지할 수 있도록 관리하는 기능을 제공하고 있다. 다시 말하면 스마트 미디어를 통해서 재배시설을 개폐하고 제어하는 정도의 수준이다. 농업선진국의 스마트 팜과는 달리 이처럼 범위가 한정적이라는 점이 안타깝다. 이는 스마트 팜에 관련된 핵심기술은 해외에 의존해야하기 때문이다. 국내 농업생산기반에 맞춘 최적의 스마트팜 모델 개발과 관련 기기들의 표준화가 이루어져야 할 것이다. 또한 현재 수준을 넘어서 외부의 환경정보부터 생산물의 수확량, 출하량 그리고 수요에 관련된 가격 및 유통정보 등까지 처리할 수 있는 기능까지 겸비해야 비로소 생산부터 판매까지 일괄 처리가 가능한 진정한 스마트 팜의 실현이라고 할 수 있을 것이다.

전 세계 스마트팜 설비 시장은 2020년이 되면 34조원 규모로 성장할 것으로 내다보고 있을 정도로 이제 가장 주목받는 분야가 되었다. 또한 월드 로보틱스 리포트World Robotics Report에서 말하는 세계 농업로봇시장전망을 보면, 2020년이 되면 191억 달러까지 그 시장의 규모가 성장할 것으로 예상하고 있다. 얼핏 생각하면 ICT 강국인 한국이 스마트팜 기술에서도 당연히 선두에 있을 것 같지만, 앞서 살펴본 농업선진국들에 비하면 아직 갈 길이 멀다. 농업선진국들은 이미 오래전부터 스마트 농업을 실현하기 위해 생산기반을 고려한 시스템을 연구·개발 적용하여 인력과 경비를 최소화 하고 생산성과 품질은 향상시키데 주력하고 있는 것에 비해 국내 실정은 아직 걸음마 수준에 불과하다. 현재 스마트농업이 환경오염과 기후변화에 따른 식량위기에 대응할 수 있는 미래농업의 대안으로 떠오르고 있는 것은 전 세계가 실감하고 있는 명백한 사실이다. 국가차원에서 나서서 주요 정책사안으로 채택하고 글로벌 기업들이 앞 다투어 이 분야에 뛰어드는 이유도 바로 여기에 있다.

기후변화로 인한 이상기온현상, 본격적으로 시작된 FTA 시대, 점점 고령화되고 감소하는 농업인구 어느 것 하나 만만치 않는 상황이다. 이는 비단 국내농업만 처한 어려움은 아니다. 이러한 상황에 처한 한계를 극복하고 생산성과 품질을 향상시키기 위한 노력은 계속되어야 한다. 사물인터넷, 인공지능, 로봇기술, 빅데이터, 나노기술, 생명공학 등 핵심기술의 융합과 조화가 주도하는 4차 산업혁명은 이미 세계적인 트렌드로 자리 잡았고 우리 농업·농촌에도 적지 않은 영향을 주고 있다. 농업과 ICT와의 만남으로 현재의 상황을 해결하려면 무엇보다 한국농업의 실정에 맞는 스마트 농업이 하루 빨리 정착되어야 할 것이다. 더 많은 기회와 더 많은 혜택이 우리의 농업에도 농민들에게도 주어지게 될 테니 말이다. 그동안 우리 농업에는 미리 예측할 수 없어서 또 일괄적인 관리가 어려워 실수하고 놓치고 그래서 안타까웠던 순간순간이 참 많았다. 적은 일손으로 손이 많이 가고 오랜 시간을 투자해 얻은 결실이 참 야속하게 느껴졌던 일도 허다했다. 하지만 ICT를 기반으로 한 센서와 네트워크 시스템이 생산부터 유통까지 종합적으로 처리가 가능한 인공지능이 지배하는 농업에서는 더 이상 통하지 않는 얘기들이다. 기존의 농업시장에서 해마다 겪어야만했던 품목별 과잉과 품귀현상이 해소될 것이고 사물인터넷 센서와 빅 데이터의 결합을 통해 기상재해로부터 해방될 것이며 수출과 수입의 이상적 배분으로 식량안보문제에 대처하는 일도 가능해질 것이다.

하지만 이보다 더 중요한 것이 있다. 전통 농업에서 벗어나 이제 4차 산업혁명시대의 농업으로 그 바뀌었다고 해서 전통농업이 갖는 문화와 정신을 다 버려야한다는 얘기가 결코 아니다. 우리의 농업 현실에 맞게 지켜나갈 수 있도록 노력하는 것도 4차 산업혁명시대의 농업을 추진하는 것만큼 중요한 일이다. 우리의 기억저편에, 그리고 상상 속에 그리는 농업·농촌의 모습을 떠올려 본다. 겨우내 꽁꽁 얼었던 얼음이 녹아내리고 들판에는 파릇파릇 싹튼 어린새싹과 형형색색 들꽃들이 향긋한 봄을 알린다. 농부들은 밭 갈고 모심기에 분주하다. 매미울음소리가 가득한 뜨거운 여름을 지나면 벼가 익어가는 들녘의 풍요로움이 가을을 알린다. 24절기마다 색다르게 신비로운 생명력을 느낄 수 있고 흙에서 꿈틀대는 작은 생명이 새삼 신기하다고 느껴진다. 이러한 우리의 농촌풍경이 마냥 정겹다. 농사를 짓는 일. 신비롭고 경이로우며 고개가 절로 숙여진다. 따뜻한 온기를 느낄 수 있는 농업, 우리는 농업 그 본연의 모습을 잊지 말아야 한다.

첨단기술은 이미 우리 일상에 깊이 들어와 자리하고 있다. 이미 그 편리함에 우리는 익숙해져 있고 그래서 이것이 우리 농업에 가져다줄 엄청난 효과에 대해서도 기대하는 바가 크다. 첨단기술과는 전혀 무관해 보였던 농업이 과거의 무거운 옷을 벗고 인공지능이라는 새 옷으로 갈아입을 채비를 하고 있다. 이제 집안에서 버튼 하나로 하우스 내 모든 작물을 관리한다. 다가올 미래에는 이보다 훨씬 더 많은 상상 이상의 일들을 겪게 될 것이다. 바야흐로 지금은 인공지능이 지배하는 스마트 농업시대, 하지만! 그래도 우리 농업은 여전히 따뜻하다는 기억을 오래도록 남겨 두었으면 하는 바람이다.

그림 4-21. 아산 외암마을

Epilogue

365일, 우리 농업·농촌이 춤추는 그날까지

epilogue

얼마 전 19대 대선이 끝났다. 대선후보자 토론회를 가장 뜨겁게 달구었던 이슈는 다름 아닌 '4차 산업혁명'이었다. 그리고 새 정부가 들어서면서 대통령 직속 4차 산업혁명위원회가 들어선 만큼 앞으로 국정의 중점과제로 다루게 될 것이다. 인공지능AI, 사물인터넷IoT, 로봇기술, 생명과학이 주도하는 차세대 산업혁명을 의미하는 4차 산업혁명은 지난 2016년 1월 다보스 세계경제포럼(WEF)의 화두로 떠오르게 되면서 세계적인 트렌드가 되었다. 산업전반에 그리고 우리 삶에 큰 변화를 예견하고 있는 4차 산업혁명이 우리 농업·농촌에는 어떠한 변화들을 가져오게 될까. 스마트팜, 데이터분석에 기반을 둔 정밀농업, 농업용 로봇, 식물공장, 드론, 디지털농업 …

그 변화는 이미 시작되었다. 농업의 전 분야에서 놀라운 변화를 실감할 수 있다. 지금까지의 생산 중심적 접근에서 벗어나 유통과정, 거래방법, 수출입방식 그리고 농촌에서의 생활에서 이미 크고 작은 변화들이 시작되었다. 이로 인해 생산자, 소비자 양측 모두 경제적 효율성과 편리함과 같은 이점을 누릴 수 있게 되었지만 그 이면에 발생하게 될지도 모를 부작용에 대한 생각은 미처 하지 못하고 있는 것 같다. 이 또한 4차 산업혁명에 발맞추어 나가는 일 못지않게 중요하다.

최근 들어 농업·농촌의 중요성을 강조하는 목소리가 높아지고 있다. 이는 위험에 빠진 농업·농촌을 알리는 신호이기도 하고 또 농업·농촌의 진정한 가치가 다시 주목받고 있기 때문이기도 하다. 농업은 국가를 지속적으로 유지시켜나가는데 있어서 가장 근간이 되는 일인 동시에 미래의 국력을 좌우할 수 있는 경쟁력의 핵심이다. 한 국가의 뿌리가 되는 농업이 바로 설 때 국가도 국민도 모두 행복할 수 있다. 이러한 이유에서 국가경쟁력을 확보하고 국가발전을 이루기 위해서 꼭 필요한 농업·농촌의 가치가 새롭게 강조되고 있는 것이다. 지구온난화, 기상이변과 같은 환경적 요인 이로 인한 식량위기, 국경없이 무방비로 개방된 농업시장 모두 우리 농업 앞에 놓인 현실이다. 지금 농업·농촌이 안고 있는 크고 작은 문제들을 해결해 나가는데 있어서 국가와 관련기관에만 책임과 의무를 강요할 수 없는 이유가 여기에 있다. 농업을 둘러싼 대내외적 환경과 농업시장의 개방속도 앞에 다함께 국민적 지혜를 모아야 할 때다. 농업·농촌을 소중히 여기고 그 가치를 지켜내기 위해서 책임과 의무를 강조하는 일에 그 누구도 예외가 될 수 없다. 농업은 식량생산 외에도 경제, 자연·환경, 사회·문화적 측면에서 유·무형의 다양한 사회적 편익들을 창출하는 다원적 가치를 제공한다. 농업·농촌의 이러한 공익적 기능은 앞으로 우리의 미래사회를 좌우하게 될 것이다. 그래서 농업이 주는 다원적 가치에 대해서 알아가는 일부터 시작하는 것이 무엇보다 중요하다. 그렇게 된다면 적어도 농업·농촌이 왜 중요한지를 묻는 일은 더 이상 없을 테니 말이다.

농업의 가치를 지켜내면서 묵묵히 구슬땀을 흘리고 있는 농민들

농업선진기술 개발을 위해 불철주야 애쓰는 농업분야 연구진들

농업의 미래를 이끌 차세대 농업인들

농업인들의 희망이 되고 있는 한국농업대학과 벤처농업대학을 비롯한 각종 교육기관 그리고 관련협회 및 단체

제도적·정책적으로 아낌없이 지원하고 있는 정부기관

.....

오늘도 '경쟁력 있는 한국농업', '농업강국 대한민국'을 위해 애쓰고 있는 모든 이들에게 진심으로 감사의 말씀을 전한다. 농업이 단지 농촌에서만 이루어지고 있지 않는 것처럼, 이제 우리의 농촌도 농업인의 일터만이 아니다. 국민들의 휴식처이고 아이들의 놀이공간이자 교육공간이며 우리 모두의 삶의 터전이다. 늘 그랬던 것처럼.

우리의 삶의 터전을 아끼고 가꾸는 일, 백번 강조해도 지나치지 않는 이유다. 법적, 제도적으로 뿐만 아니라 갖가지 많은 어려움과 문제점을 안고 있는 것이 지금 우리 농업·농촌의 현실이다. 하지만 농업·농촌의 진정한 가치를 알고 지금 농업현장에서 일어나고 있는 긍정적인 면을 볼 때, 그 미래만큼은 확실하다는 희망과 신념으로 모두 함께 노력해 간다면 머지않아 대한민국 농업·농촌은 세계무대에서 또 한 번의 농업한류 열풍을 일으켜 우뚝 서게 될 것이다. 365일, 우리 농업농촌이 춤추는 행복한 그날은 머지않았다고 믿는다.

2017년 7월

'365일, 우리 농업·농촌이 춤추는 그날'을 꿈꾸며

저자 씀

■ 본문에 인용된 참고 문헌 및 참고 웹사이트

| 참고문헌 |

한국영양학회, 2013, 『내 몸을 살리는 식물영양소: 누구나 알지만 아무도 모르는 과일과 채소의 힘』, 들녘

박원식, 2016, 『산골로 간 예술가들 (자연 속에서 자유롭게 살아가는 산촌 생활자 이야기)』, 창해

박복재 · 우진경, 2011, 『매력있는삶의공간을창조하는도시브랜드마케팅』, 전남대학교출판부

국토교통부, 2016, 『2015도시계획현황 통계자료』, 통계청

형진의 · 차성민, 2017, 『일본 도시농업법의 역할과 시사점』, SERSC

한국농촌경제연구원, 2017, 『농업전망2017 1,2 (미래를 향한 농업 · 농촌 변화와 도전, 2017)』, 한국농촌경제연구원

우진경, 2011, 『2011국민식생활교육녹색식생활워크샵』, 식생활교육국민네트워크

박지혜 · 이순학 · 한승희, 2015, 『1인 가구의 문화소비지출행태 분석』, 산업연구원

우진경 · 안영률, 2012, 『2011국민식생활실태조사』, 농림축산식품부

김난도 외 5명, 2016, 『트렌드 코리아 2017』, 미래의 창

김동원 · 박혜진, 2015, 『농업농촌에 대한 2015년 국민의식 조사 결과』, 한국농촌경제연구원

토리 차르토프스키, 2006, 『세계 500대 브랜드 사전(현대인이 꼭 알아야 할 브랜드 이야기)』, 더난출판사

데브 팻나이크, 2011, 『와이어드』, 이상미디어

탐진 핑커턴, 2012, 『우리가 사는 곳에서 로컬푸드 씨 뿌리기(지역, 상생과 공생, 순환을 위한 행동 가이드)』, 충남발전연구원

전국귀농운동본부텃밭보급소, 2011, 『도시농업(도시농사꾼이 알아야 할 모든 것)』, 들녘

우진경, 2010, 『도시농업의 최전선』, EMARS

나건, 2014, 『농사와 디자인』, 컬쳐코드(비쥬얼스토리공장출판부)

Jean-Noel, Kapferer, 1994, 『Strategic Brand Management』, Free Press

Woo Jin Kyung, 2016, 『HAIZHIBAO Package Design』, EPRC Brand Center

FAO report 2013: Edible insects: Future prospects for food and feed security

| 언론매체 |

전주mbc, 2012.12.12., 특별기획 '육식의 반란-마블링의 음모'

SBS, 2010.10.10, sbs스페셜-'옥수수의 습격 1, 2부'

한국농정, 2009.10.05., 〈창간 9주년〉 '왜 지역먹을거리 운동인가' - 일본 지산지소운동 농민 -농협-지방자치단체-정부 힘 합쳐

EBS, 2013.12.13., 하나뿐인 지구 '얼굴 있는 먹거리 로컬푸드, 학교급식을 바꾸다.'

오버트 컨너 감독, 2008, 다큐멘터리영화 - '푸드주식회사(FOOD, Inc.)

강원일보, 2017.07.01., 젊은층 귀농·귀촌 러시, 정착 지원 더 확대해야

리얼푸드, 2017.05.27., 대장암 예방에 좋은 컬러푸드는? 녹색·흰색

전남일보, 2017.06.26., '1인 가구'시대

오마이뉴스, 2017.06.23., 매일 먹는 음식들이 입으로 오기까지

농촌여성신문, 2017.05.17., 4차산업혁명시대, '식품 투명성' 더 중요해져

| 웹사이트 |

http://www.mafra.go.kr

http://www.at.or.kr

http://www.krei.re.kr

http://www.fromfarmers.co.kr

http://projecteddy.co.kr/archives/1629

http://www.farmersparty.co.kr

http://www.returnfarm.com

http://www.unfpa.org

http://www.greentable.or.kr

http://blog.naver.com/greentable1

http://eksde.or.kr

http://www.sistersgarden.org

http://www.62life.com

http://naturefarm.tistory.com

http://www.landshare.org

http://cityfarmersmarket.co.nz